机械制图基础与AutoCAD 2024入门教程

2024

周惠群
王精通
刘　悬　编著

U0385267

化学工业出版社
· 北京 ·

内 容 简 介

本书以机械制图的基础知识为引导，以 AutoCAD 的最新版本 AutoCAD 2024 为蓝本，全面、系统地介绍了机械制图的基础知识及 AutoCAD 的使用方法和进行机械设计绘图的应用技巧。为了使初学者快速入门，本书配有大量实例，对软件的概念、命令和功能进行了详细讲解。为了使读者能较快进入机械设计的实战状态，所有实例均来自工程实际，特别是机械工程中具有代表性的范例，实用性很强。本书紧密结合 AutoCAD 2024 软件的实际操作界面，内容通俗易懂，深入浅出，图文并茂。

本书是学习利用 AutoCAD 2024 进行绘图的入门教材，可供从事机械设计绘图工作的工程技术人员学习参考，也适合在 AutoCAD 培训班上使用，亦可作为高等院校相关专业的教材。

图书在版编目（CIP）数据

机械制图基础与 AutoCAD 2024 入门教程 / 周惠群，王精通，刘悬编著. --北京 ：化学工业出版社，2024.
11. -- ISBN 978-7-122-46033-2

Ⅰ. TH126

中国国家版本馆 CIP 数据核字第 2024548GR1 号

责任编辑：王　烨　　　　　　　文字编辑：王　硕
责任校对：宋　夏　　　　　　　装帧设计：刘丽华

出版发行：化学工业出版社
　　　　　（北京市东城区青年湖南街 13 号　邮政编码 100011）
印　　刷：北京云浩印刷有限责任公司
装　　订：三河市振勇印装有限公司
787mm×1092mm　1/16　印张 23¼　字数 580 千字
2024 年 9 月北京第 1 版第 1 次印刷

购书咨询：010-64518888　　　售后服务：010-64518899
网　　址：http://www.cip.com.cn
凡购买本书，如有缺损质量问题，本社销售中心负责调换。

定　　价：99.00 元　　　　　　版权所有　违者必究

一般从事机械工程相关工作的工程技术人员必须掌握机械制图的基础知识，而利用 AutoCAD 软件来绘制机械工程图是其应该掌握的基本技能。AutoCAD 软件系统是美国 Autodesk 公司于 1982 年 12 月推出的一种通用的微机辅助绘图和设计软件包。四十多年来，其版本不断更新和完善，现已推出了 AutoCAD 2024 版本。目前 AutoCAD 已成为工程界众所周知、有口皆碑的优秀软件，是我国乃至世界上应用最为广泛的微机 CAD 软件系统，广泛应用于机械工程、土木建筑、装饰装潢、电子工业和服装加工等诸多领域。

AutoCAD 软件具有如下特点：

① 具有完善的图形绘制功能。

② 有强大的图形编辑功能。

③ 可以采用多种方式进行二次开发或用户定制。

④ 可以进行多种图形格式的转换，具有较强的数据交换能力。

⑤ 支持多种硬件设备。

⑥ 支持多种操作平台。

⑦ 具有通用性、易用性，适用于各类用户。

随着 AutoCAD 软件版本的不断升级，该系统又增添了许多强大的功能，如 AutoCAD 设计中心（ADC）、多文档设计环境（MDE）、Internet 驱动、新的对象捕捉功能、增强的标注功能以及局部打开和局部加载的功能。该软件已经从简易二维绘图软件发展成集三维设计、真实感显示及通用数据库功能于一体的系统。

本书具有以下特点：

① 内容全面、实例丰富。本书不但介绍了机械制图基础知识，还涵盖了 AutoCAD 2024 的绝大部分知识点，同时突出机械设计的应用方法和技巧。实例与知识点相结合，既生动详细又易于理解。

② 讲解详细，思路清晰。本书内容布局合理，语言通俗易懂，帮助读者快速入门，提高读者的学习效率。

通过本书的学习，读者除了可以熟悉和掌握一般的机械制图基础知识外，还可以掌握以下技能：

① 全面了解 AutoCAD 2024 的基本操作，可以很方便地利用 AutoCAD 2024 的下拉菜单、快捷菜单、工具条、命令行和快捷键等来实现绘图。

② 可以利用捕捉、显示栅格、正交、坐标系等来实现精确定位并绘图。

③ 可以通过设置绘图比例、单位、颜色、线型、层等来实现多种绘图。

④ 可以实现图形缩放、平移、视点及利用虚拟画面等功能来观察绘图。

⑤ 可以进行图形的尺寸标注及文字注释。

⑥ 可以将标准件做成图块和属性块。

⑦ 可以精确绘制轴测图。

⑧ 可以精确绘制三维线框和网格。

⑨ 可以绘制、编辑和修改三维实体。

⑩ 可以实现三维实体的动态观察。

本书作者长期从事 AutoCAD 的应用、研究和开发工作，并多次在 CAD 培训班上讲授 AutoCAD 的相关课程。在本书的写作中，作者力求全面、详尽地介绍 AutoCAD 2024 的基本绘图功能。

本书涉及的尺寸单位，在未特殊说明的情况下，默认为毫米（mm）。

本书由西北工业大学周惠群、王精通、刘悬编著。

由于编者水平有限，书中不足之处在所难免，欢迎广大读者批评指正。

编著者

目 录

第二部分　AutoCAD 2024入门教程

第一部分
机械制图基础

第1章

机械制图基本知识

机械图样是交流技术思想所用的一种工程语言，是设计和制造机械过程中的重要技术文件。因此，在设计和绘制机械图样时，必须严格遵守国家标准《技术制图》《机械制图》和有关的技术标准。

为方便各工业部门进行生产、管理和交流，我国对技术图样的图纸幅面、格式、比例、字体、图线和尺寸标注等做了统一规定，制图国家标准是绘制和阅读技术图样的准则和依据。本章主要介绍由国家市场监督管理总局颁布的《技术制图》《机械制图》最新国家标准中的有关规定，同时介绍绘图工具的使用、几何作图和平面图形的绘图方法等有关的制图基本知识。

国家标准简称国标，代号为"GB"，分强制标准和推荐标准，斜线后的字母"T"代表推荐标准，其后的数字为标准顺序号和发布的年份，例如《技术制图　图纸幅面和格式》的标准编号为 GB/T 14689—2008。

图样在国际上也有统一的标准，即 ISO（International Organization for Standardization 的缩写）标准，这个标准是由国际标准化组织（ISO）制定的。我国 1978 年参加国际标准化组织后，为了加强与世界各国的技术交流，国家标准的许多内容已经与 ISO 标准相同了。

1.1　国家标准关于制图的规定

1.1.1　图纸幅面及格式

（1）图纸幅面

图纸幅面是指制图时所采用的图纸宽度与长度组成的图样幅面的大小。基本幅面代号有 A0、A1、A2、A3 和 A4 五种，尺寸按表 1.1 的规定。表 1.1 中 B、L 等量的含义如图 1.1 所示。

表 1.1　图纸幅面尺寸　　　　　　　　　　　　　　　　单位：mm

	A0	A1	A2	A3	A4
$B \times L$	841×1189	594×841	420×594	297×420	210×297
e	20			10	
c	10			5	
a	25				

图 1.2 中粗实线所示为基本图幅，绘制技术图样时应优先采用基本图幅，必要时可以按

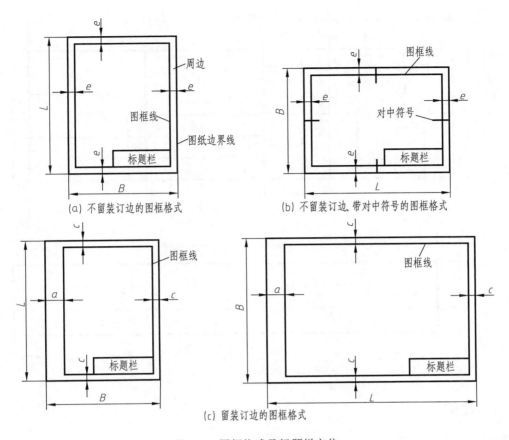

(a) 不留装订边的图框格式

(b) 不留装订边, 带对中符号的图框格式

(c) 留装订边的图框格式

图 1.1　图框格式及标题栏方位

照规定加长图纸的幅面, 加长幅面的尺寸由基本幅面的宽度或长度成整数倍增加后得出。图 1.2 中的细实线和虚线分别为第二选择和第三选择加长幅面。

(2) 图框格式

图纸上限定绘图区域的线框称为图框。图纸可以横放, 也可以竖放。图框在图纸上必须用粗实线画出, 图样绘制在图框内部。其格式分为不留装订边和留装订边两种, 如图 1.1 所示。同一产品的图样只能采用一种格式。

(3) 标题栏

标题栏的位置一般位于图纸的右下角。如图 1.3 和图 1.4 所示, 标题栏一般由名称及代号区、签字区、更改区和其他区组成, 其格式和尺寸由 GB/T 10609.1—2008 规定。

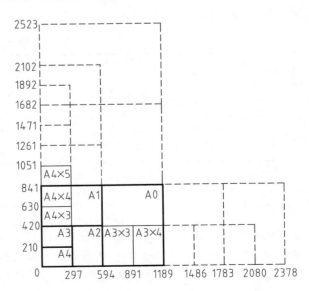

图 1.2　图纸基本幅面和加长幅面的尺寸

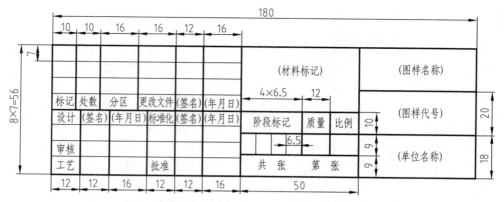

图 1.3　国家标准规定的标题栏格式

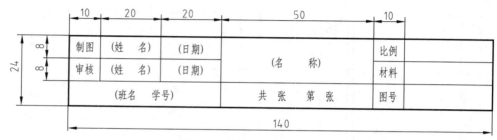

图 1.4　学生用标题栏格式

1.1.2　比例

比例是指图中图形与其实物相应要素的线性尺寸之比。

绘制技术图样时，应尽可能按机件的实际大小采用 1∶1 的比例画出。如需要放大或缩小比例绘制图样，可从表 1.2 规定的系列中选取适当的比例。在表 1.2 中，比值为 1 的比例，即 1∶1，称为原值比例；比值大于 1 的比例，如 2∶1 等，称为放大比例；比值小于 1 的比例，如 1∶2，称为缩小比例。

表 1.2　比例

种类	优先选择	允许选择
原值比例	1∶1	4∶1, 2.5∶1
放大比例	5∶1, 2∶1 $5\times10^n∶1, 2\times10^n∶1, 1\times10^n∶1$	$4\times10^n∶1$ $2.5\times10^n∶1$
缩小比例	1∶2, 1∶5, 1∶10 $1∶2\times10^n, 1∶5\times10^n, 1∶10^n$	1∶1.5, 1∶2.5, 1∶3, 1∶4, 1∶6 $1∶2.5\times10^n, 1∶3\times10^n$ $1∶4\times10^n, 1∶6\times10^n$

注：n 为正整数。

1.1.3　字体

字体包括汉字、数字和字母。国家标准 GB/T 14691—1993 对字体的正确书写做了规定。字体的书写要做到：字体工整、笔画清楚、排列整齐、间隔均匀。

图样中书写的字体应采用国标规定号数。字体的号数＝字体高度（用 h 表示），为 1.8、2.5、3.5、5、7、10、14、20，单位为 mm。若书写更大的字，字体高度按 $\sqrt{2}$ 的比率递增。

(1) 汉字

图样上的汉字应写成长仿宋体，并采用国家正式公布的简化字，汉字高度不小于 3.5mm，字宽一般为 $h/\sqrt{2}$。长仿宋体的书写要领是：横平竖直，起落有锋，结构均匀，填满方格。图 1.5 是长仿宋体汉字示例。

10号字：

字体工整 笔画清楚 间隔均匀 排列整齐

7号字：

横平竖直 排列匀称 注意起落 填满方格

5号字：

机械制图 技术制图 电子 冶金 化工 建筑 学院 班级

图 1.5　长仿宋体汉字书写示例

(2) 字母和数字

字母和数字分 A 型和 B 型。A 型字体的笔画宽度（d）为字高的 1/14；B 型字体的笔画宽度为字高的 1/10。同一图样只允许一种字体。

字母和数字可写成斜体或直体。斜体字字头向右倾斜，与水平基准线成 75°角，如图 1.6 所示。

大写斜体：

ABCDEFGHIJKLMN
OPQRSTUVWXYZ

小写斜体：

abcdefghijklmn
opqrstuvwxyz

斜体：

1234567890

直体：

1234567890

图 1.6　字母和数字书写示例

1.1.4　图线

(1) 线型及应用

表 1.3 给出了常用图线的名称、线型、宽度及应用举例，供绘制图样时选用。各种图线在图样上的应用，如图 1.7 所示。

表 1.3　常用图线及应用

图线名称	线型	图线宽度	应用举例
粗实线		$d=0.5\sim2mm$	可见轮廓线；可见过渡线
细实线		约 $d/2$	尺寸线；尺寸界线；剖面线；引出线
波浪线		约 $d/2$	断裂处的分界线；视图和剖视图的分界线
双折线		约 $d/2$	断裂处的边界线
虚线	12d 3d	约 $d/2$	不可见轮廓线；不可见过渡线
点画线	24d 3d 0.5d	约 $d/2$	轴线；对称中心线；轨迹线
双点画线	24d 3d 0.5d	约 $d/2$	相邻辅助零件的轮廓线；假想投影轮廓线；极限位置的轮廓线；成形前的轮廓线
粗虚线	12d 3d	$d=0.5\sim2mm$	允许表面处理的表示线
粗点画线		$d=0.5\sim2mm$	限定范围的表示线

注：表中除粗实线、粗虚线和粗点画线外，其他图线均为细实线。

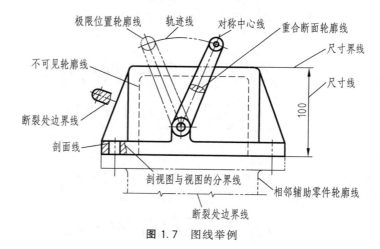

图 1.7　图线举例

图线宽度的推荐系列为 0.13、0.18、0.25、0.35、0.5、0.7、1.0、1.4、2.0，单位为 mm。粗实线的宽度 d 在 $0.5\sim2mm$ 之间，细线的宽度约为 $d/2$。

(2) 画图时的注意事项

① 同一图样中，同类图线的宽度应该保持一致。

② 虚线、点画线、双点画线等线素的线段长度间隔应大致相等，并符合国家标准规定。

③ 对称中心线或轴线，应超出轮廓线外 $2\sim5mm$；图线相交应为画与画相交，不应该为点或间隔相交。在较小的圆上（直径小于 12mm）绘制细点画线或双点画线时，可用细实线代替。

④ 细点画线及细双点画线的首末两端应是长画，而不应是点。

⑤ 当虚线是粗实线的延长线时，在连接处应留出空隙。虚线圆弧与实线相切时，虚线与圆弧间应留出空隙。

图线的画法举例如图 1.8 所示。

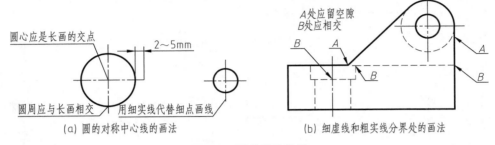

(a) 圆的对称中心线的画法　　　　　(b) 细虚线和粗实线分界处的画法

图 1.8　图线画法举例

1.1.5　尺寸标法

在机械图样中，图形仅表达了机件的结构形状，而大小则必须由尺寸来确定。在图样上标注尺寸时，应严格遵守国家标准有关尺寸标注的规定，做到正确、完整、清晰、合理。

(1) 尺寸标注的基本规则

① 图样中所标注的尺寸为机件的真实尺寸，与绘图比例和绘图的准确度无关。

② 图样中的尺寸以毫米为单位；采用其他单位时，必须注明相应的单位名称。

③ 图样中的尺寸为该图样所示机件的最后完工尺寸，否则应加以说明。

④ 机件的每一尺寸只标注一次，并应标注在最能清晰地反映结构特征的视图上。

(2) 尺寸的组成

机械图样上一个完整的尺寸标注由尺寸界线、尺寸线、尺寸数字和表示尺寸线终端的箭头或斜线组成，如图 1.9 所示。

① 尺寸界线。尺寸界线用细实线绘制，用以表示所注的尺寸范围。尺寸界线一般由图形的轮廓线、轴线或对称中心线处引出，也可利用这些线代替，并超出尺寸线 3mm 左右。尺寸界线一般应与尺寸线垂直，必要时允许倾斜。在光滑过渡处标注尺寸时，应用细实线将轮廓线延长，从交点处引出尺寸界线，如图 1.10 所示。

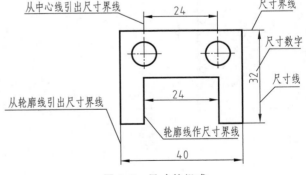

图 1.9　尺寸的组成

② 尺寸线。尺寸线用细实线绘制在尺寸界线之间，表示尺寸度量的方向。

尺寸线必须单独绘制，不能用其他图线代替，也不得与其他图线重合或画在其他图线的延长线上。标注线性尺寸时，尺寸线必须与所标注的线段平行，如图 1.9 所示。

③ 尺寸线终端。尺寸线的终端有两种形式——箭头和斜线，如图 1.11 所示。机械图样的尺寸线终端一般用箭头，空间狭小时也可用 45°斜线，同一图样应采用一种尺寸线终端形式。斜线用细实线绘制，其高度应与尺寸数字的高度相等。

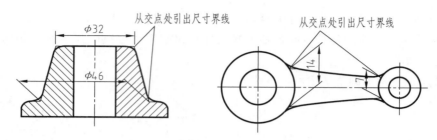

图 1.10　光滑过渡处尺寸界线的画法

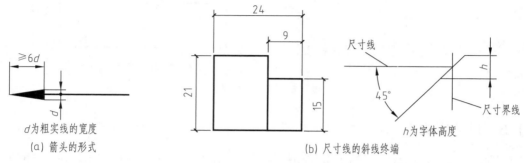

图 1.11　尺寸线终端

④ 尺寸数字。尺寸数字表示所注机件尺寸的实际大小。

尺寸数字一般注写在尺寸线的上方，也可注写在尺寸线的中断处。尺寸数字的书写方法有两种：

a. 如图 1.12（a）所示，水平方向的尺寸数字字头朝上；竖直方向的尺寸数字字头朝左；倾斜方向的尺寸数字，其字头保持朝上的趋势。但在 30°范围内应尽量避免标注尺寸，当无法避免时，可参考图 1.12（b）的形式标注。在注写尺寸数字时，数字不可被任何图线通过，当不可避免时，必须把图线断开，如图 1.12（c）所示。

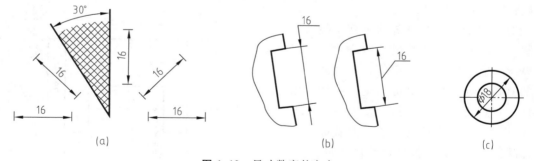

图 1.12　尺寸数字的方向

b. 如图 1.13 所示，对于非水平方向的尺寸，其数字可水平地注写在尺寸线的中断处。尺寸数字的注写一般采用第一种方法，且注意在同一张图样中，尽可能采用同一种方法。

（3）常用的尺寸标注方法

标注尺寸时，应尽可能使用符号和缩写词。尺寸符号及缩写词见表 1.4。

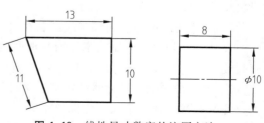

图 1.13　线性尺寸数字的注写方法

表 1.4　尺寸符号及缩写词（GB/T 4458.4—2003）

含义	符号或缩写词	含义	符号或缩写词
直径	ϕ	正方形	□
半径	R	深度	▼
球直径	$S\phi$	沉孔	⌴
球半径	SR	埋头孔	∨
厚度	t	弧长	⌒
均布	EQS	斜度	∠
45°倒角	C	锥度	▷

　　1）线性尺寸的标注

　　标注线性尺寸时，尺寸线必须与所标注的线段平行。非水平方向的尺寸常用图 1.14（a）所示的标注方法，也可以水平地注写在尺寸线的中断处，如图 1.14（b）所示。必要时尺寸界线与尺寸线允许倾斜，如图 1.14（c）所示。

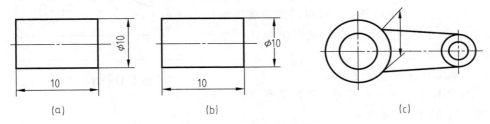

图 1.14　线性尺寸的注法

　　2）直径和半径尺寸的标注

　　标注圆的直径和圆弧半径时，应在尺寸数字前加注符号"ϕ"或"R"；圆的直径和圆弧半径的尺寸线的终端应画成箭头；当圆的直径一端无法画出箭头时，尺寸线应超过圆心一段；圆弧半径的尺寸线一般过圆心，如图 1.15（a）所示。

　　当圆弧半径过大或在图纸范围内无法标出其圆心位置时，可按图 1.15（b）标注。

　　标注球面的直径或半径时，应在符号"ϕ"或"R"前再加注符号"S"，如图 1.15（c）所示。对于螺钉或铆钉的头部、轴和手柄的端部等，在不致引起误解的情况下，可省略符号"S"。

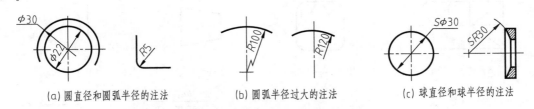

(a) 圆直径和圆弧半径的注法　　(b) 圆弧半径过大的注法　　(c) 球直径和球半径的注法

图 1.15　直径和半径尺寸的标注

　　3）角度和弧长的注法

　　角度的尺寸线为圆弧，角度的数字一律水平书写；一般注写在尺寸线的中断处，如图 1.16（a）所示，必要时也可按图 1.16（b）形式注写；弦长的尺寸界线平行于对应弧长的垂直平分线，如图 1.16（c）所示。

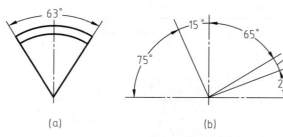

图 1.16　角度和弧长的注法

4）对称图形的注法

当对称机件的图形只画出一半或略大于一半时，尺寸线应略超过对称中心线或断裂处的边界线，此时仅在尺寸线的一端画出箭头，如图 1.17 所示。

5）小尺寸的注法

在较小图形中，当没有足够的位置画尺寸箭头或注写尺寸数字时，箭头可外移，也可用圆点或斜线代替，尺寸数字可写在尺寸界线外或引出标注，如图 1.18 所示。

6）尺寸数字前的符号注法

在机械图样中加注一些符号，可以简化表达一些常见的结构，如图 1.19 所示。

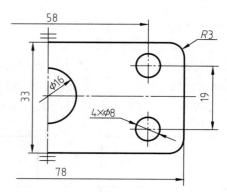

图 1.17　对称图形的注法

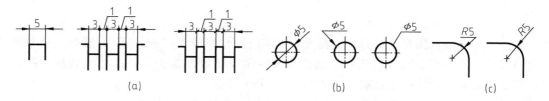

图 1.18　小尺寸的注法

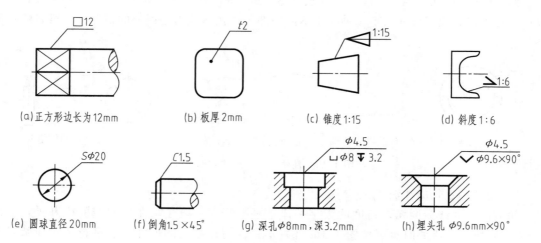

(a) 正方形边长为 12mm　　(b) 板厚 2mm　　(c) 锥度 1:15　　(d) 斜度 1:6

(e) 圆球直径 20mm　　(f) 倒角 1.5×45°　　(g) 深孔 φ8mm、深 3.2mm　　(h) 埋头孔 φ9.6mm×90°

图 1.19　尺寸数字前的符号注法

7）图线通过尺寸线时的处理

当尺寸数字无法避开时，图线应断开，如图 1.20 所示。

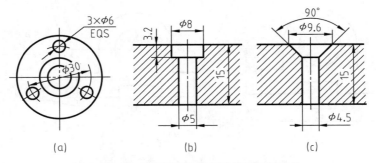

图 1.20　尺寸数字不被任何图线通过的注法

8）简化标注（GB/T 16675.2—2012）

① 标注尺寸时，可采用带箭头或不带箭头的指引线，如图 1.21 所示。

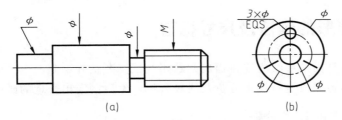

图 1.21　带箭头或不带箭头的指引线的注法

② 从同一基准出发的线性尺寸和角度尺寸，可按简化形式标注，如图 1.22 所示。

③ 一组同心圆弧或圆心位于同一条直线上的多个不同心圆弧的尺寸，可用共用的尺寸线和箭头依次表示，如图 1.23（a）、（b）所示。一组同心圆或尺寸较多的阶梯孔的尺寸，也可用共用的尺寸线和箭头依次表示，如图 1.23（c）、（d）所示。

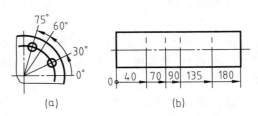

图 1.22　同一基准尺寸的简化注法

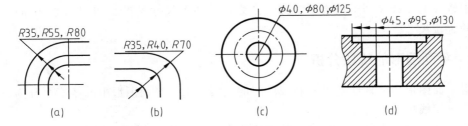

图 1.23　共用尺寸线和箭头的简化注法

(4) 标注举例

标注尺寸要认真细致，严格遵守国家标准，做到正确、完整、清晰。图 1.24 说明了初学标注尺寸时常犯的错误，应避免。

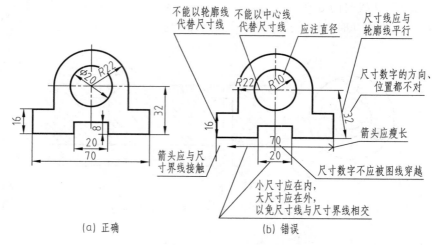

图 1.24　尺寸标注举例

1.2　平面图形的画法及尺寸标注

　　平面图形通常是由一些线段连接而成的封闭线框。要正确绘制一个平面图形，必须首先对构成平面图形的各线段进行尺寸分析及线段分析，然后制定出合理的画图步骤。

1.2.1　平面图形的尺寸分析

　　平面图形中所标注的尺寸，按其作用可分为定形尺寸和定位尺寸两类。

　　（1）定形尺寸

　　确定平面图形中各线段形状大小的尺寸称为定形尺寸，如直线段的长度、圆及圆弧的直径（或半径）、角度等。如图 1.25 中的 M14、$\phi6$、$R10$、$R70$、$R7$、$\phi20$、16、101 均为定形尺寸。

　　（2）定位尺寸及尺寸基准

　　确定平面图形中各线段或线框间相对位置的尺寸称为定位尺寸。在标注定位尺寸时必须有一个基准，这个基准被称为尺寸基准。平面图形有水平及竖直两个方向的尺寸基准。一般选择对称图形的对称中心线、圆的中心线或较长的直线作为尺寸基准。在图 1.25 中，分别以图形中较长的直线及图形的上下对称线作为它的两个尺寸基准。如图 1.25 中的 8 就是确定圆心的定位尺寸。

1.2.2　平面图形的线段分析

　　根据平面图形中所标注的尺寸和线段间的连接关系，平面图形中的线段可分为三类。

　　（1）已知线段

　　定形尺寸和两个定位尺寸均已知的线段称为已知线段。在图 1.25 中，M14、$\phi6$、16 均为已知线段。这类线段可以根据图形中所注尺寸直接画出。半径及圆心的位置均已知的弧称为已知弧，如图 1.25 中，半径为 $R10$ 及 $R7$ 的圆弧即为已知弧。

　　（2）中间线段

　　定形尺寸和一个定位尺寸已知的线段称为中间线段。这类线段除根据图形中标注的尺寸外，还需根据一个连接关系才能画出。半径及圆心的一个定位尺寸已知的弧称为中间弧，如图 1.25 中，半径为 $R70$ 的圆弧即为中间弧，其圆心竖直方向的定位尺寸已知，而水平方向的定位尺寸需根据其与 $R7$ 弧相切的关系才可确定。

(3) 连接线段

仅定形尺寸已知的线段称为连接线段。这类线段需要根据两个连接关系才能画出。仅半径已知的弧称为连接弧，如图 1.25 中，半径为 $R100$ 的圆弧即为连接弧，其圆心的两个定位尺寸需根据其与 $R10$ 和 $R70$ 两个圆弧相外切的关系方可确定。

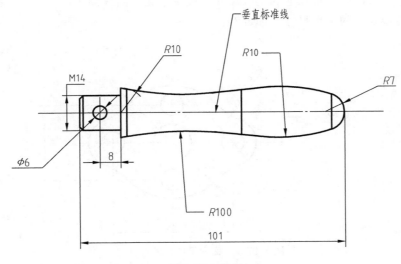

图 1.25　手柄

1.2.3　平面图形的画图步骤

通过以上对手柄的线段分析，下面以手柄为例说明绘制平面图形的步骤：

① 画基准线、定位线，如图 1.26（a）所示。

② 画已知线段。如图 1.26（b）所示，画出已知弧 $R10$、$R7$ 及 $\phi6$ 的圆等。

③ 画中间线段。如图 1.26（c）所示，画出中间弧 $R70$。

④ 画连接线段。如图 1.26（d）所示，画出连接弧 $R100$。

⑤ 检查、整理无误后，加深并标注尺寸，如图 1.25 所示。

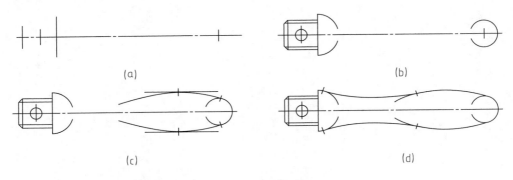

图 1.26　手柄的作图步骤

1.2.4 平面图形的尺寸标注

标注平面图形的尺寸时，应遵守国家标准的有关规定，做到正确、完整、清晰、合理，没有自相矛盾的现象。现以图 1.27 为例说明平面图形尺寸标注的步骤。

① 确定尺寸基准。通过对图形的分析，选用它的两条对称中心线作为尺寸基准。

② 线段分析。确定已知线段、中间线段和连接线段。

③ 标注已知线段的定形尺寸和定位尺寸。如 $\phi10$、$\phi30$、$4\times\phi6$、20、30、$R6$。

④ 标注中间线段的定形尺寸和定位尺寸。此例中无中间线段。

⑤ 标注连接线段的定形尺寸。如 $R20$。

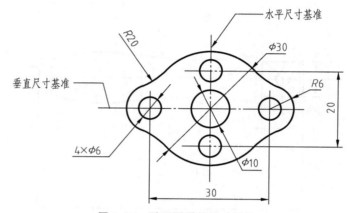

图 1.27 平面图形的尺寸标注

第2章

机械零件的常用表达方式

绘制机械图样时，应完整、清晰地表达机械零件的结构形状，并做到看图方便、制图简便。然而，对于外形复杂的机件、具有较多内部结构的机件或者内外形都比较复杂的机件，仅仅采用三视图的表达方法，虽然可以完整地表达机件的结构形状，但视图中必将出现过多的虚线，很不清晰，给看图、画图和标注尺寸都带来不便。为此，国家标准 GB/T 17451—1998《技术制图 图样画法 视图》、GB/T 17452—1998《技术制图 图样画法 剖视图和断面图》、GB/T 4458.1—2002《机械制图 图样画法 视图》、GB/T 4458.6—2002《机械制图 图样画法 剖视图和断面图》中规定了机件的各种表达方法，以便根据机件的结构特点，灵活加以选用，从而达到上述要求。本章的任务就是介绍这些机件常用的表达方法。

2.1 视图

根据有关标准或规定，用正投影法所绘制的物体的图形称为视图。视图一般只画机件的可见部分，必要时才画出其不可见部分。视图通常有基本视图、向视图、斜视图和局部视图。下面分别予以介绍。

2.1.1 基本视图

机件向基本投影面投射所得的视图称为基本视图。基本投影面规定为正六面体的六个面，机件位于正六面体内，将机件向六个投影面投射，并按图 2.1 所示的方法展开就得到了

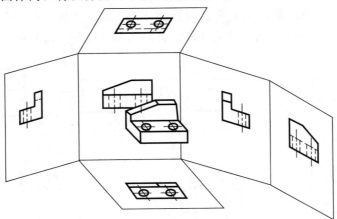

图 2.1　机件向六个基本投影面投射及其展开方法

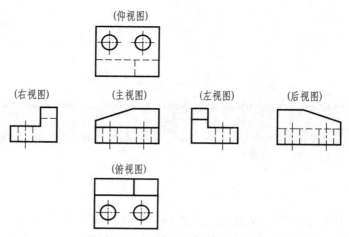

图 2.2   六个基本视图的配置关系

六个基本视图，如图 2.2 所示。其中主视图、俯视图和左视图就是三视图，另外三个视图的名称及其投射方向规定如下：

右视图——由右向左投射所得的视图；

仰视图——由下向上投射所得的视图；

后视图——由后向前投射所得的视图。

在同一张图纸内，按图 2.2 所示配置视图时，一律不标注视图的名称。

需要注意：

① 六个基本视图是三视图的补充和完善，各视图之间仍符合"长对正、高平齐、宽相等"的投影关系；

② 主视图应尽量反映机件的主要特征，并根据表达机件结构形状的需要，灵活选用其他基本视图，以完整、清晰、简练地表达机件的结构形状。

2.1.2 向视图

向视图是可自由配置的视图。这种自由配置的方法称为向视配置法。这样做有利于合理利用图幅，但为了便于读图，向视图必须标注：通常在向视图的上方标出"×"（"×"为大写拉丁字母），在相应视图附近用箭头指明投射方向，并注上同样的字母，如图 2.3 所示。图 2.3 中向视图 A、B 和 C，分别为右视图、仰视图和后视图。请读者与图 2.2 做对照。

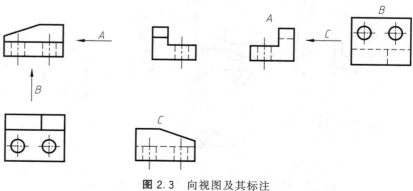

图 2.3   向视图及其标注

2.1.3　斜视图

图 2.4（a）所示为一具有倾斜结构机件的轴测图；图 2.4（b）是它的三视图。由于该机件斜臂部分的上、下表面都是正垂面，它们同时倾斜于水平投影面和侧面投影面，因此在俯、左视图上均不反映实形，如圆和圆弧的投影变成了椭圆和椭圆弧，因此不便于画图、读图和标注尺寸。

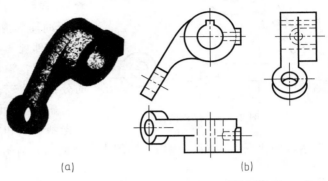

图 2.4　具有倾斜结构机件的轴测图和三视图

为了能真实、清晰地表达机件倾斜部分的结构形状，根据投影变换原理，可以设置一个平行于该倾斜结构的新投影面 P，如图 2.5（a）所示；并从垂直于面 P 的 A 方向向面 P 投射，这样就可以得到一个反映倾斜结构实形的图形；再将面 P 向正立投影面 V 展开（绕轴旋转、摊平），就得到了如图 2.5（b）所示的 A 向（斜）视图。这种将机件的某一部分向不平行于基本投影面的平面投射所得的视图称为斜视图。

斜视图一般按投影关系配置并标注，如图 2.5（b）所示；也可按向视图的方式配置并标注；必要时允许将斜视图旋转配置，以方便作图，其标注形式如图 2.5（c）所示。

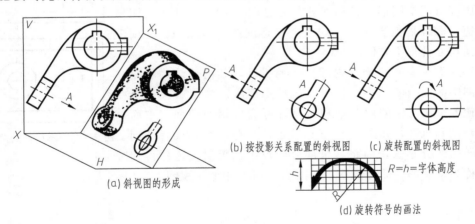

(b) 按投影关系配置的斜视图　　(c) 旋转配置的斜视图

$R=h=$字体高度

(d) 旋转符号的画法

(a) 斜视图的形成

图 2.5　斜视图

2.1.4　局部视图

上述机件的倾斜结构部分用主视图和向视图已经表达清楚，因此，对于机件的俯视图可假想将该部分折断舍去后再画出，这样就得到了图 2.6 中的俯视图。至此，只有物体右侧凸台的表面形状尚未表达出来。此时也不宜画出整个机件的右视图，而只需针对机件的凸台部分，采用一个 B 向视图即可表达清楚，如图 2.6 所示。以上这种将机件的某一部分向基本投影面投射所得的视图称为局部视图。

局部视图可按基本视图的配置形式配置并省略标注，见图 2.6 中的俯视图；也可按向视图的配置形式配置并标注，见图2.6中的 B 向局部视图。

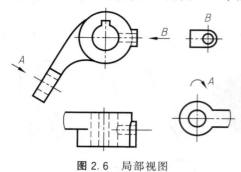

图2.6　局部视图

画局部视图时，其断裂边界用波浪线绘制，见图2.6中的俯视图。当所表示的局部视图的外轮廓封闭时，则不必画出其断裂边界线，见图2.6中的 B 向局部视图（对于斜视图，其断裂边界的画法与局部视图完全相同）。为了深刻理解斜视图和局部视图，请读者对两者的异同之处做一个全面的分析和比较。

显然，上例中的机件用图2.6所示的主视图、A 向斜视图和两个局部视图（俯视图和 B 向视图）来表达，要比图2.4（b）中用三视图来表达简洁、清晰、合理。

2.2 剖视图

2.2.1 剖视图的概念

用上节介绍的四种视图，可以清晰地表达出机件的外部结构形状（外形），所以将其统称为外形视图。然而，机件的内部结构形状（内形）在外形视图上都为不可见，需要用虚线来表达。如图2.7所示的机件，从它的主、俯视图可以看出，该机件是一个中空无顶的箱体，其底壁中间有两个圆形凸台和通孔（参见图2.8）。它的主视图除了周边轮廓线是粗实线外，其余全部是虚线，因此画图、读图和标注尺寸都很不方便。

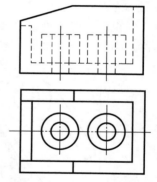

图2.7　箱形机件的两视图

对于这类具有孔、槽等内部结构的机件，其内部结构越复杂，视图中的虚线就越多，视图也就越不清晰。为了解决这个问题，使原来不可见的内部结构可见，可假想用剖切面（平面或柱面）剖开机件，如图2.8（a）所示，并将处在观察者和剖切面之间的部分移去，而将其余部分向投影面投射，这样得到的图形称为剖视图，简称剖视，见图2.8（b）中的主视图。

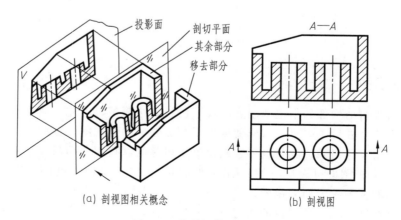

(a) 剖视图相关概念　　　(b) 剖视图

图2.8　箱形机件的剖视图

综上所述可见：视图主要用来表达机件的外部结构形状（外形）；而剖视图主要用来表达机件的内部结构形状（内形）。

2.2.2　剖视图的分类和剖切方法

(1)　剖视图的分类

根据机件被剖切范围的大小，剖视图可以分为如下三类：

① 全剖视图——用剖切面完全地剖开机件所得的剖视图。

② 半剖视图——当机件具有对称平面时，向垂直于对称平面的投影面上投射所得的图形可以以对称中心线为界，一半画成剖视图，另一半画成视图，由此所得的剖视图。

③ 局部剖视图——用剖切面局部地剖开机件所得的剖视图。

(2)　剖视图的剖切面种类和剖切方法

画剖视图时，可根据机件的结构特点，选择以下剖切面剖开机件。

① 用一个剖切面（一般用平面，也可用柱面）剖切机件，这种剖切方法称为单一剖。单一剖又可分为下面两种情况：

a. 用平行于某一基本投影面的平面（即投影面平行面）剖切。

b. 用不平行于任何基本投影面的平面（一般用投影面垂直面）剖切，称为（单一）斜剖。

② 用几个平行的剖切平面剖切，这种剖切方法称为阶梯剖。

③ 用几个相交的剖切平面（交线垂直于某一投影面）剖切，这种剖切方法称为旋转剖。

2.2.3　常见的剖视图

无论采用何种剖切面和相应的剖切方法，一般都可以画成全剖视图、半剖视图和局部剖视图。在表达机件时，究竟采用哪一种剖切面（剖切方法）和哪一种剖视图，需要根据机件的结构特点，以完整、清晰、简便地表达机件的内、外结构形状为原则来加以确定。现将应用最多、最为常见的几种剖视图介绍如下。

(1)　单一剖的全剖视图

图 2.8（b）中的箱形机件的主视图就是单一剖的全剖视图。下面分别介绍其画法、配置、剖面区域表示法及其注意事项等。

1）画法

① 确定剖切平面（或柱面）的位置和投射方向。剖切平面应优先选用投影面平行面（如图 2.8 中为正平面）；同时应通过机件上尽量多的孔、槽等内部结构的轴线或对称平面。投射方向应垂直于投影面。

② 画出剖视图。剖视图应包括断面（剖切平面与机件的接触部分）的投影和剖切平面后面部分的投影，如图 2.9（a）所示。

③ 画出剖面符号。在剖面区域内画出剖面符号，如图 2.9（b）所示。

④ 画出剖切符号并标注 [图 2.9（c）]：

a. 一般应在剖视图的上方用大写的拉丁字母标出剖视图的名称"$X—X$"。在相应的视图上用剖切符号表示。

剖切符号表示剖切位置（用粗实线短画表示）和投射方向（用箭头表示），并标注相同的字母，如图 2.9（c）所示。

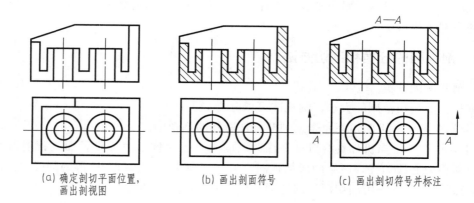

(a) 确定剖切平面位置，画出剖视图　　(b) 画出剖面符号　　(c) 画出剖切符号并标注

图 2.9　剖视图的画法

b. 当剖视图按投影关系配置，中间又没有其他图形隔开时，可省略箭头，见图 2.10 (a) 中的俯视图。

c. 当单一剖切平面通过机件的对称平面或基本对称平面，且剖视图按投影关系配置，中间又没有其他图形隔开时，不必标注，见图 2.10 (a) 中的主视图。

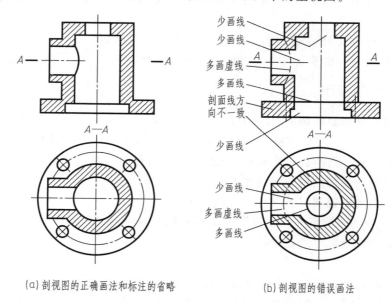

(a) 剖视图的正确画法和标注的省略　　(b) 剖视图的错误画法

图 2.10　剖视图画法的正误对比和剖视图标注的省略

2）剖视图的配置

① 基本视图的配置规定同样适用于剖视图。

② 剖视图也可按投影关系配置在与剖切符号相对应的位置处。

③ 必要时允许配置在其他适当位置，即采用向视图的配置方法。

3）剖视图（和断面图）的剖面区域表示法（GB/T 17453—2005）

① 在剖面区域内一般应画出剖面线。剖面线用细实线绘制，而且与剖面或断面外面轮廓成 45°或相适宜的角度，见图 2.11 (a)、(b)、(c)。

② 同一个零件相隔的剖面或断面应使用相同的剖面线；相邻零件的剖面应该用方向不

同或间距不同的剖面线。

③ 剖面线的间距应与剖面尺寸的比例相一致。即剖面尺寸大时剖面线的间距也大，剖面尺寸小时剖面线的间距也小，但不得小于 0.7mm。

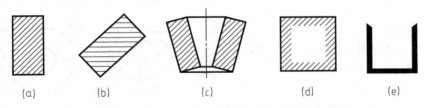

(a)　　(b)　　　(c)　　　(d)　　(e)

图 2.11　剖视图（和断面图）中剖面区域的表示法

④ 在大面积剖切的情况下，剖面线在这个剖切区域内可使用沿周线的等长剖面线表示，见图 2.11（d）。

⑤ 在剖面内可以标注尺寸。在尺寸文字处剖面线应断开，即留出足够标注尺寸文字的位置。

⑥ 狭小剖面可以用完全涂黑来表示，见图 2.11（e）。

⑦ 当需要在剖面区域内表示某种特殊材料时，可以使用一个图案。图案可以自行拟定，或参照一个合适的标准，如 CAD 中预定义的图案。但图案的含义应采用图例等方式清楚地在图样上注明。对此国家标准中只做了上述原则规定。为了方便设计者，本书推荐使用表 2.1 中的各种图案来表示相应的特殊材料，仅供参考。

表 2.1　特殊材料的剖面符号

	材料	固体材料	液体材料	气体材料	金属材料	非金属材料
特殊材料的剖面符号示例	剖面符号					
	材料	钢筋混凝土	木材	玻璃或其他透明材料	砂、砂轮、粉末冶金、陶瓷刀片	叠钢片
特殊材料的剖面符号示例	剖面符号					

4）画剖视图时应注意的事项

① 剖视图的剖切机件是假想的，它不是真正地将机件剖开并拿走一部分，所以除剖视图按规定画法绘制外，其他视图仍应按完整机件画出，如图 2.8（b）、图 2.12 中的俯视图。

② 同一个机件，可同时采用多个剖视图（和断面图）来共同表达。而每个剖视图都应从完整机件出发，分别选择剖切方法、剖切面位置以及剖视图类型，见图 2.10（a）。

③ 在剖视图中，如尚有不可见结构投影的虚线，联系其他视图已经表达清楚时，其虚线应省略不画，见图 2.12（a）；只有对尚未表达清楚的不可见结构，才保留虚线表示，见图 2.12（b）。

④ 剖视图不仅要画出断面的投影，还要画出断面后面的可见投影，不要漏画这些图线；而位于剖切平面前面已被假想移去的部分，则一般不应再画出其投影，不要多画这些图线（需要时，可用双点画线画出）。图 2.10（b）为剖视图中常见的错误画法，其正确的画法见图 2.10（a）。

上述单一剖的全剖视图的画法、标注、配置、剖面区域表示法以及注意事项等，对于其他各种剖视图在原则上都是适用的，所以下面在介绍这些剖视图时，着重分析它们各自的特点。

单一剖的全剖视图适用于内形比较复杂，相对于投影面又不对称的机件或者外形比较简单的对称机件。

（2）单一剖的半剖视图

图 2.13（a）所示机件，它由上下两块薄板和中间的大圆柱体组合而成。两

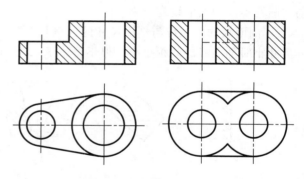

(a)虚线省略　　　　　(b)虚线保留

图 2.12　剖视图中的虚线处理

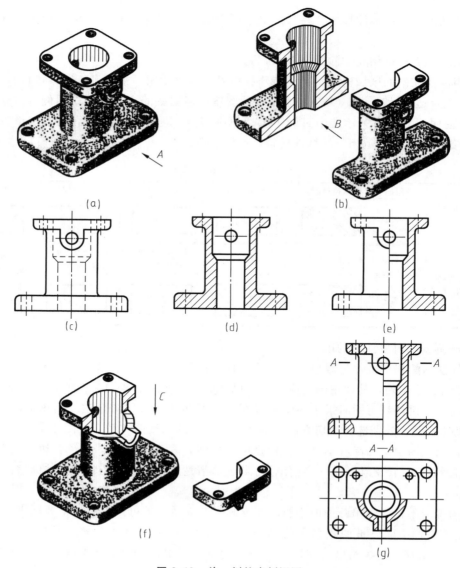

(a)

(b)

(c)

(d)

(e)

(f)

A—　　　—A

A—A

(g)

图 2.13　单一剖的半剖视图

块薄板的四周均带有圆角和四个小通孔；圆柱体内腔的上部为一个大圆柱孔，下部为一个小圆柱孔，中间用圆锥面（孔）连接［见图 2.13（b）］；同时圆柱体的前后方向上均有一个带通孔的凸台。该机件的结构特点是：①外形比较复杂，又有较多的内部结构，内外形都需要表达；②机件左右对称且前后对称。

现从 A 方向投射，画出机件的主视图，见图 2.13（a）、（c）。由于圆柱体内腔结构均为不可见，所以图中虚线很多，很不清晰（其俯视图的虚线也较多，请读者试画之）。若改用通过机件前后对称平面剖切的全剖视图（向 B 方向投射）来表达，见图 2.13（b）、（d），则圆柱体内腔可见，然而圆柱体前方的凸台被剖去，故凸台的形状、位置都没有表达出来。即两者均顾此失彼，内外形不能兼顾。

根据该机件左右对称的结构特点和半剖视图的规定，可以以机件的对称中心线为界，一半（左边）画成视图以表达外形，另一边（右边）画成剖视图以表达内形。这种取视图［图 2.13（c）］的一半和全剖视图［图 2.13（d）］的一半得到的组合图形，就是半剖视图，见图 2.13（e）。

同理，该机件的俯视图也可画成半剖视图，见图 2.13（f）、（g）。又考虑到在半剖的主视图中，两块薄板上的小孔均未剖到，仍为虚线，故再采用两处局部剖视（详见后述）来表达，这样就得到了该机件的完整表达方案，见图 2.13（g），从而简洁、清晰地表达出机件的全部结构形状。

国家标准还规定：机件的形状接近于对称（基本对称），且不对称部分已另有图形表达清楚时，也可以画成半剖视图。由底板和空心圆筒两部分组成的接近对称的机件见图 2.14。在圆筒内孔壁上只有一侧有键槽（不对称），而且在俯视图上已表达清楚，故其主视图可画成半剖视图。

画半剖视图时的注意事项如下：

① 只有对称机件，或接近于对称且不对称的部分已另有图形表达清楚的机件，才能将相应的视图画成半剖视图。

② 半个视图和半个剖视图的分界线应为点画线（而不是粗实线）。

③ 在全剖视图中介绍的虚线处理原则，也适用于半剖视图。请读者分析：在图 2.14 的主、俯视图中省略了哪些虚线？

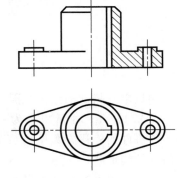

图 2.14　接近于对称机件的半剖视图

④ 半剖视图的标注方法和省略规定，也与全剖视图相同。请读者对图 2.14 中的标注进行分析说明。半剖视图适用于内、外形都需要表达，且结构为对称或基本对称的机件。

（3）单一剖的局部剖视图

对于图 2.13 所示的机件，其主视图画成半剖视图后，因底板和顶板四周的小孔都剖不到，仍需画出虚线来表达，不清晰，见图 2.13（e）。为此，可假想通过某个小孔轴线的正平面来局部地剖开机件，并移去前面部分再投射，见图 2.13（g）中的主视图。这种用一个剖切平面局部地剖开机件所得的剖视图称为单一剖的局部剖视图。

局部剖视图用波浪线分界。波浪线不应和图样上的其他图线重合或画在其延长线上，以免混淆；波浪线表示机件的断裂线，应画在机件的实体部分，所以当通过机件上孔、槽等不连续结构时，波浪线应断开，不能穿"空"而过，见图 2.15（a）中的俯视图；当被剖切结构为回转体时，允许将该结构的轴线作为局部剖视和视图的分界线，见图 2.15（b）中的俯视图。

需要注意：图 2.15（a）中的主视图为半剖视图，而不是局部剖视图。图 2.15（b）中的俯视图是局部剖视图，而不是半剖视图。请读者分清两者的区别。

当单一剖切平面的剖切位置明确时，局部剖视图不必标注。

局部剖视图一般画在视图之内，与视图重合，见图 2.13（g）、图 2.15；必要时，也可单独画在视图之外，此时应进行标注。

局部剖视图的剖切位置和剖切范围由表达机件的实际需要确定，哪里需要就剖哪里，十分方便，因此应用广泛，主要用于需要表达局部内形（不适于全剖视，又不满足半剖视条件）的机件。

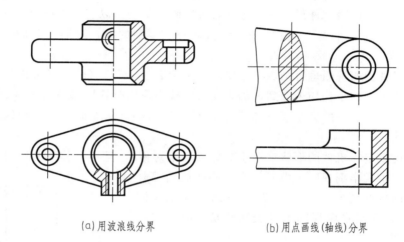

(a)用波浪线分界   (b)用点画线(轴线)分界

图 2.15   单一剖的局部剖视图

（4）单一斜剖的全剖视图

图 2.16（a）所示机件为一空心弯管，并有圆形底板、方形顶板以及凸台和小孔等结构。该机件的表达方案见图 2.16（b）。其中主视图采用了局部剖视，同时反映了弯管的主要内外结构形状；又用一个 B 向局部视图反映底板的形状和四个均布小孔；如果再用一个斜视图，从左上方对顶板投射，可反映顶板的形状和四个小孔，然而凸台和凸台中心的小孔为不可见，投影均为虚线，很不清晰。因此，可设想在顶板的左上方设置一个与顶板上表面平行的新投影面（正垂面），然后用一个通过小孔轴线且平行于新投影面的平面剖开机件，并向新投影面投射，如图 2.16（b）中剖切符号所示，这样就得到了（单一）斜剖的全剖视图 A—A。它与斜视图相比，能同时反映顶板的形状（外形）以及凸台和小孔结构（内形）。

为了方便读图，斜剖的全剖视图一般按投影关系配置，见图 2.16（b）中的 A—A；为了合理利用图幅，也可配置在其他适当的位置；为了便于画图，在不致引起误解时，允许将图形 A—A 旋转转正后画出，见图 2.16（b）。

斜剖的全剖视图必须标注，见图 2.16（b）。需要指出：尽管这种剖视图的剖切符号是倾斜的，其剖视图形（未经旋转时）也是倾斜的，但表示剖视图名称的字母必须水平书写。

这种剖视图适用于表达具有倾斜结构内形的机件。

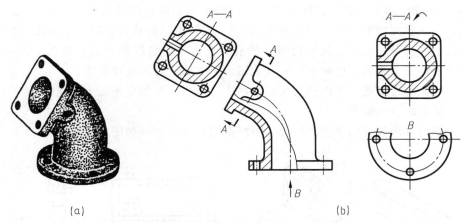

图 2.16　单一斜剖的全剖视图

(5) 旋转剖的全剖视图

以图 2.17 (a) 所示机件为例。该机件由中间的带孔圆柱体、一个水平臂和一个斜臂三部分组成。两臂的端部各有一个带孔小圆柱体。从 B 方向投射画出该机件的主视图，均为可见投影（斜油孔处可画成局部剖视）；而在俯视图中，三个轴线平行的圆柱孔均为不可见（显然无法用单一剖都剖到），且三条轴线位于两个相交的平面上，两平面为一个水平面和一个正垂面，其交线为大圆孔的轴线，垂直于正面，因此可以假想用这两个相交平面剖开机件，然后将剖切平面剖开的倾斜结构及其有关部分旋转到与选定的投影面（水平面）平行，见图 2.17 (a)，再进行投射（先剖切，后旋转，再投射），这样得到的全剖视图称为旋转剖的全剖视图，见图 2.17 (b) 中的俯视图（图 2.17 中肋板剖到，作不剖处理，详见后述）。

画图时的注意事项如下：

① 用旋转剖剖切该机件，其斜臂部分必须假想为绕带孔大圆柱体的轴线旋转到水平位置后，再向下投射，从而画出俯视图。因斜臂的旋转是假想的，其俯视图画成旋转剖的全剖视图后，在主视图中，斜臂仍应按没有旋转时的实际位置的真实投影画出。因此斜臂部分在主、俯视图中的投影不直接满足"长对正"的投影关系，只有在假想旋转后才符合"长对正"的投影关系。

② 在剖切平面后的其他结构，一般仍按原来位置投射，如图 2.17 中的斜油孔。

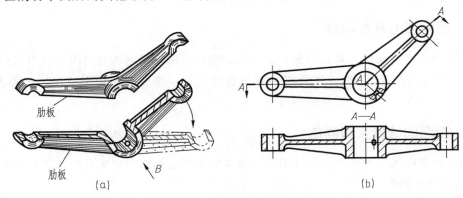

图 2.17　旋转剖的全剖视图

③ 旋转剖的全剖视图必须标注，并应在剖切平面的起讫和转折位置（相交处）都画出剖切符号，标注相同的字母（字母应水平书写）；当转折处的位置有限，又不致引起误解时，允许省略该处的字母；起讫处剖切符号中的箭头应与粗短画线垂直，如图 2.17 （b）所示；当剖视图按投影关系配置，中间又没有其他图形隔开时，可以省略箭头。

旋转剖的全剖视图适用于内部结构处在两个（或多个）相交平面上的机件。

（6）阶梯剖的全剖视图

用阶梯剖的方法获得的全剖视图称为阶梯剖的全剖视图，如图 2.18 所示。

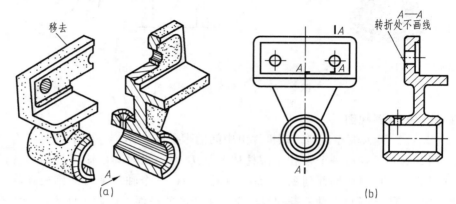

图 2.18　阶梯剖的全剖视图

画图时的注意事项如下：

① 剖切符号不应与图形中的轮廓线重合，以免混淆。

② 连接各平行剖切平面的公垂面，在剖视图中不应画出其投影线。

③ 在剖视图中，不应出现不完整的要素。为此需要正确选择剖切平面的位置。

④ 阶梯剖的全剖视图必须标注。其标注内容、方法和省略规定与旋转剖的全剖视图基本相同，见图 2.18 （b）。

阶梯剖的全剖视图适用于表达内部结构处在几个相互平行的平面上的机件。

2.3　断面图

2.3.1　断面图的基本概念

假想用剖切面将机件的某处切断，仅画出剖切面与机件接触部分的图形称为断面图，简称断面，如图 2.19 所示。断面图常用来表达机件上某一部分的断面形状，如机件上的肋、轮辐、键槽、小孔、杆件和型材的断面等。

2.3.2　断面图的分类和画法

根据断面图在图纸上配置的位置不同，将其分为移出断面图和重合断面图两种。

（1）移出断面图

画在视图之外的断面，称为移出断面图。画移出断面图时应注意以下几点：

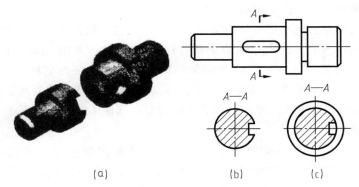

(a)　　　　　　(b)　　　　　(c)

图 2.19　断面图

　　① 移出断面图的轮廓线用粗实线绘制。

　　② 当剖切平面通过由回转面形成的孔或凹坑的轴线时，这些结构应按剖视图绘制，如图 2.20（a）、（b）所示。

　　③ 当剖切平面通过非圆孔，会导致出现完全分离的两个断面时，这些结构也应按剖视图绘制，如图 2.21 所示。

　　④ 由两个或多个相交的剖切平面剖切所得到的移出断面图，一般将图形画在一起，但中间应断开，如图 2.22 所示。

　　⑤ 当断面图形对称时可将断面图形画在视图的中断处，如图 2.23 所示。

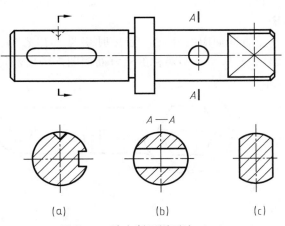

(a)　　　　　　(b)　　　　　(c)

图 2.20　移出断面图画法（一）

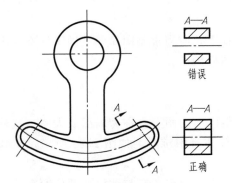

图 2.21　移出断面图画法（二）

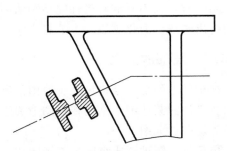

图 2.22　移出断面图画法（三）

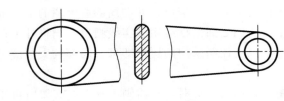

图 2.23　移出断面图画法（四）

　　移出断面图的配置：移出断面图应尽量配置在剖切符号或剖切平面迹线（剖切平面与投影面的交线，用细点画线表示）的延长线上，如图 2.20（a）、（c）及图 2.22 所示。必要时可将移出断面图配置在其他适当的位置，如图 2.20（b）所示。

在不致引起误解时，允许将图形旋转，如图 2.21 所示。

移出断面图的标注：用剖切符号表示剖切平面的位置，用箭头表示投射方向，并注上大写拉丁字母，在断面图上方标出相同的字母名称"×—×"，如图 2.19（b）所示。当移出断面图放在剖切符号的延长线上时，不对称的断面图可省去字母名称，如图 2.20（a）所示；对称的断面图可不加标注，如图 2.20（c）所示；未放在剖切符号延长线上的对称断面图，可省箭头，如图 2.20（b）所示；不对称断面图，标注不能省，如图 2.19（b）所示。

（2）重合断面图

画在视图之内的断面图称为重合断面图。重合断面图的轮廓线用细实线绘制，如图 2.24（a）所示。当视图中的轮廓线与重合断面图的图形重合时，视图中的轮廓线仍应连续画出，不可间断，如图 2.24（b）所示。

重合断面图适用于断面形状简单，且不影响图形清晰的场合。一般情况下多使用移出断面图。

重合断面图的标注：标注时字母一律省略。对称的重合断面图，可不加标注，如图 2.24（a）所示；不对称的重合断面图需画出剖切符号及箭头，如图 2.24（b）所示。

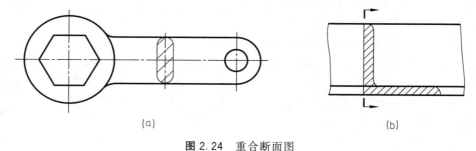

（a）　　　　　　　　　　　　　　　　（b）

图 2.24　重合断面图

2.4　图样局部放大图和简化画法

制图时，在不影响对机件完整和清晰表达的前提下，应力求制图简便。国家标准给出了一些给出画法和简化画法，本节将介绍一些常用的图样画法。

2.4.1　局部放大图

把机件上的部分结构用大于原图形所采用的比例画出的图形，称为局部放大图。这种画法用在机件的某些细小结构在视图上表示不清楚或标注有困难时，如图 2.25 所示，Ⅰ和Ⅱ处均为局部放大图。

局部放大图可画成视图、剖视图或断面图，根据需要而定，它与被放大部位原来的表示方法无关。画局部放大图时，应用细实线圈出（圆圈或长圆圈）被放大的部位。当同一机件上有几个被放大的部分时，应用罗马数字依次标明被放大的部位，并在局部放大图的上方标注出相应的罗马数字和采用的比例。罗马数字与比例之间的横线用细实线画出。当机件上仅有一个需要放大的部位时，在局部放大图的上方只需注明采用的比例即可。局部放大图应尽量配置在被放大部位的附近。

同一机件上不同部位的局部放大图，当图形相同或对称时，只需画出一个。必要时用几个图形来表达同一个被放大部位的结构，如图 2.26 所示。

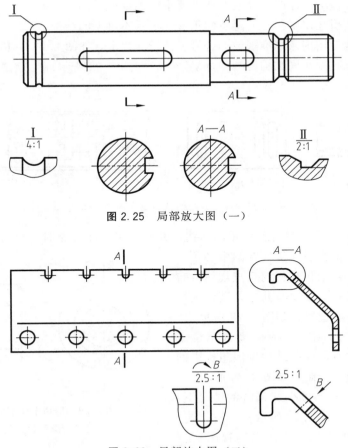

图 2.25　局部放大图（一）

图 2.26　局部放大图（二）

2.4.2　简化画法

简化画法的基本要求如下：

第一，应避免不必要的视图和剖视图。如图 2.27 所示，机件主体是一个圆柱，其左、右端面上有倒角 C2，还有三个均匀分布在圆周上的圆孔，圆孔右端有倒角 C1。简化后，在尺寸的配合下，一个视图已将机件结构表达完整、清晰。零件图中小圆角、锐边的 45°小倒

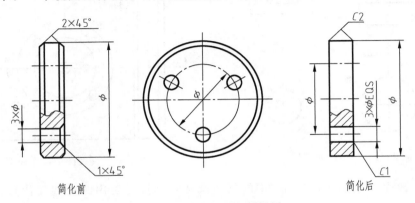

简化前　　　　　　　　　　　　　　　　　　简化后

图 2.27　简化视图和剖视图

角允许省略不画，但必须注明尺寸或在技术要求中加以说明。

第二，在不致引起误解时，应避免使用虚线表示不可见的结构。

第三，尽可能使用国家标准规定的符号表达设计要求，如图 2.27 中 EQS 表示"均布"。

第四，尽可能减少相同结构要素的重复绘制，如图 2.28 所示。

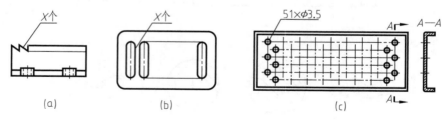

图 2.28　规律分布的结构要素的简化画法

① 相同结构。当机件具有若干相同结构，并按一定规律分布时，只需画出其中几个完整的结构，其余用细实线连接，在图中必须注明该结构的总数；若干直径相同且成规律分布的孔，可以仅画出一个或少量几个，其余只用细点画线表示其中心位置，如图 2.28 所示。

② 剖切平面前的结构。在需要表示位于剖切平面前的结构时，这些结构按假想投影的轮廓线（双点画线）绘制，如图 2.29 所示。

③ 剖面符号。在不致引起误解的情况下，剖面符号可省略，如图 2.30 所示。

④ 剖视图中再作局部剖。在剖视图的剖

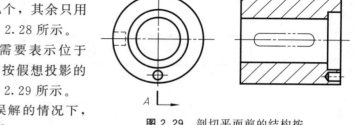

图 2.29　剖切平面前的结构按
假想投影的轮廓线绘制

面区域中可再作一次局部剖视，这种方法习惯上称为"剖中剖"。此时，两个剖面的剖面线应同方向、同间隔，但要互相错开，并用引出线标注其名称，如图 2.31 所示。

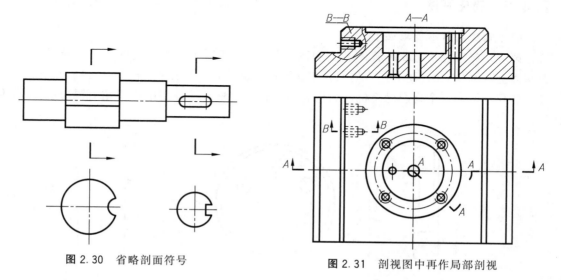

图 2.30　省略剖面符号　　　　　　图 2.31　剖视图中再作局部剖视

⑤ 与投影面夹角小于或等于 30° 的圆或圆弧，其投影可用圆或圆弧代替，如图 2.32 所示。

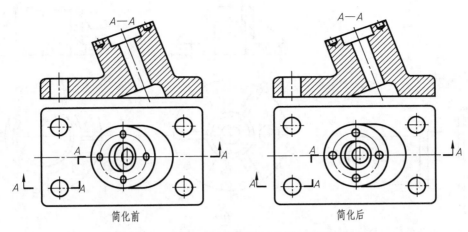

图 2.32　与投影面夹角≤30°的圆、圆弧画法

简化前　　　　　　　简化后

⑥ 回转体上的平面。当不能充分表达回转体零件上的平面时，可用两条相交的细实线（平面符号）表示这些平面，如图 2.33 所示。

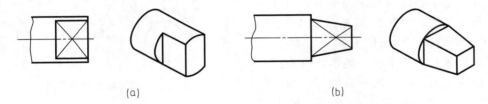

(a)　　　　　　　　(b)

图 2.33　用相交的细实线表示平面

⑦ 较小结构及斜度。当机件上较小的结构及斜度已在一个图形中表达清楚时，其他图形中应当简化或省略，如图 2.34 所示。

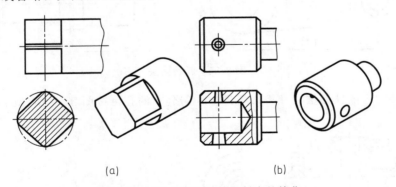

(a)　　　　　　　　(b)

图 2.34　机件上较小结构和斜度的简化

⑧ 滚花。机件上的滚花应采用粗实线完全或部分地表示出来，如图 2.35 所示。

⑨ 均匀分布的孔及肋板。对于机件的肋、轮辐、薄壁等结构，若剖切平面按纵向剖切，这些结构都不画剖面符号，而用粗实线将它与其邻接部分分开；若剖切平面按横向剖切，这些结构必须画出剖面符号。当需要表达机件回转体上均匀分布的肋、轮辐、孔等，而这些结构又不处于剖切平面上时，可将这些结构旋转到剖切平面上画出，不须加任何标注，如图 2.36 所示。

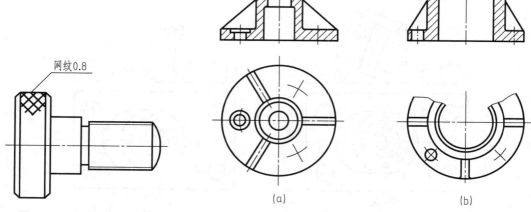

图 2.35　滚花的简化画法

图 2.36　均匀分布的孔及肋板的简化画法

⑩ 对称机件的视图。在不会引起误解时，对称机件的视图可只画出一半或四分之一，并在对称中心线的两端画出两条与其垂直的平行细实线，如图 2.37 所示。

⑪ 断裂画法。较长的机件（如轴、杆、型材、连杆等）沿长度方向的形状一致或按一定规律变化时，可以断开后缩短绘制，但要标注实际尺寸，如图 2.38 所示。断裂边界用波浪线绘制，也可用双折线或细双点画线绘制。

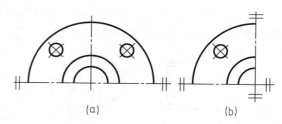

图 2.37　对称机件的简化画法

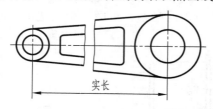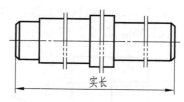

图 2.38　断裂画法

⑫ 法兰结构。圆柱形法兰和类似零件上均匀分布的孔可按图 2.39 所示的方法表示（由

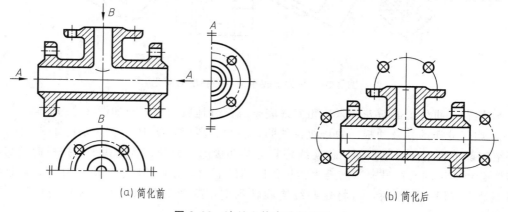

(a) 简化前　　　　　　　　　　　　　　(b) 简化后

图 2.39　法兰上均布孔的画法

机件外向该法兰端面方向投影）。

⑬　对称结构的局部视图。机件上对称结构的局部视图可按图 2.40 所示的方法绘制。在不致引起误解时，机件上的某些截交线或相贯线允许简化。图中的局部视图是按第三角画法配置的，需用细点画线将两个视图相连。

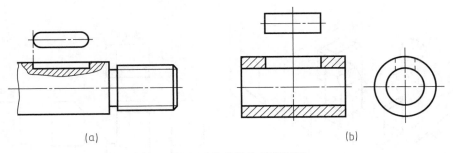

(a)　　　　　　　　　(b)

图 2.40　对称结构的局部视图

2.5　第三视角画法简介

我国国家标准规定，机件的图样按正投影法绘制，并采用第一角画法（也称第一角投影）。而美国、日本、加拿大、澳大利亚等国则采用第三角画法（也称第三角投影）。为了便于国际技术交流，下面以对比方式对第三角画法作简要介绍。

如图 2.41 所示，用水平和铅垂的两投影面将空间分成四个区域，并按顺序编号，依次称为第一分角、第二分角、第三分角和第四分角。

第一角画法是将物体置于第一分角内，并使其处于观察者与投影面之间而得到多面正投影。图 2.42（a）、（b）分别为采用第一角画法时，六个基本投影面的展开及所得的六个基本视

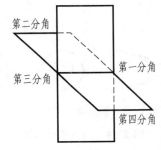

图 2.41　分角的划分

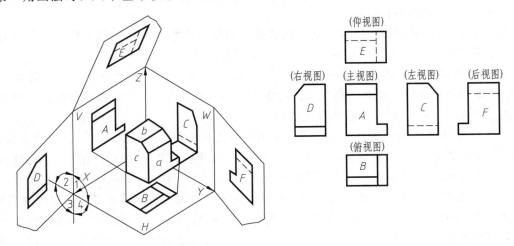

(a) 六个基本投影面的展开　　　　　(b) 六个基本视图的规定配置

图 2.42　第一角画法

图，这就是前面已经介绍的画法。

第三角画法是将物体置于第三分角内，并使其投影面（视为透明）处于观察者与物体之间而得到多面正投影。图2.43（a）、（b）分别为采用第三角画法时，六个基本投影面的展开及所得的六个基本视图。

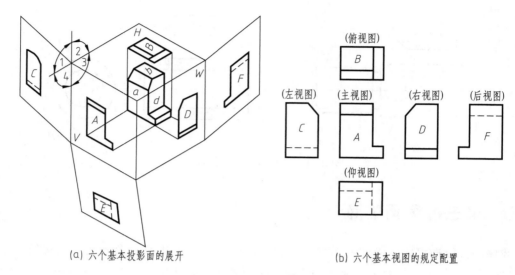

(a) 六个基本投影面的展开　　　　　(b) 六个基本视图的规定配置

图2.43　第三角画法

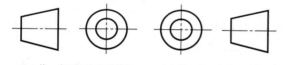

(a) 第一角画法的识别符号　(b) 第三角画法的识别符号

图2.44　第一角画法和第三角画法的识别符号

图2.44（a）、（b）分别为第一角画法和第三角画法的识别符号。由于我国规定采用第一角画法，所以在图样中其识别符号可省略不予画出。如在按合同规定的涉外工程中，必须使用第三角画法时，为了避免引起误解，此时必须在图样中标题栏右下角的"投影符号"栏内，画出其识别符号。

下面对两种画法进行比较：

① 两种画法均采用正投影法绘制，也都有六个基本投影面和六个基本视图，并且各视图之间也都遵循"长对正、高平齐、宽相等"的投影规律。

② 第一角画法将物体放在第一分角内，人、物体、投影面三者之间的位置关系为"人-物-面"，即物体在中间；而第三角画法将物体放在第三分角内，人、物体、投影面三者之间的位置关系是"人-面-物"，即投影面在中间。

③ 六个基本投影面的展开方法不同。采用第一角画法时，正面V（正六面体的后表面）不动，其他各投影面向V面（向后）展开，与V面摊平，见图2.42；采用第三角画法时，正面V（正六面体的前表面）不动，其他各投影面向V面（向前）展开，与V面摊平，见图2.43。按各自的方法展开并配置在同一张图纸内的六个基本视图都不必注写视图的名称。

图2.42（b）和图2.43（b）是用上述两种画法画出的同一物体的六个基本视图，由图可见，两种画法的六个基本视图中，其同名视图的形状完全相同，只是配置（位置）不同。其中，主视图和后视图的位置相同，而左视图和右视图的位置相互对调，俯视图和仰视图的位置也相互对调。

2.6 尺寸标注

2.6.1 组合体尺寸标注的基本要求

① 正确。所标注的尺寸必须符合国家标准中有关尺寸标注的规定，尺寸数值和单位必须正确。

② 完整。能够根据所标注的尺寸完全确定组合体的形状和大小，不能遗漏，也不能重复。

③ 清晰。尺寸应注在最能反映物体特征的视图上，且布置整齐，便于读图。

④ 合理。标注的尺寸，既要满足设计要求，以保证机器的工作性能，又要满足工艺要求，以便于加工制造和检测。

2.6.2 基本形体和常见底板、法兰的尺寸标注

(1) 基本形体的尺寸标注

① 基本立体的尺寸标注　平面立体一般应标注长、宽、高三个方向的尺寸。为了便于看图，确定棱柱、棱锥及棱台顶面和底面形状大小的尺寸，应标注在反映实形的视图上。标注示例见表 2.2 所示。

表 2.2　常见平面立体的尺寸标注

② 回转体的尺寸标注　圆柱、圆锥应标注底面圆直径和高度尺寸。直径尺寸一般标注在非圆视图上，标注示例如表 2.3 所示。

(2) 常见底板、法兰的尺寸标注

常见底板、法兰的尺寸标注示例见表 2.4。

2.6.3 截切体和相贯体的尺寸标注

标注截切体尺寸时，除了标注基本形体的尺寸外，还应注出截平面的定位尺寸。当基本

表 2.3　回转体的尺寸标注

圆柱	圆锥（台）	圆球

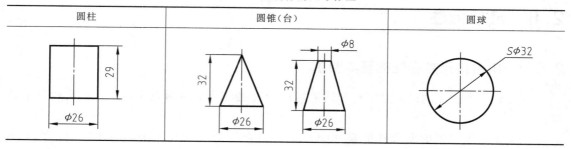

表 2.4　常见底板、法兰的尺寸标注

底板尺寸标注			
法兰尺寸标注			

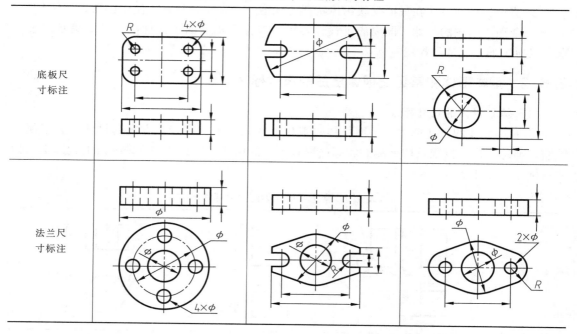

形体的形状和大小、截平面的相对位置确定后，截交线的形状、大小及位置也就确定了，因此不对截交线标注尺寸。

标注相贯体尺寸时，除了标注相交两基本体的尺寸外，还要注出相交两基本体的相对位置尺寸。当相交的两基本体的形状、大小和相对位置确定后，相贯线的形状、大小和位置也就确定了，因此不对相贯线标注尺寸。截切体、相贯体的尺寸标注示例如表 2.5 所示。

表 2.5　截切体和相贯体的尺寸标注

截切体尺寸标注		

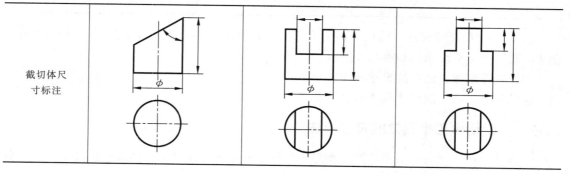

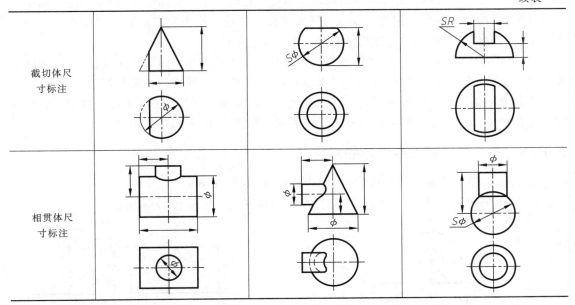

截切体尺寸标注			
相贯体尺寸标注			

2.6.4　组合体的尺寸基准及尺寸分类

(1) 尺寸基准

确定尺寸位置的几何元素称为尺寸基准。组合体有长、高、宽三个方向的尺寸，每个方向至少选择一个主要尺寸基准，一般选择组合体的对称面、底面、重要端面以及回转体轴线等作为主要尺寸基准，如图 2.45 所示。一个方向上只能有一个主要尺寸基准，可以有多个辅助尺寸基准，辅助尺寸基准与主要尺寸基准必有尺寸关联。如图 2.45 所示，三视图中的尺寸 52、24、42 分别是从长、宽、高三个方向的主要尺寸基准出发进行标注的。

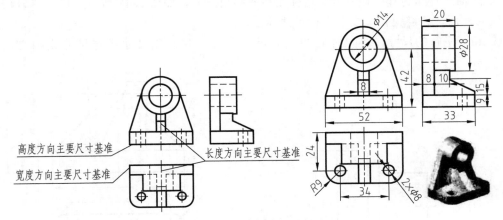

图 2.45　组合体的尺寸标注

(2) 组合体的尺寸分类

① 定形尺寸　即确定组合体各个部分形状大小的尺寸。如图 2.45 所示，底板的定形尺寸是长 52、宽 33、高 9、圆角 R9 以及板上两圆孔直径 8；圆筒定形尺寸分别是 14、28、20；支撑板的定形尺寸为宽 8；肋板的定形尺寸为 8、10、15。

② 定位尺寸 即确定组合体各组成部分相对位置的尺寸。如图 2.45 所示，主视图中的尺寸 42 是圆筒高度方向的定位尺寸。由于支撑板、肋板与底板左右对称，底板与支撑板后表面平齐，它们之间的相对位置均已确定，无须标注定位尺寸。

③ 总体尺寸 即表示组合体外形总长、总宽、总高的尺寸。如图 2.45 所示，底板的长度尺寸 52 为总长，底板的宽度尺寸 33 为总宽，尺寸 42＋14 决定了支架的高度。

当组合体的端部为回转体时，一般不直接注出该方向的总体尺寸，而是由确定回转体轴线的定位尺寸加上回转面的半径尺寸来间接体现，如图 2.45 所示的总高尺寸。

2.6.5 关于清晰标注应注意的问题

① 尺寸应该标注在反映形体特征的视图上，如图 2.46 所示。

② 同一形体的尺寸应该尽量集中标注在同一视图上，如图 2.47 所示。

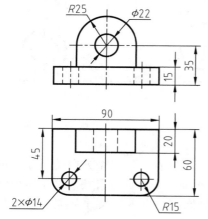

图 2.46 尺寸应标注在特征视图上

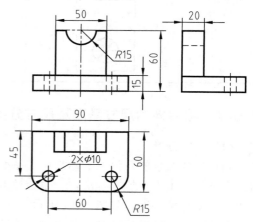

图 2.47 同一形体的尺寸应集中标注

③ 同轴回转体的直径，应该尽量标注在非圆视图上，如图 2.48 所示。尺寸尽量标注在轮廓线的外面，并避免在虚线上进行尺寸标注。

④ 相互平行的尺寸，小尺寸在里，大尺寸在外，并避免尺寸线与尺寸线相交，如图 2.49 所示。

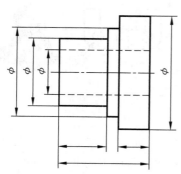

图 2.48 同轴回转体直径的标注

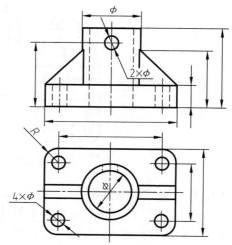

图 2.49 避免尺寸线相交

2.6.6 组合体尺寸的标注方法和步骤

标注组合体尺寸的基本方法是形体分析法。先假想将组合体分解为若干基本体，如图 2.50 所示。选择好尺寸基准，然后逐一标注出各基本形体的定形尺寸，再标注形体之间的定位尺寸，最后标注总体尺寸，并对已经标注的尺寸进行检查、调整，如图 2.51 所示。

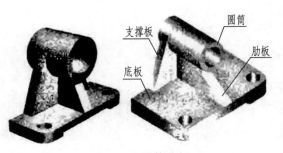

图 2.50 形体分析

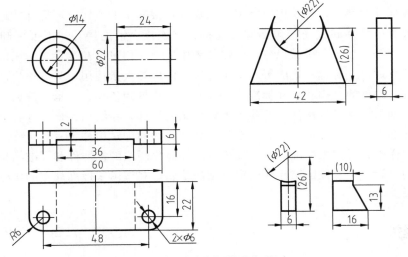

(a) 标注出各基本形体的定形尺寸

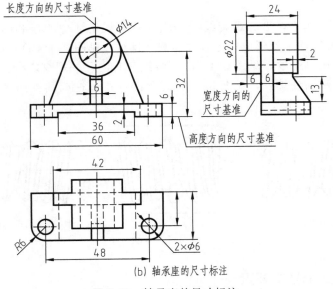

(b) 轴承座的尺寸标注

图 2.51 轴承座的尺寸标注

第3章

标准件和常用件

在机器或部件的装配、安装中，将零件与零件连接起来的方式有可拆卸式连接和不可拆卸式连接两大类。可拆卸式连接包括螺纹连接、键连接、销连接等，不可拆卸式连接有铆接、焊接、粘接等。在各种机械设备、仪器仪表中广泛应用可拆卸连接，常用的螺纹紧固件有螺栓、螺柱、螺钉、螺母、垫圈等。由于螺纹紧固件被大量使用，为方便生产和使用，已将螺纹及螺纹紧固件的结构和尺寸标准化。同时，在机械的传动、支承、减振等方面，也广泛使用齿轮、轴承、弹簧等机件。这些被大量使用的机件，在结构、尺寸等各个方面都已标准化的称为标准件；将部分重要参数标准化、系列化的称为常用件。

在工程图样中，对国家标准规定了标记方法和简化画法的标准件和标准结构，不需要画出真实的结构投影，只要按国家标准规定的画法绘制，并按国家标准规定的代号或标记方法进行标注即可。

3.1 螺纹

3.1.1 螺纹的概念

在圆柱或圆锥表面上，沿着螺旋线所形成的具有规定牙型的连续凸起称为螺纹，见图3.1。其中，在圆柱表面上所形成的螺纹称为圆柱螺纹，见图3.1（a）、（b）；在圆锥表面上所形成的螺纹称为圆锥螺纹，见图3.1（c）。螺纹又有内、外螺纹之分：在圆柱或圆锥外表面上所形成的螺纹称为外螺纹，见图3.1（a）、（c）；在圆柱或圆锥内表面上所形成的螺纹称为内螺纹，见图3.1（b）。

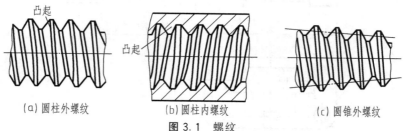

(a)圆柱外螺纹　　　　(b)圆柱内螺纹　　　　(c)圆锥外螺纹

图3.1　螺纹

3.1.2 螺纹的五个基本要素

通常内、外螺纹总是旋合在一起成对使用的，这种内、外螺纹相互旋合形成的连接称为螺纹副。构成螺纹副的条件是它们的下列五个基本要素都必须相同。

(1) 牙型

在通过螺纹轴线的断面上，螺纹的轮廓形状称为牙型。常见的螺纹牙型有三角形、梯形、锯齿形和矩形等，见图 3.2。在螺纹牙型上，两相邻牙侧间的夹角称为牙型角，用 α 表示。

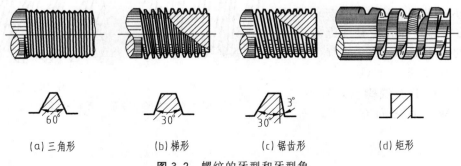

| (a) 三角形 | (b) 梯形 | (c) 锯齿形 | (d) 矩形 |

图 3.2 螺纹的牙型和牙型角

(2) 直径

① 大径：与外螺纹牙顶或内螺纹牙底相切的假想圆柱（或圆锥）的直径，即螺纹的最大直径。内、外螺纹的大径分别用 D 和 d 表示，见图 3.3。

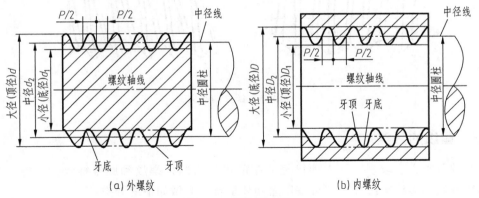

| (a) 外螺纹 | (b) 内螺纹 |

图 3.3 螺纹的直径

② 小径：与外螺纹牙底或内螺纹牙顶相切的假想圆柱（或圆锥）的直径，即螺纹的最小直径。内、外螺纹的小径分别用 D_1 和 d_1 表示。

③ 顶径：与外螺纹或内螺纹牙顶相切的假想圆柱（或圆锥）的直径，即外螺纹的大径或内螺纹的小径。

④ 底径：与外螺纹或内螺纹牙底相切的假想圆柱（或圆锥）的直径，即外螺纹的小径或内螺纹的大径。

⑤ 中径：一个假想圆柱（或圆锥）的直径，该圆柱（或圆锥）的母线通过牙型上沟槽和凸起。内、外螺纹的中径分别用 D_2 和 d_2 表示。该假想圆柱（或圆锥）称为中径圆柱（或中径圆锥），其母线称为中径线，其轴线称为螺纹轴线。

⑥ 公称直径代表螺纹尺寸的直径，通常是指螺纹的大径，而管螺纹则用尺寸代号表示。

(3) 线数

形成螺纹时所沿螺旋线的条数称为螺纹线数。沿一条螺旋线所形成的螺纹称为单线螺纹，见图 3.4（a）；沿两条或两条以上轴向等距分布的螺旋线所形成的螺纹称为多线螺纹，如双线螺纹［见图 3.4（b）］、三线螺纹、四线螺纹，螺纹的线数用 n 表示。

（4）螺距与导程

螺纹相邻两牙在中径线上对应两点间的轴向距离称为螺距，用"P"表示，见图 3.4。而同一条螺旋线上的相邻两牙在中径线上对应两点间的轴向距离称为导程，用"P_h"表示，见图 3.4（b）。

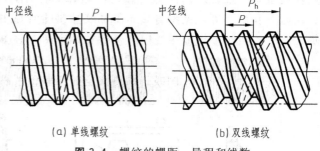

图 3.4   螺纹的螺距、导程和线数

显然，对于多线螺纹，螺距、导程和线数三者之间有如下的关系，即

$$P_h = nP$$

（5）旋向

螺纹按旋向不同可分为右旋螺纹和左旋螺纹两种。顺时针旋转时旋入的螺纹称为右旋螺纹，见图 3.5（a）；逆时针旋转时旋入的螺纹称为左旋螺纹，见图 3.5（b）。

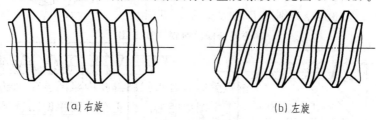

图 3.5   螺纹的旋向

3.1.3   螺纹的分类

螺纹的分类方法较多，除上面已经介绍的可分为圆柱螺纹和圆锥螺纹、内螺纹和外螺纹、单线螺纹和多线螺纹外，还可按用途和牙型特点等做如下的分类：

$$
\text{连接螺纹}
\begin{cases}
\text{普通螺纹}
\begin{cases}
\text{粗牙普通螺纹}\\
\text{细牙普通螺纹}
\end{cases}\\
\text{管螺纹}
\begin{cases}
55°\text{非密封管螺纹——圆柱内螺纹和圆柱外螺纹旋合}\\
55°\text{密封管螺纹}
\begin{cases}
\text{圆锥内螺纹和圆锥外螺纹旋合}\\
\text{圆柱内螺纹和圆锥外螺纹旋合}
\end{cases}
\end{cases}\\
\text{传动螺纹}
\begin{cases}
\text{梯形螺纹}\\
\text{锯齿形螺纹}\\
\text{矩形螺纹}
\end{cases}
\end{cases}
$$

为了便于设计、制造和使用，上述各种螺纹均已标准化，称为标准螺纹。所谓标准螺纹，是指牙型、大径和螺距均符合国家标准规定的螺纹。本章只讨论标准螺纹，并主要介绍应用最多的普通螺纹、55°非密封管螺纹（圆柱管螺纹）和梯形螺纹。

（1）普通螺纹

普通螺纹是最常用的一种连接螺纹，其基本牙型见图 3.6。其牙型为等边三角形，牙顶和沟槽底部略为削平,牙型角 α 为 60°。

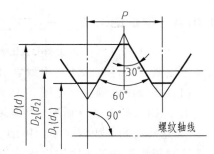

图 3.6　普通螺纹的基本牙型

　　根据国家标准规定,普通螺纹在每一标准大径下,有几种不同的螺距,如大径为 42mm 时,其螺距有 4.5mm、3mm、2mm 和 1.5mm 四种,见图 3.7。其中,螺距最大的一种螺纹称为粗牙普通螺纹,见图 3.7(a);而其余三种螺距的螺纹均称为细牙普通螺纹,见图 3.7(b)、(c)、(d)。

　　一般用途的连接应采用牙齿大、强度高的粗牙普通螺纹;而细牙普通螺纹主要用于薄壁零件或受变载、振动及冲击载荷的连接,也可用于微调装置中。

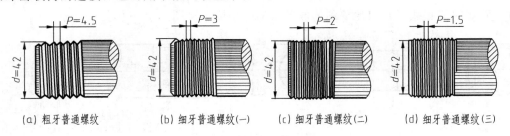

(a) 粗牙普通螺纹　　(b) 细牙普通螺纹(一)　　(c) 细牙普通螺纹(二)　　(d) 细牙普通螺纹(三)

图 3.7　普通螺纹的分类

(2) 管螺纹

　　管螺纹也是一种常用的连接螺纹,主要用于管件的连接,也可用于其他薄壁零件的连接。根据螺纹副本身是否具有密封性,管螺纹可分为下列两类:

　　① 55°密封管螺纹(GB/T 7306.1—2000,GB/T 7306.2—2000),即螺纹副本身具有密封性的管螺纹。它包括圆锥内螺纹和圆锥外螺纹连接以及圆柱内螺纹和圆锥外螺纹连接两种形式。

　　② 55°非密封管螺纹(GB/T 7307—2001),即螺纹副本身不具有密封性的管螺纹。若要求连接后具有密封性,可拧紧螺纹副来压紧螺纹副外的密封面,也可在螺纹副间添加密封物。它是圆柱内螺纹和圆柱外螺纹连接,其基本牙型为等腰三角形,牙型角 α 为 55°,且在牙型顶端和沟槽底部做成圆弧形,见图 3.8。

(3) 梯形螺纹

　　梯形螺纹是应用最多的一种传动螺纹,可用于传递双向的运动和动力。梯形螺纹的基本牙型为等腰梯形,牙型角为 30°,见图 3.9。它被用于有紧密性要求的连接和薄壁零件的连接。

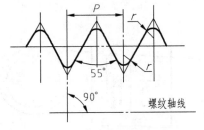

图 3.8　圆柱管螺纹的基本牙型

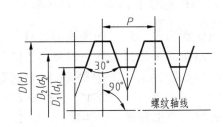

图 3.9　梯形螺纹的基本牙型

3.1.4 螺纹的画法

螺纹的真实投影比较复杂，为简化作图，国家标准 GB/T4459.1—1995《机械制图 螺纹及螺纹紧 固件表示法》中规定了螺纹的画法。

（1）外螺纹的画法（见图 3.10）

① 外螺纹的大径（顶径）用粗实线表示。

② 外螺纹的小径（底径）用细实线表示，在螺杆的倒角或倒圆部分也应画出；在垂直于螺纹轴线投影面的视图（以下称为端视图）中，表示小径的细实线圆只画约 3/4 圈，且倒角的投影圆省略不画。

③ 有效螺纹的终止界线（简称螺纹终止线）用粗实线表示，见图 3.10（a）；当画成剖视时，则螺纹终止线只画出牙顶到牙底部分的一小段，见图 3.10（b）。

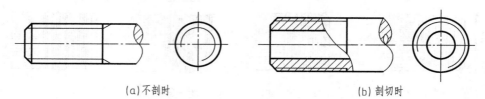

(a)不剖时   (b) 剖切时

图 3.10　外螺纹的画法

④ 当需要表示螺纹收尾时，螺尾部分的牙底用与轴线成 30°角的细实线绘制，见图 3.10（a）。

⑤ 在剖视或断面图中，剖面线必须画到大径（粗实线）处，见图 3.10（b）。

（2）内螺纹的画法（见图 3.11）

内螺纹一般画成剖视图，其规定画法如下：

① 内螺纹的小径（顶径）用粗实线表示。

② 内螺纹的大径（底径）用细实线表示。在端视图中，表示大径的细实线圆只画约 3/4 圈，且倒角的投影圆省略不画。

③ 螺纹的终止线用粗实线画出。当需要表示螺纹收尾时，螺尾部分的牙底用与轴线成 30°角的细实线绘制，见图 3.11（b）。

④ 在剖视或断面图中，剖面线必须画到小径（粗实线）处，见图 3.11。

⑤ 绘制不穿通的螺孔（盲螺孔）时，一般将钻孔深度和螺纹部分的深度分别画出，见图 3.11（b）。

⑥ 当内螺纹不剖画出时，则不可见螺纹的所有图线均按虚线绘制，见图 3.12。

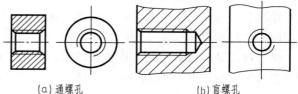

(a)通螺孔   (b)盲螺孔

图 3.11　内螺纹的剖视画法

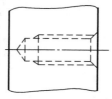

图 3.12　内螺纹的不剖画法

下面将内、外螺纹画法的要点小结如下：

螺纹的顶径用粗实线表示；

螺纹的底径用细实线表示，在端视图中表示底径的细实线圆只画约 3/4 圈，且倒角的投影圆省略不画；

螺纹的终止线用粗实线表示；

在剖视或断面图中，剖面线都必须画到顶径（粗实线）处。

（3）内、外螺纹的连接画法

以剖视表示内、外螺纹连接时，其旋合部分应按外螺纹的画法绘制，其余部分仍按各自的画法表示，见图 3.13。

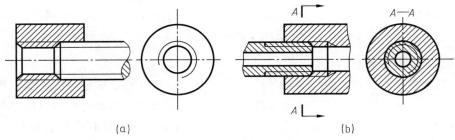

图 3.13 内、外螺纹的连接画法

需要注意：

① 内、外螺纹的大径线应对齐，小径线也应对齐。

② 图 3.13（a）的左视图中按内螺纹画出，而图 3.13（b）的左视图（A—A 剖视）中按外螺纹画出。

③ 在剖视图中，内、外螺纹的剖面线均应画到顶径（粗实线）处为止，见图 3.10、图 3.11、图 3.13。

3.1.5 螺纹的标记

上述螺纹的规定画法虽然简便，却不能反映出螺纹的五个基本要素以及加工精度和旋合长度等要求，为此，在图样上必须标注螺纹的规定标记。

（1）普通螺纹的标记（GB/T 197—2018）

普通螺纹完整的标记内容和形式举例如下：

M16×Ph3P1.5-5g6g-S-LH

其中，螺纹特征代号：M 表示普通螺纹；尺寸代号：16×Ph3P1.5 表示螺纹公称直径（大径）为 16mm，导程 P_h，为 3mm，螺距 P 为 1.5mm；公差带代号：5g6g 表示中径公差带为 5g，顶径公差带为 6g（小写字母为外螺纹，大写字母为内螺纹）；旋合长度代号：S 表示短旋合长度（L 表示长旋合长度，N 表示中等旋合长度）；旋向代号：LH 表示左旋。

上述普通螺纹的规定标记，在下列情况时可以简化：

① 螺纹为单线普通螺纹时，尺寸代号为"公称直径×螺距"，此时不必注写"Ph"和"P"字样；当又为粗牙普通螺纹时，螺距省略不注，故尺寸代号仅为公称直径。

② 中径与顶径公差带代号相同时，只注写一个公差带代号。又当外螺纹公差带代号为 6g，内螺纹为 6H（为中等精度的常用公差带）时，省略不注。

③ 旋合长度代号。当为中等旋合长度 "N" 时，省略不注。

④ 旋向代号。当旋向为右旋 "RH" 时，省略不标注。

在图样中，普通螺纹的标记应标注在螺纹大径的尺寸处，而螺纹长度应单独另行标注，见图 3.14 (a)、(b)。

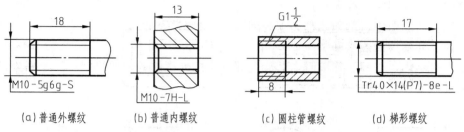

(a) 普通外螺纹　　(b) 普通内螺纹　　(c) 圆柱管螺纹　　(d) 梯形螺纹

图 3.14　螺纹标记的标注

(2) 55°非密封管螺纹的标记

55°非密封管螺纹的标记由螺纹特征代号、尺寸代号和公差带代号组成。螺纹特征代号用字母 G 表示；螺纹尺寸代号见国家标准 GB/T 7307—2001。螺纹公差等级代号对外螺纹分 A、B 两级标记，如 G2A、G2B 等；对内螺纹则不标记（因为只有一种公差带），如 G2。当螺纹为左旋时，在公差带代号后加注 "LH"，如 G2-LH、G2A-LH 等；表示螺纹副时，只标注外螺纹的标记代号。

需要注意：55°非密封管螺纹标记中的尺寸代号，仅仅是螺纹规格的代号，它不表示螺纹的大径或其他尺寸，但可根据尺寸代号由国家标准 GB/T 7307—2001 查得螺纹的大径和其他尺寸。因此在图样上，其标记不应注在大径的尺寸处，而应注在由螺纹大径引出的指引线上，见图 3.14 (c)。

(3) 梯形螺纹的标记（GB/T 5796.4—2022）

梯形螺纹标记的形式为：

梯形螺纹代号—公差带代号—旋合长度代号

① 梯形螺纹代号由螺纹种类代号、尺寸规格和旋向组成。梯形螺纹用 "Tr" 表示。单线螺纹的尺寸规格用 "公称直径×螺距" 表示。多线螺纹用 "公称直径×导程（P 螺距）" 表示。当螺纹为左旋时，需在尺寸规格之后加注 "LH"，右旋时不注出。如单线右旋螺纹：Tr40×7；双线左旋螺纹：Tr40×14 P7—LH。

② 梯形螺纹的公差带代号只标注中径公差带，如 Tr0×7—7e、Tr0×7LH—7e。

③ 梯形螺纹的旋合长度分为 N 和 L 两组。当旋合长度为 N 组时，省略不标注；当旋合长度为 L 组时，应标出组别代号 L，如 Tr40×14 P7—8e—L。

梯形螺纹副的公差带要分别注出内、外螺纹的公差带代号，前面的是内螺纹公差带代号，后面的是外螺纹公差带代号，中间用斜线分开，如 Tr40×7—7H/7e。

在图样中，梯形螺纹与普通螺纹一样，将螺纹标记标注在螺纹大径的尺寸处，见图 3.14 (d)。

3.1.6　螺纹的加工方法和工艺结构

螺纹最常见的加工方法是在车床上车削。图 3.15 所示为车削外螺纹时的情况（车削内螺纹与之相似）：工件由装在车床主轴上的自定心卡盘夹持，并随车床主轴一起做等速旋转运动，而夹持在刀架上的与被车削螺纹槽形一致的车刀沿工件轴线方向做等速直线运动，并满足工件每转一周，车刀移动一个螺距（或导程）的要求，便加工出螺纹。

此外，螺纹的加工方法还有用丝锥攻螺纹、用板牙套螺纹、用搓丝板搓螺纹以及滚压螺纹等。

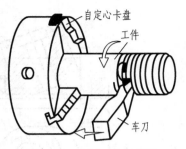

图 3.15 车削（外）螺纹

加工螺纹时常见的工艺结构如下：

(1) 倒角

在加工外螺纹时，需先按螺纹大径加工出杆件，并在杆端加工出一个小圆锥面，见图 3.16 (a)，然后再加工出外螺纹，见图 3.16 (b)；加工内螺纹时，需先按螺纹小径在机件上加工出孔，并在孔口处也加工出一个小圆锥面，见图 3.16 (c)，然后再加工出内螺纹，见图 3.16 (d)。这两种小圆锥面均称为螺纹的倒角，其主要作用是便于螺纹的加工和螺纹副的旋合。外螺纹的倒角一般为 45°，其尺寸标注如 C2（C 为 45°倒角符号，2 为轴向长度尺寸）；内螺纹的倒角一般为 120°。

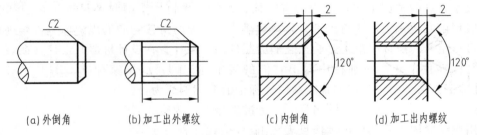

(a) 外倒角   (b) 加工出外螺纹   (c) 内倒角   (d) 加工出内螺纹

图 3.16 螺纹的倒角

(2) 不穿通螺孔

在机件上加工不穿通螺孔时，一般用麻花钻先钻出一个光孔（称为底孔）。由于钻头的钻尖角近似为 120°，所以加工出的孔底圆锥面的圆锥角也为 120°，但在图样上不必标注该角度和孔底深度，且孔底部分也不包括在孔深尺寸 H 之内，见图 3.17 (a)；然后用丝锥攻螺纹，攻螺纹深度仍应略小于孔深尺寸，见图 3.17 (b)。

(3) 螺尾、肩距和退刀槽（GB/T 3—1997）

车削加工螺纹达到要求的长度时，见图 3.18 (a)，需要将刀具退离工件，称为退刀。由于退刀，螺纹末端形成了沟槽渐浅部分，这部分向光滑表面过渡的牙底不完整的螺纹（为无效螺纹）称为螺尾。

在车削带台肩的外螺纹时，为了使退刀时车刀不与工件的台肩面相碰，退刀位置与台肩必须保持一定的距离，称为肩距，见图 3.18 (a)。

由于螺杆上有了螺尾和肩距，与之旋合的螺母（带内螺纹）只能拧入到有效螺纹处。当需要将螺母一直拧到台肩面处时，可事先在肩距处加工用于退刀的槽，称为螺纹退刀槽，见图 3.18 (b)。

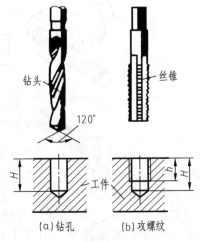

(a) 钻孔   (b) 攻螺纹

图 3.17 不穿通螺孔

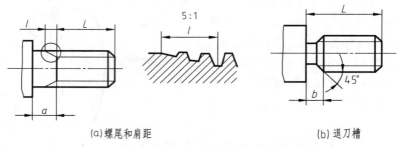

(a)螺尾和肩距　　　　　　　　　　　　(b) 退刀槽

图 3.18　螺尾、肩距和退刀槽

3.2　螺纹紧固件及其连接

3.2.1　螺纹紧固件

　　螺纹紧固件的种类很多，常用的有螺栓、螺柱、螺钉、垫圈和螺母等。它们都是标准件，一般均由专业化工厂进行大批量生产和供应，需要时可按它们的规定标记直接进行采购而不必自行生产，所以一般不必画出它们的零件图。设计者在设计机器时，只要在装配图上画出这些标准件，并在明细栏中注出它们的规定标记即可。国家标准 GB/T 1237—2000《紧固件标记方法》中，规定的螺纹紧固件标记的简化形式为：

名称　　　标准编号　　　规格

　　常用螺纹紧固件及其标记示例见表 3.1。

表 3.1　螺纹紧固件及其标记示例

种类	轴测图	结构形式和规格尺寸	标记示例	说明
六角头螺栓			螺栓　GB/T 5782—2016 M12×80	螺纹规格 d＝M12，l＝80mm（当螺杆上为全螺纹时，应选取国家标准 GB/T 5783—2016）
螺柱			螺柱　GB/T 897—2016 AM10×50	两端螺纹规格均为 d＝M10，l＝50mm，按 A 型制造（若为 B 型，则省去标记"B"）
开槽盘头螺钉			螺钉　GB/T 67—2016 M5×45	螺纹规格 d＝M5，公称长度 l＝45mm，性能等级为 4.8 级，不经表面处理的 A 级开槽盘头螺钉
开槽沉头螺钉			螺钉 GB/T 68—2016 M5×45	螺纹规格 d＝M5，l＝45mm（l 值在 40mm 以内时为全螺纹）

种类	轴测图	结构形式和规格尺寸	标记示例	说明
开槽锥端紧定螺钉		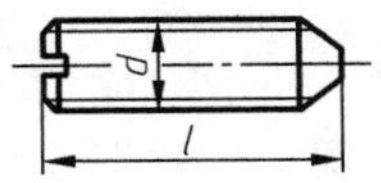	螺钉 GB/T 71—2018 M5×20	螺纹规格 $d=$ M5，$l=$ 20mm
Ⅰ型六角螺母	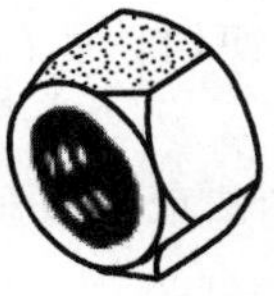	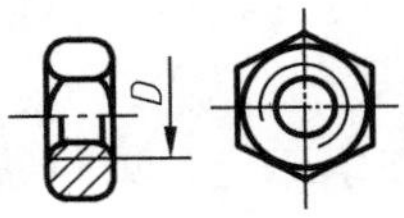	螺母 GB/T 6170—2015 M8	螺纹规格 $D=$ M8 的Ⅰ型六角螺母
垫圈	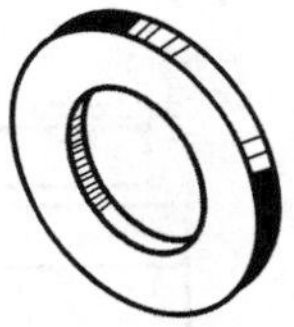	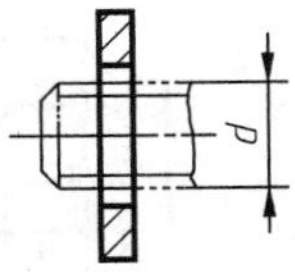	垫圈 GB/T 97.1—2002 8	标准系列，公称规格 8mm，由钢制造的硬度等级为 200HV 级、不经表面处理、产品等级为 A 级的平垫圈
弹簧垫圈		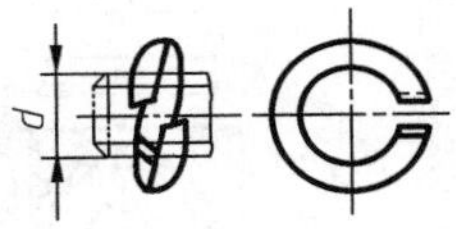	垫圈 GB/T 93—1987 16	规格 16mm、材料为 65Mn、表面氧化的标准型弹簧垫圈

注：标记示例中，标准年号可省略，省略年号的标准应以现行标准为准。如螺栓 GB/T 5782　M12×80。

当需要画出螺纹紧固件时，可采用以下两种画法之一：

(1) 查表画法

根据给出的紧固件名称、国家标准编号和规格，即紧固件的标记，通过查表获得它的结构形式和全部结构尺寸，并以此进行画图。

(2) 比例画法

根据紧固件的标记得到公称直径和公称长度后，其他结构尺寸均按公称直径 d 的一定比例由计算得到，并以此进行画图。

实质上，查表画法是按查表所得的实际尺寸来画图的一种精确画法；而比例画法则是按一定比例计算所得的值来画图的一种近似画法。

3.2.2 螺栓连接

螺栓连接通常由螺栓、垫圈和螺母三种零件构成，见图 3.19（a）。只需在两被连接件上钻出通孔，然后从孔中穿入螺栓，再套上垫圈，拧紧螺母即实现了这种连接，见图 3.19（b）。这种连接加工简单，装拆方便，因而应用很广，主要适用于两零件被连接处厚度不大而受力较大，且需经常装拆的场合。

选定螺栓连接后，还需确定如下内容：

① 根据使用要求，选择螺栓的结构形式，即确定国家标准编号。

② 根据强度要求或结构要求确定螺栓的公称直径（螺纹规格）d。

③ 根据下式计算螺栓的公称长度 l，即

$$l \geqslant \delta_1 + \delta_2 + h + m + a$$

式中　δ_1、δ_2——两被连接件的厚度；

　　　h——垫圈厚度；

　　　m——螺母厚度；

　　　a——螺栓头部超出螺母的长度，一般取 $a = (0.2 \sim 0.3)d$，见图 3.19（c）。

计算所得结果必须标准化，即取为螺栓的标准公称长度。

④ 选定垫圈和螺母的结构形式和规格。因它们与螺栓配套使用，所以其规格应与螺栓规格相同。

至此，可得出螺栓、垫圈和螺母的规定标记，即可按比例画法或查表画法画出螺栓连接的装配图，见图 3.19（c）。

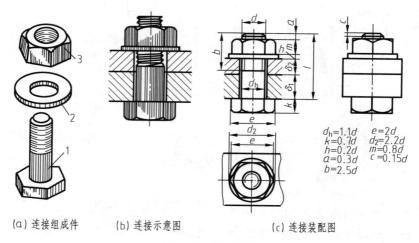

$d_h = 1.1d$　　$e = 2d$
$k = 0.7d$　　$d_2 = 2.2d$
$h = 0.2d$　　$m = 0.8d$
$a = 0.3d$　　$c = 0.15d$
$b = 2.5d$

（a）连接组成件　　　　（b）连接示意图　　　　（c）连接装配图

图 3.19　螺栓连接

1—螺栓；2—垫圈；3—螺母

画螺栓连接时的注意事项如下：

① 为了装配方便，被连接件上的通孔直径 d_h 应稍大于螺栓的公称直径 d。因此该处应画成两条线。对于两被连接件接触面的投影线，其可见部分的粗实线应画到螺栓的大径线处，不可见部分的虚线省略不画。

② 螺栓连接装配图的主视图，一般画成通过这些紧固件轴线剖切的全剖视图（此时，紧固件按不剖绘制），而俯视图、左视图一般画成外形图，有时也可省略不画。

③ 在视图中凡被遮挡的不可见螺纹均省略其虚线不画，而可见螺纹部分必须按螺纹的规定画法正确画出，不能漏画。

④ 螺栓六角头部的画法（六角螺母的画法与之相似）：

a. 主、俯、左三视图之间应符合投影关系。

b. 六角头部的倒角圆锥面与六个侧棱面形成的截交线可用圆弧近似代替，并采用比例画法，见图 3.20：在主视图中，取 $R = 1.5d$，r 由作图确定；在左视图中，取 $R = d$；在俯视图中，倒角圆内切于正六边形。

3.2.3　螺柱连接

当被连接的机座零件的厚度太大，无法加工出通孔时，或者受被连接零件的结构限制而无法安装螺栓时，可采用螺柱连接。这种连接由螺柱、垫圈和螺母构成，见图 3.21 (a)。被连接的机座零件上加工出不穿通螺孔，另一被连接件上加工出通孔，而螺柱的两头均制有螺纹。连接时，将螺柱的旋入端（一般为螺纹长度较短的一端）全部旋入机座零件的螺孔中，再套上另一被连接件，然后放上垫圈，拧紧螺母，即实现了连接，见图 3.21 (b)。

3
1
2
O
30°
R=1.5d
R₁=d
r
图中小圆弧 r 由作图确定:
1)画圆弧R=1.5d与棱线交于点1。
2)由点1作水平线与右棱线交于点2。
3)作12线的垂直平分线交顶面于点3。
4)过点1、2、3作出小圆弧r(并作出与r相切的30°倒角线)。

图 3.20　螺栓六角头部的画法

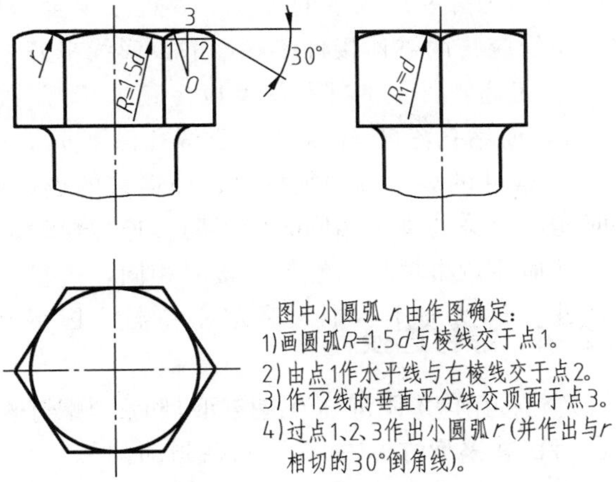

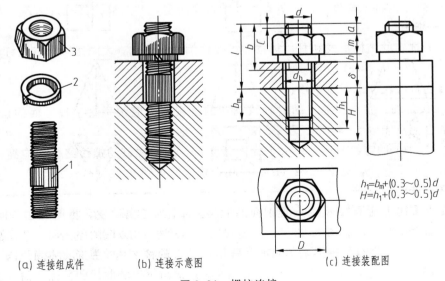

螺柱的规格：螺纹大径 d 由连接的强度要求或结构要求确定；螺柱的公称长度 l 则由下式计算，即

$$l \geqslant \delta + h + m + a$$

式中　δ——带通孔的被连接件的厚度；

h——垫圈厚度；

m——螺母厚度；

a——螺柱头部超出螺母的长度，一般取 $a=(0.2\sim0.3)\ d$，见图 3.21 (c)。

计算所得结果必须取为相近的标准公称长度。

旋入端的螺纹长度，即旋入深度 b_m 由带螺孔的机座零件的材料决定，有四种不同的规格，螺柱相应有四种国家标准编号：$b_m=d$ 用于钢和青铜；$b_m=1.25d$ 用于铸铁；$b_m=1.5d$ 用于铸铁和铝合金；$b_m=2d$ 用于铝合金。

综上所述，可确定螺柱的规格，再根据配套要求，同时也就确定了垫圈和螺母的规格，于是可用比例画法（或查表画法）画出螺柱连接的装配图，见图 3.21 (c)。

3
2
1
d
a
m
h
δ
l
b
C
d_h
b_m
h_1
H
$h_1=b_m+(0.3\sim0.5)d$
$H=h_1+(0.3\sim0.5)d$
D
(a) 连接组成件
(b) 连接示意图
(c) 连接装配图

图 3.21　螺柱连接

1—螺柱；2—垫圈；3—螺母

画螺柱连接时应注意以下事项：

① 因为螺柱旋入端的螺纹按规定必须全部旋入被连接的机座零件的螺孔中，所以其螺纹终止线应与两被连接件接触面的投影线平齐，故两者成为一直线。

② 机座零件上的螺孔深度也应稍大于螺柱的旋入深度 b_m，一般可取 $h_1 = b_m + (0.3 \sim 0.5)d$，而钻孔深度 H 又应大于螺孔深度 h_1，一般可取 $H = h_1 + (0.3 \sim 0.5)d$。

③ 螺柱的旋入端必须按内、外螺纹的连接画法正确画出；拧螺母端的画法则与螺栓连接时相应部分的画法相同。为了防止连接松动，这里采用了弹簧垫圈。

其他注意事项均与螺栓连接时相同，这里不再赘述。

3.2.4 螺钉连接

螺钉按用途不同可分为连接螺钉和紧定螺钉两类。前者用于连接零件，后者用于固定零件。

(1) 连接螺钉

连接螺钉主要用于连接不经常拆卸，并且受力不大的场合。它是一种只需螺钉（有的也可加垫圈）而不用螺母的连接，因而结构最简单。连接螺钉由头部和杆身两部分组成：其头部有多种不同的结构形式，相应有不同的国家标准编号，见表 3.1；杆身上刻有部分螺纹或全部螺纹（螺钉公称长度较小时）。被连接件之一加工有通孔，另一被连接件加工有螺孔。连接时，将螺钉穿过通孔，并用螺钉旋具插入螺钉头部的一字槽或十字槽中，再加以拧动，则依靠杆身上的螺纹即可旋入螺孔中，并依赖其头部压紧被连接件而实现两者的连接，见图 3.22（a）。由于螺钉旋具的拧紧力有限，所以螺钉的规格一般不大于 M10。

设计螺钉连接时，通常首先根据使用要求确定螺钉的结构形式，即确定国家标准编号，再根据结构要求确定螺钉的公称直径 d（因受力不大，一般不进行强度计算），并由下式确定螺钉的公称长度 l，即

$$l \geqslant \delta + l_1$$

式中 δ——带通孔零件的厚度；

l_1——螺钉的旋入深度，由带螺孔零件的材料决定，并与确定螺柱旋入端长度的方法相同。

根据上面选定的结构形式和具体规格即可按比例画法（或查表画法）画出螺钉连接的装配图，见图 3.22（b）、（c）。

画螺钉连接时应注意以下事项：

① 螺钉头部的一字槽在通过螺钉轴线剖切的剖视图上应按垂直于投影面的位置画出，而在端视图上应按倾斜 45°画出，见图 3.22。

② 螺钉杆身上的螺纹长度 b 应大于旋入深度 l_1，因此螺钉的螺纹终止线应高于两被连接零件接触面的投影线，见图 3.22（b）。采用全螺纹时见图 3.22（c）。

(2) 紧定螺钉

紧定螺钉多用于轮子与轴之间的固定。通常在轴上加工出锥坑，见图 3.23（a）；在轮子的轮毂上加工出螺孔，见图 3.23（b）。连接时，将轮子套装于轴上，再将螺钉拧入轮子轮毂上的螺孔中，使螺钉的锥形端部对准并紧压在轴上的锥坑内，从而将轮子固定在轴上，见图 3.23（c）。

紧定螺钉的头部有开槽、内六角等形式，端部则有平端、圆柱端、锥端和凹端等多种结构形式，相应有多种国家标准编号，可根据具体的使用要求来选用。

根据国家标准规定，螺纹紧固件连接可采用如下简化画法。

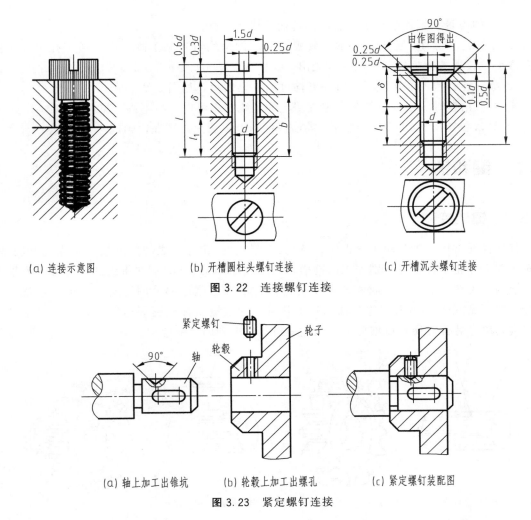

(a) 连接示意图　　(b) 开槽圆柱头螺钉连接　　(c) 开槽沉头螺钉连接

图 3.22　连接螺钉连接

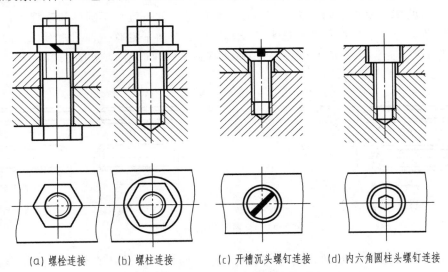

(a) 轴上加工出锥坑　　(b) 轮毂上加工出螺孔　　(c) 紧定螺钉装配图

图 3.23　紧定螺钉连接

① 螺纹紧固件的工艺结构，如倒角、退刀槽、缩颈、凸肩等均可省略不画，见图 3.24。

(a) 螺栓连接　　(b) 螺柱连接　　(c) 开槽沉头螺钉连接　　(d) 内六角圆柱头螺钉连接

图 3.24　螺纹紧固件连接的简化画法

图 3.24 中的螺母和螺栓的头部均省略倒角而画成六棱柱。

　　② 在螺栓、螺柱、螺钉的杆部，其螺纹端的倒角均可省略不画。不穿通螺孔可不画出钻孔深度，仅按有效螺纹部分的深度画出，见图 3.24（b）、（c）、（d）。

　　③ 螺钉旋具槽、弹簧垫圈开口处等均可用涂黑表示，见图 3.24（a）、（c）。

　　④ 内六角螺钉的内六角部分在主视图上的虚线投影可以省略不画，见图 3.24（d）。

　　⑤ 图 3.24（c）、（d）中的螺钉与被连接件的上顶面允许平齐，画成一条直线。

3.3 键和销

3.3.1 键连接

　　键连接通常用于轴和轮子（齿轮、带轮、链轮、凸轮等）之间的连接。其连接方法是：首先在轴上和轮子孔壁上分别加工出键槽，见图 3.25（a）、（b）；并将键的一部分嵌入轴上的键槽内，见图 3.25（c）；再将轮子上的键槽对准轴上露出部分的键套到轴上，这就构成了键连接，见图 3.25（d）。这样轴和轮子就可以通过键来传递圆周运动和转矩。由于键连接结构简单，装拆方便，成本低廉，因此在机器中得到广泛的应用。

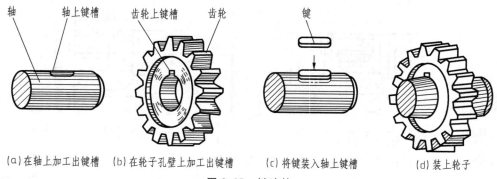

(a) 在轴上加工出键槽　(b) 在轮子孔壁上加工出键槽　(c) 将键装入轴上键槽　　(d) 装上轮子

图 3.25   键连接

　　根据具体的使用要求不同，相应有多种类型的键，如平键、半圆键和锲键等，它们都是标准件。本节只介绍应用最多的普通平键及其连接。普通平键有三种结构形式，即圆头普通平键（A 型）、平头普通平键（B 型）和单圆头普通平键（C 型），见图 3.26。

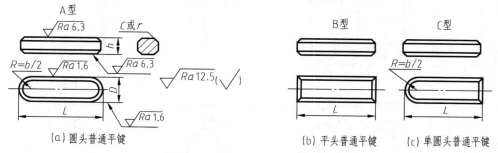

(a) 圆头普通平键　　　　　　(b) 平头普通平键　　(c) 单圆头普通平键

图 3.26   普通平键的结构形式

　　普通平键的公称尺寸 $b \times h$（键宽×键高）可根据轴的直径 d 查到（这只是作者推荐的方法，并不是国家标准 GB/T 1096—2003《普通型平键》的规定，故仅供参考）；键的长度

L 一般应比相应的轮毂长度短 5～10mm，并取相近的标准值。

图 3.27（a）、（b）所示为轴上键槽常用的两种表示法和尺寸注法，图 3.28 所示为轮子上键槽的常用表示法和尺寸注法。

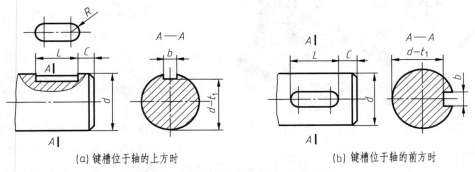

图 3.27　轴上键槽的表示法和尺寸注法

图 3.29 所示为普通平键连接的装配图画法。其中主视图为通过轴的轴线和键的纵向对称平面剖切后画出的，根据国家标准规定，此时轴和键均按不剖绘制。为了表示键在轴上的装配情况，轴采用了局部剖视。左视图为 $A—A$ 全剖视，在图中键的两侧面和下底面分别与轮上键槽两侧面、轴槽两侧面和轴槽底面相接触，应画成一条线；而键的上顶面与轮上键槽的底面间应留有空隙，故画成两条线。

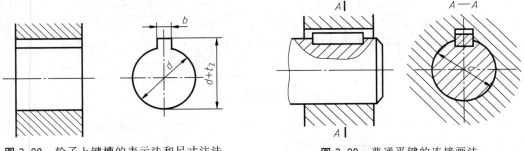

图 3.28　轮子上键槽的表示法和尺寸注法　　　图 3.29　普通平键的连接画法

在装配图的明细栏内应注明键的标记，例如 B 型平键，宽 $b=16$mm，高 $h=10$mm，长 $L=100$mm，其规定标记为：GB/T 1096　键 B16×10×100。A 型平键则省略"A"字。

3.3.2　销连接

销的种类较多，本节只介绍应用最多的圆柱销和圆锥销，它们都是标准件。

圆柱销的结构形式见图 3.30。它们的规定标记形式为：销 GB/T 119.1　$d×l$。

圆锥销的结构形式有 A 型（磨削）和 B 型（切削或冷镦）两种，见图 3.31。它们的规定标记形式为：销 GB/T 117　$d×l$。

圆柱销和圆锥销主要有如下三种不同的用途：

① 用于零件间的连接，但只能承受不大的载荷，多用于轻载和不是很重要的连接，此时称为连接销。

② 用于两零件间的定位，即固定两零件的相

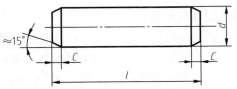

图 3.30　圆柱销的结构形式

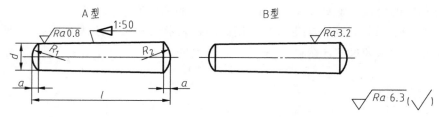

图 3.31　圆锥销的结构形式

对位置，此时称为定位销。定位销一般成对使用，并安放在两零件接合面的对角处，以加大两销之间的距离，增加定位的正确性。

③ 用作安全装置中的过载剪断元件，从而对设备起安全保护作用，此时称为安全销。

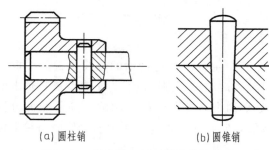

(a)圆柱销　(b)圆锥销

图 3.32　圆柱销与圆锥销的装配画法

但不管它们作何种用途，其装配图画法都相同，见图 3.32。由于销与销孔表面直接接触，所以两者接合面处应画一条线。在明细栏内应注明销的规定标记。

与销装配的两零件上的销孔应同时一起一次钻孔和铰孔，工艺上称为"配作"，并应在各自的零件图上分别加以注明，如"锥销孔 $\phi4$ 与××零件配作"。

由于圆柱销经多次装拆后，与销孔的配合精度将受到影响，而圆锥销有 1∶50 的锥度，可以弥补装拆后产生的间隙，且装拆也较圆柱销方便，因此对于需多次装拆的场合，宜选用圆锥销。

3.4　齿轮

齿轮在机器中是传递动力和运动的常用零件，齿轮传动可以完成变速、变向、计时等功能。如图 3.33 所示，常用的齿轮传动形式有：

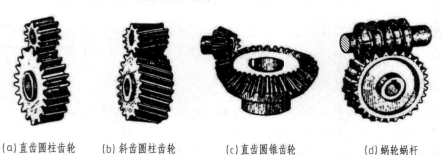

(a)直齿圆柱齿轮　　(b)斜齿圆柱齿轮　　(c)直齿圆锥齿轮　　(d)蜗轮蜗杆

图 3.33　齿轮

圆柱齿轮传动——用于两平行轴之间的传动。

圆锥齿轮传动——用于两相交轴之间的传动。

蜗轮蜗杆传动——用于两交叉轴之间的传动。

在齿轮传动中，为了运动平稳、啮合正确，齿轮轮齿的齿廓曲线可以制成渐开线、摆线，其中渐开线齿廓为常见。轮齿按方向分为直齿（齿向与齿轮轴线平行）、斜齿、人字齿或弧形齿。

齿轮有标准齿轮与非标准齿轮之分，具有标准齿的齿轮称为标准齿轮。本节主要介绍圆柱直齿轮投影的规定表示画法。

3.4.1　圆柱齿轮

(1)　圆柱直齿轮有关部分的名称、代号及尺寸计算

圆柱直齿轮如图 3.34 所示。

① 齿数 z：齿轮上轮齿的个数。

② 齿顶圆（直径 d_a）：通过各齿顶端的圆。

齿根圆（直径 d_f）：通过各齿槽底部的圆。

分度圆（直径 d）：在齿顶圆与齿根圆之间的一个假想约定的基准圆。它是设计、制造齿轮时计算尺寸的依据。

③ 齿距 p：相邻两齿同侧齿廓间在分度圆上所占的弧长。对于标准齿轮，齿厚 $s=$ 槽宽 $w=p/2$。

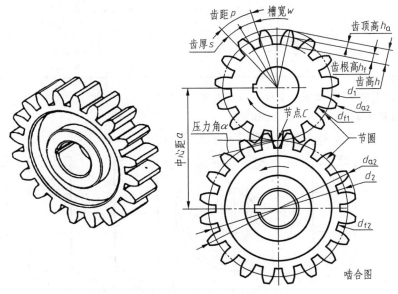

图 3.34　圆柱直齿轮

④ 模数 m：当齿轮齿数为 z 时，分度圆周长为 $\pi d=z\cdot p$，则 $d=z(p/\pi)$；为计算方便，设 $(p/\pi)=m$，称 m 为模数，单位为 mm，其数值已标准化，见表 3.2。

表 3.2　渐开线圆柱齿轮模数（GB/T 1357—2008）

第一系列	第二系列
1,1.25,1.5,2.5,3,4,5,6,8,10,12,16,20,25,32,40,50	1.125,1.375,1.75,2.25,2.75,3.5,4.5,5.5,(6.5),7,9,(11),14,18,22,28,36,45

模数是齿轮设计、制造中的重要参数。由于 $m=(p/\pi)$，m 大则齿厚 s 也大，在其他条件相同的情况下，能传递的力矩也大。齿轮模数不同。

⑤ 齿高 h：齿顶圆与齿根圆之间的径向距离称为全齿高 h。它被分度圆分成两部分：齿顶圆到分度圆之间的径向距离称为齿顶高，以 h_a 表示；分度圆到齿根圆之间的径向距离称

为齿根高，以 h_f 表示，$h = h_a + h_f$。

对于标准齿轮，$h_a = m$，$h_f = 1.25m$。

⑥ 节圆直径 d'：一对啮合齿轮的齿廓在两中心连线 O_1O_2 上的啮合接触点 C 称为节点，过节点 C 的两个圆称为节圆。齿轮的啮合传动可想象为这两个节圆在做无滑动的纯滚动。一对安装准确的标准齿轮，其节圆与分度圆正好重合。

⑦ 压力角 α：一对啮合齿轮的受力方向（齿廓曲线的公法线）与运动方向（两节圆的内公切线）间的夹角称为压力角，又称啮合角或齿形角。按我国规定，标准渐开线齿轮的压力角 $\alpha = 20°$，标准直齿轮轮齿部分的尺寸计算见表 3.3。

表 3.3 标准直齿轮轮齿部分的尺寸计算

名称	代号	计算公式	名称	代号	计算公式
模数	m	由强度计算决定，并选标准值	齿高	h	$h = h_a + h_f = 2.25m$
齿数	z	由传动比决定 $z = \omega_1/\omega_2$ 式中，ω_1、ω_2 分别为主、从动轮角速度	齿顶圆直径	d_a	$d_a = m(z+2)$
分度圆直径	d	$d = m \times z$	齿根圆直径	d_f	$d_f = m(z-2.5)$
齿顶高	h_a	$h_a = m$	齿距	p	$p = \pi m$
齿根高	h_f	$h_f = 1.25m$	中心距	a	$a = (d_1+d_2)/2 = m(z_1+z_2)/2$ 式中，d_1、d_2 分别为主、从动齿轮分度圆直径；z_1、z_2 分别为主、从动齿轮齿数

(2) 圆柱齿轮的规定画法 （GB/T 4459.2—2003）

1) 单个圆柱齿轮的画法 （见图 3.35）

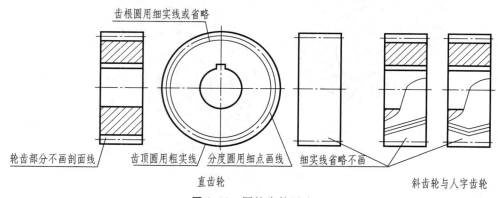

齿根圆用细实线或省略

轮齿部分不画剖面线 齿顶圆用粗实线 分度圆用细点画线 细实线省略不画

直齿轮 斜齿轮与人字齿轮

图 3.35 圆柱齿轮画法

单个齿轮的轮齿部分，可按表 3.4 所示的线型、规定画法绘制，而其余部分仍按其真实投影绘制。

对于斜齿轮或人字齿轮，应画成半剖视图或局部剖视图，在外形上画三条与齿线方向一致的细实线。

表 3.4 齿轮轮齿的规定画法

	在投影为圆的视图上	在剖视图上
分度圆和分度线	细点画线	细点画线
齿顶圆和齿顶线	粗实线	粗实线
齿根圆和齿根线	细实线（也可省略不画）	轮齿部分按不剖处理，齿根线画粗实线

2）啮合画法（如图 3.36 所示）

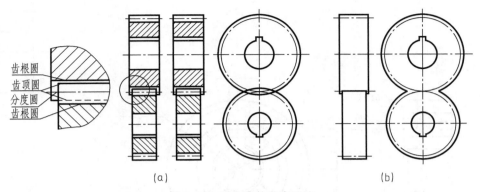

图 3.36　圆柱齿轮啮合画法

画啮合齿轮时，啮合区外按单个齿轮的画法绘制，啮合区内按下列规定绘制：

① 在投影为非圆的剖视图中啮合区内的两节线重合；齿根线均画成粗实线；一条齿顶线画成粗实线，另一条齿顶线画成虚线或省略不画，如图 3.36（a）所示。

② 在投影为圆的视图中两节圆相切；两齿顶圆均画成粗实线，或将齿顶圆在啮合区内的两段圆弧省略不画。

③ 在非圆的外形视图中啮合区仅画一条粗实线表示节线，如图 3.36（b）所示。

（3）标准直齿轮的测绘

根据现有齿轮，通过测量、计算来确定其主要参数及各部分尺寸，绘制所需视图的过程称为测绘，其步骤如下：

① 数出齿数 z。

② 量取齿顶圆直径 d_a：对偶数齿可直接量得；对奇数齿，可分步量取，$d_a = D + 2H$，如图 3.37 所示。

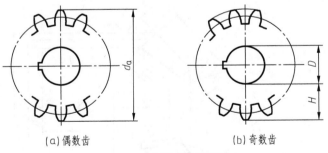

图 3.37　圆柱齿轮测量

③ 计算模数 m：由 $m = d_a / (z+2)$，求得 m，再查表取一较接近的标准模数。

④ 根据齿数和模数计算轮齿各部分尺寸并测量其他部分尺寸。

⑤ 绘制齿轮零件图。如图 3.38 所示为直齿轮零件图示例。

3.4.2　圆锥齿轮

（1）圆锥齿轮各部分名称及尺寸计算

圆锥齿轮的轮齿分布在圆锥面上，齿厚、模数和直径由大端到小端是逐渐变小的。为了

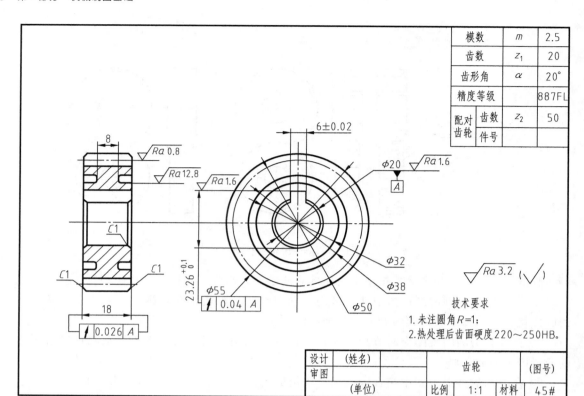

模数	m		2.5
齿数	z_1		20
齿形角	α		20°
精度等级			887FL
配对齿轮	齿数	z_2	50
	件号		

6±0.02

8

Ra 0.8

Ra 12.8   Ra 1.6

Φ20   Ra 1.6
A

C1

C1   C1

23.26$^{+0.1}_{0}$

Φ55
⌀ 0.04 A

Φ32
Φ38
Φ50

18

⌀ 0.026 A

Ra 3.2 (√)

技术要求
1. 未注圆角 $R=1$;
2. 热处理后齿面硬度220~250HB。

设计	(姓名)		齿轮		(图号)
审图					
	(单位)		比例	1:1	材料 45#

图 3.38   圆柱直齿轮零件图

便于设计和制造，规定以大端模数为标准来计算各部分尺寸。齿顶高、齿根高沿大端背锥线量取，背锥线与分锥线相互垂直，如图 3.39 所示。

圆锥齿轮轮齿部分尺寸计算如表 3.5 所示。

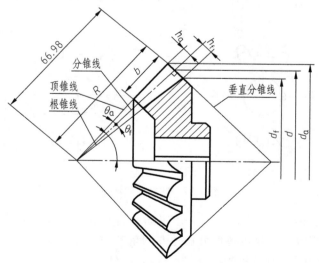

图 3.39   圆锥齿轮各部分名称

(2) 圆锥齿轮的规定画法

圆锥齿轮的画法如图 3.40、图 3.41 所示。

圆锥齿轮的啮合画法如图 3.42 所示。

表 3.5　圆锥齿轮轮齿部分的尺寸计算

名称	代号	计算公式	名称	代号	计算公式
齿顶高	h_a	$h_a = m$	齿根圆直径	d_f	$d_f = m(z - 2.4\cos\delta)$
齿根高	h_f	$h_f = 1.2m$	外锥角	R	$R = m \times z/(2\sin\delta)$
分度圆锥角	δ	$\delta_1 = \mathrm{arccot}(z_1/z_2)$ $\delta_2 = \mathrm{arccot}(z_2/z_1)$	齿顶角	θ_a	$\theta_a = \mathrm{arccot}[2(\sin\delta)/z]$
分度圆直径	d	$d = m \times z$	齿根角	θ_f	$\theta_f = \mathrm{arccot}[2.4(\sin\delta)/z]$
齿顶圆直径	d_a	$d_a = m(z + 2\cos\delta)$	齿宽	b	$b \leqslant R/3$

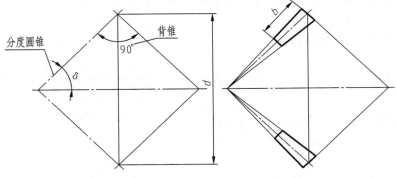

(a)画分度圆锥及背锥　　　(b)画轮齿部分

图 3.40　圆锥齿轮作图（一）

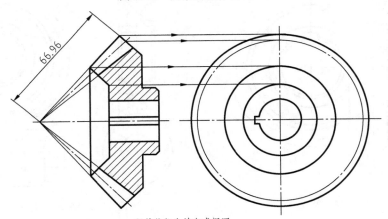

画其他部分并完成视图

图 3.41　圆锥齿轮作图（二）

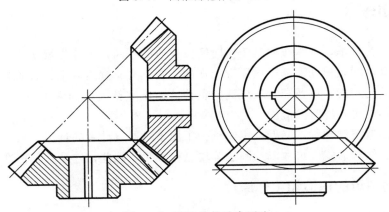

图 3.42　圆锥齿轮啮合画法

3.4.3 蜗轮、蜗杆

蜗轮、蜗杆传动具有结构紧凑、传动平稳、传动比大等优点，但传动效率较低。在一般情况下，蜗杆为主动，蜗轮为从动，被用来作减速机构。

蜗杆的头数相当于螺杆上螺纹的线数，常用单头和双头。蜗轮可看成一个斜齿轮。为增加蜗杆与蜗轮传动时的接触面积，常将蜗轮的外圆面加工成凹形环面。

蜗轮、蜗杆的规定画法如下：

① 蜗杆的规定画法如图 3.43 所示，其牙形可用局部剖视图或局部放大图画出，以便标注尺寸。

② 蜗轮的规定画法如图 3.44 所示。

③ 蜗轮、蜗杆的啮合画法如图 3.45 所示。

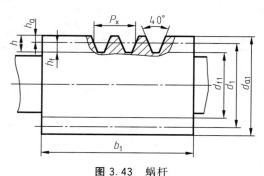

图 3.43 蜗杆

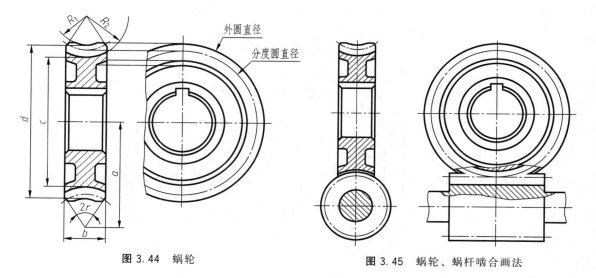

图 3.44 蜗轮

图 3.45 蜗轮、蜗杆啮合画法

3.5 滚动轴承

轴的支承称为轴承，轴承按照其工作时摩擦性质的不同，可分为滚动轴承和滑动轴承两大类。其中滚动轴承是根据滚动摩擦原理工作的，它具有摩擦因数小、启动灵活、运动性能好、效率高、结构紧凑，以及能在较广泛的负荷、速度和精度范围内工作等一系列的优点，因而在各种机器中得到广泛的应用。

为了便于制造滚动轴承，降低成本，也为了便于机器设计者的选用、缩短设计周期，滚动轴承的类型、结构形式、尺寸以及画法等均已标准化，因此，它是一种标准部件。

3.5.1 滚动轴承的构造和工作原理

滚动轴承的种类较多，但其结构大致相同。图 3.46 所示为 3 种轴承的结构。由图可见，

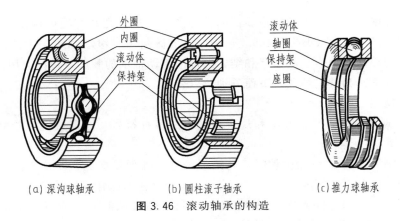

(a) 深沟球轴承　　　(b) 圆柱滚子轴承　　　(c) 推力球轴承

图 3.46　滚动轴承的构造

它们都是由外圈（或座圈）、内圈（或轴圈）、滚动体和保持架四个部分组成。其中，滚动体的常见形状有球、圆柱和圆锥等。

通常，滚动轴承的外圈安装在机座孔中固定不动，内圈则装在轴上与轴一起转动，而滚动体则在内、外圈的滚道之间滚动，形成滚动摩擦。

3.5.2　滚动轴承的分类和代号

滚动轴承的分类方法很多，如：按其所能承受的负荷方向的不同，可分为向心轴承（主要承受径向负荷的轴承）和推力轴承（主要承受轴向负荷的轴承）；按其滚动体不同可分为球轴承（滚动体为球的轴承）和滚子轴承（滚动体为圆柱、圆锥等滚子的轴承）。而最常用的实用分类见表 3.6。

表 3.6　轴承的分类代号

代号	轴承类型	代号	轴承类型
0	双列角接触球轴承	5	推力球轴承
1	调心球轴承	6	深沟球轴承
2	调心滚子轴承和推力调心滚子轴承	7	角接触球轴承
3	圆锥滚子轴承	8	推力圆柱滚子轴承
4	双列深沟球轴承	N	圆柱滚子轴承

由于滚动轴承的形式、结构、规格较多，为方便起见，常用代号来标记。滚动轴承的代号由基本代号、前置代号和后置代号三部分组成。现仅对最常见的基本代号作简要说明。基本代号主要由轴承类型代号、尺寸系列（宽度或高度系列和直径系列）代号和内径代号组成。轴承类型代号用数字或字母表示，见表 3.6。尺寸系列代号一般由两位数字表示（有的用一位数字）。内径代号：对内径为 20～480mm 的轴承，用公称内径除以 5 的商数表示（如商数为个位数，需在商数左边加 0）。例如，GB/T 297—2015 滚动轴承 32310：3 表示圆锥滚子轴承；23 表示宽度系列为 2、直径系列为 3（尺寸系列为 23）；10 表示轴承内径为 50mm。又如，GB/T 276—2013 滚动轴承 6405：6 表示深沟球轴承；4 表示宽度系列为 0（省略）、直径系列为 4（尺寸系列为 04）；5 表示轴承内径为 25mm。

滚动轴承的代号方法比较复杂，关于其详细介绍可参阅国家标准 GB/T 272—2017《滚动轴承　代号方法》。

3.5.3　滚动轴承的画法

滚动轴承是由多种零件装配而成的标准部件，并由专业轴承厂进行生产和供应。因此，在一般机械设计中，不必画出其组成零件的零件图，而只需在装配图中画出整个轴承部件。为了简化作图，国家标准 GB/T 4459.7—2017《机械制图　滚动轴承表示法》中，规定了在装配图中不需要确切地表示其形状和结构的标准滚动轴承的画法，包括通用画法、特征画法（统称简化画法）和规定画法。下面分别予以介绍。

（1）基本规定

① 图线：通用画法、特征画法和规定画法中的各种符号、矩形线框和轮廓线均用粗实线绘制。

② 尺寸和比例：绘制滚动轴承时，其矩形线框或外形轮廓的大小应与滚动轴承的外形尺寸（外径 D、内径 d、宽度 g 或 r）一致，并与所属图样采用同一比例。

③ 剖面符号：在剖视图中，用简化画法绘制滚动轴承时，一律不画剖面符号（剖面线）；用规定画法绘制滚动轴承时，轴承的滚动体不画剖面线，其各套圈等可画成方向和间隔相同的剖面线。

（2）通用画法

在剖视图中，当不需要确切地表示滚动轴承的外形轮廓、载荷特性、结构特征时，可用矩形线框及位于线框中央正立的十字形符号表示，见图 3.47（a）；如需确切地表示滚动轴承的外形，则应画出剖面轮廓，并在轮廓中央画出正立的十字形符号，见图 3.47（b）。

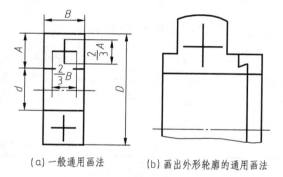

（a）一般通用画法　　　　（b）画出外形轮廓的通用画法

图 3.47　滚动轴承的通用画法

（3）特征画法

在剖视图中，当需较形象地表示滚动轴承的结构特征和载荷特性时，可采用在矩形线框内画出其结构要素符号的方法。几种常用滚动轴承的特征画法见表 3.7。

（4）规定画法

必要时，在滚动轴承的产品图样、产品标准、用户手册和使用说明书中，可采用规定画法绘制滚动轴承（在装配图中，滚动轴承的保持架及倒角等可省略不画）。几种常用滚动轴承的规定画法见表 3.7。

规定画法一般应用在轴的一侧，另一侧按通用画法绘制。

表 3.7　常用滚动轴承的特征画法和规定画法

	深沟球轴承	圆锥滚子轴承	推力球轴承
特征画法			

续表

	深沟球轴承	圆锥滚子轴承	推力球轴承
规定画法	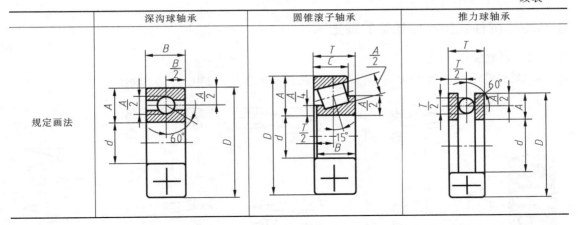		

3.6　弹簧

弹簧是一种常用件，它通常用来减振、夹紧、测力和贮存能量。弹簧的种类很多，常用的有螺旋弹簧和涡卷弹簧等。根据受力情况不同，螺旋弹簧又可分为压缩弹簧、拉伸弹簧和扭转弹簧等，常用的各种弹簧如图 3.48 所示。弹簧的用途很广，本节仅简要介绍圆柱螺旋压缩弹簧的尺寸计算和画法。

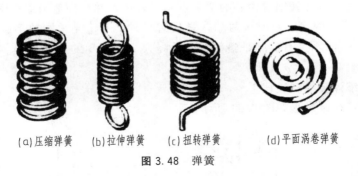

(a)压缩弹簧　　(b)拉伸弹簧　　(c)扭转弹簧　　(d)平面涡卷弹簧

图 3.48　弹簧

3.6.1　圆柱螺旋压缩弹簧各部分名称及尺寸关系

圆柱螺旋压缩弹簧的基本结构及各部分名称如图 3.49 所示，具体如下：

① 弹簧线径 d：制造弹簧的钢丝直径，按标准选取。

② 弹簧外径 D_2：弹簧的最大直径，$D_2 = D + d$。

③ 弹簧内径 D_1：弹簧的最小直径，$D_1 = D_1 - 2d$。

④ 弹簧中径 D：弹簧的平均直径，$D = (D_2 + D_1)/2$。

⑤ 节距 t：除支承圈外，相邻两圈间的轴向距离。

⑥ 自由高度 H_0，指弹簧不受外力作用时的高度。

⑦ 弹簧的总圈数 n_1、支承圈数 n_2、有效圈数 n。为保证圆柱螺旋压缩弹簧工作时变形均匀，使中心轴线垂直于支承面，需将弹簧两端并紧、磨平 2.5 圈，并紧、磨平的各圈仅起支承作用，故称为支承圈；保持节距的圈称为有效圈；两者圈数之和称为总圈数。

⑧ 展开长度 L：制造弹簧时，簧丝的下料长度，$L \approx \pi D n_1$。

3.6.2　圆柱螺旋压缩弹簧的规定画法

（1）绘制规定

① 圆柱螺旋压缩弹簧可画成视图、剖视图或示意图，如图 3.50 所示。

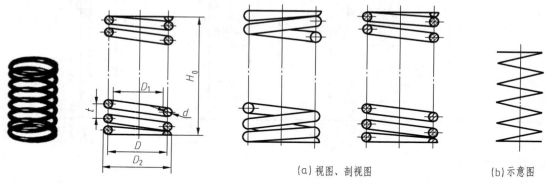

图 3.49　圆柱螺旋压缩弹簧的基本结构

(a) 视图、剖视图　　　　(b) 示意图

图 3.50　压缩弹簧

② 在平行于螺旋弹簧轴线的投影面的视图中，各圈的外轮廓线应画成直线。

③ 螺旋弹簧均可画成右旋，但左旋螺旋弹簧不论画成左旋或右旋，必须加写字。

④ 当弹簧的有效圈数在四圈以上时，可以只画出两端的 1～2 圈（支承圈除外），中间部分省略不画，用通过弹簧钢丝中心的两条点画线表示，并允许适当缩短图形的长度。

⑤ 对于螺旋压缩弹簧，当要求两端并紧且磨平时，不论支承圈数多少和末端贴紧情况如何，均按图 3.51 所示（有效圈是整数，支承圈为 2.5 圈）的形式绘制。必要时也可按支承圈的实际结构绘制。

（2）圆柱压缩弹簧绘制过程

圆柱压缩弹簧绘制过程如图 3.51 所示。

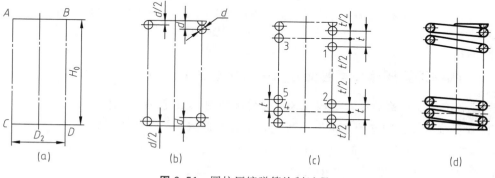

(a)　　　　　(b)　　　　　(c)　　　　　(d)

图 3.51　圆柱压缩弹簧绘制过程

圆柱螺旋压缩弹簧的零件图如图 3.52 所示。

在装配图中，弹簧后面被挡住的结构一般不画，可见部分从弹簧的外轮廓线或从弹簧钢丝断面的中心线画起，如图 3.53（a）所示。簧丝直径在图形上小于或等于 2mm 时，其断面可用涂黑表示，见图 3.53（b）；簧丝直径在图形上小于或等于 1mm 时，可用示意画法，见图 3.53（c）。

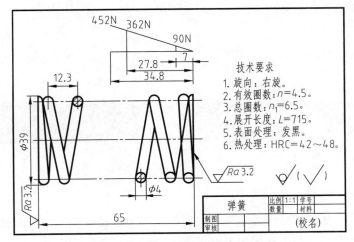

图 3.52　圆柱螺旋压缩弹簧的零件图

技术要求
1. 旋向：右旋。
2. 有效圈数：$n=4.5$。
3. 总圈数：$n_1=6.5$。
4. 展开长度：$L=715$。
5. 表面处理：发黑。
6. 热处理：$HRC=42\sim48$。

弹簧	比例	1:1	学号	
	数量		材料	
制图				
审核			(校名)	

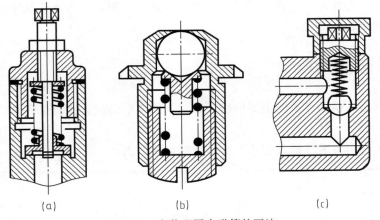

(a)　　　　　(b)　　　　　(c)

图 3.53　在装配图中弹簧的画法

第4章

零件图

　　一台机器或一个部件都是由若干零件按照装配关系和技术要求装配而成的。表达单个零件结构、尺寸及技术要求的图样称为零件图。

　　零件图是设计部门提交给生产部门的重要技术文件，是设计者意图直接、完整的表达。一台机器（或一个部件）对零件的要求、结构的合理性、制造的可能性及零件的检验内容等都体现在零件图中。

4.1　零件图的内容

　　零件图是制造、检验零件的主要依据，因此，图样中必须包括制造和检验该零件时所需要的全部资料。

　　图 4.1 所示为阀盖零件图，图 4.2 所示为阀盖轴测图。

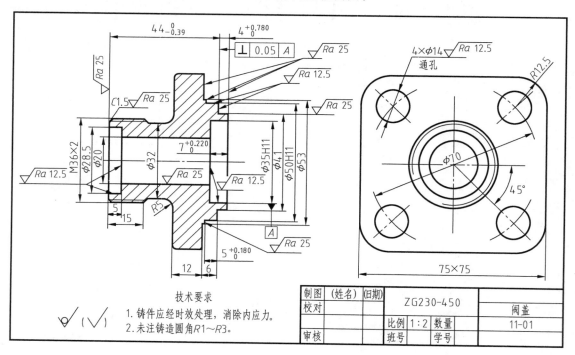

图 4.1　阀盖零件图

4.1.1 一组图形

用一组图形（其中包括视图、剖视图、断面图、局部放大图等），正确、完整、清晰和简便地表达零件的形状和结构。图 4.1 所示零件图中使用了主视图、左视图两个基本视图，其中，主视图采用半剖视图，左视图采用外形视图。

4.1.2 完整的尺寸

用一组尺寸，正确、完整、清晰和合理地标注出零件的结构形状及其相互位置。

图 4.2 阀盖轴测图

4.1.3 技术要求

用一些规定的符号、数字、字母和文字注解，简明、准确地给出零件在使用、制造和检验时应达到的一些技术要求（包括表面粗糙度、尺寸公差、形状和位置公差、表面处理和材料热处理的要求等）。

如图 4.1 所示，有尺寸公差 $\phi 50H11$、$\phi 35H11$、$5^{+0.180}_{0}$，几何公差，对表面结构要求的代号，热处理和工艺要求（用文字在技术要求中表述的内容）等。

4.1.4 标题栏

在标题栏中一般应填写出零件的名称、材料、图样编号、比例、数量、重量、制图人与校核人的姓名和日期等。

4.2 零件结构分析及工艺结构简介

零件的结构形状主要是根据它在机器（或部件）中的功用所决定的，同时制造工艺对零件的结构也提出了要求，而这些都应在图上表达清楚。只有具备一定的分析零件结构工艺的知识和能力，才能准确地绘制零件图和阅读零件图。为此，下面先介绍零件的一些常见工艺结构知识。

4.2.1 零件上的铸造结构

(1) 铸造圆角

当零件的毛坯为铸件时，因铸造工艺的要求，铸件各表面相交的转角处都应做成圆角，见图 4.3。铸造圆角可防止铸件浇铸时转角处的落砂现象及避免金属冷却时产生缩孔和裂纹。铸造圆角的大小一般取半径 $R = 3 \sim 5\text{mm}$，可在技术要求中统一写明。

(2) 起模斜度

为了起模方便，在铸件造型时，沿铸件内外壁起模方向应有适当的斜度，该斜度称为起模斜度。起模斜度一般在 3° 左右。因斜度较小，在图中允许既不画出，也不标注出尺寸，见图 4.4（a）在需要表明时，可在技术要求中用文字说明。当必须在图中注明斜度时，标注方法见图 4.4（b）。

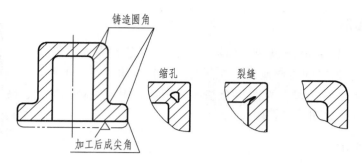

图 4.3   铸造圆角

（3）铸件壁厚

当铸件的壁厚不均匀时，铸件在浇注后，因各处金属冷却速度不同，将产生裂纹和缩孔现象。因此，铸件的壁厚应尽量均匀，见图 4.5（a）；当必须采用不同壁厚连接时，应采取逐渐过渡的方式，见图 4.5（b）。铸件的壁厚尺寸一般直接注出。

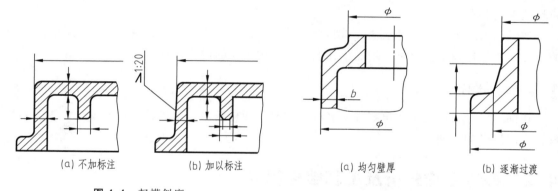

（a）不加标注   （b）加以标注

图 4.4   起模斜度

（a）均匀壁厚   （b）逐渐过渡

图 4.5   铸件壁厚

（4）过渡线

由于铸件（包括锻件）工艺的要求，零件两表面相交处需用圆角过渡，这就使得两表面的交线很不明显。为了在视图上准确地区分出形体的各组成部分，使视图清晰易读，在画图时仍需画出两形体表面的交线，该交线称为过渡线，其画法见图 4.6 和图 4.7。

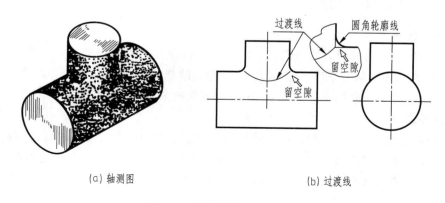

（a）轴测图   （b）过渡线

图 4.6   过渡线的画法（一）

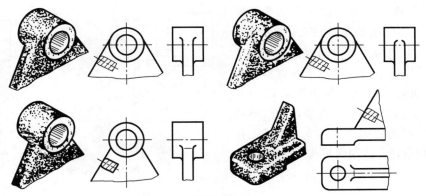

图 4.7　过渡线的画法（二）

4.2.2　零件上的机械加工结构

（1）平面结构、凸台和凹坑

　　零件间相互接触的表面一般都需要加工，所以在设计零件时应尽可能减少接触面积，这样不仅可以减少加工量，降低制造成本，还可以提高表面的接触性能。图4.8所示为箱体零件常见的几种底平面结构。而当零件表面上的某个局部需要加工时，则常采用图4.9所示的凸台或凹坑结构形式。

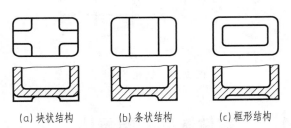

(a) 块状结构　　(b) 条状结构　　(c) 框形结构

图 4.8　箱体零件常见的底平面结构

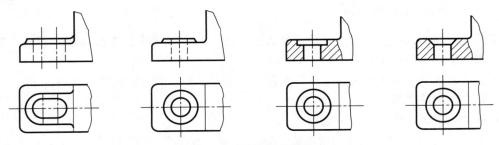

图 4.9　凸台和凹坑结构

（2）退刀槽和砂轮越程槽

　　在零件切削加工中，为了便于退出刀具及保证装配时相关零件的接触面靠紧，在被加工表面台阶处应预先加工出退刀槽或砂轮越程槽。车削外圆时的退刀槽，其尺寸一般可按"槽宽×直径"或"槽宽×槽深"方式标注，见图4.10。磨削外圆或磨削外圆和端面时的砂轮越程槽见图4.11。

（3）钻孔结构

　　用钻头加工不通孔（盲孔）时，由于钻头顶部切削刃呈锥形结构，因此孔的底部产生一个120°的锥形孔（钻头角），这个锥形孔必须画出，

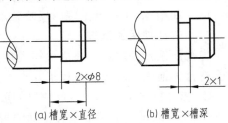

(a) 槽宽×直径　　(b) 槽宽×槽深

图 4.10　退刀槽

但不必注出其角度，也不包括在钻孔深度内，即不通孔的深度是指圆柱孔的深度 L，见图 4.12（a）。当用两个不同直径的钻头加工阶梯孔时，在阶梯孔的过渡处也存在 120° 的钻头角，其画法及尺寸注法见图 4.12（b）。用钻头钻孔时，为保证钻孔准确，同时避免钻头折断，应尽量使钻头轴线垂直于被钻孔的表面，即应设计孔的端面与孔的轴线垂直，见图 4.13。

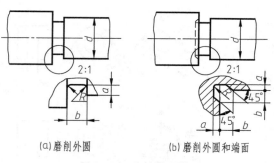

(a)磨削外圆   (b)磨削外圆和端面

图 4.11　砂轮越程槽

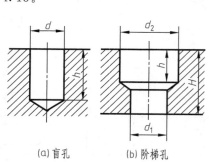

(a)盲孔   (b)阶梯孔

图 4.12　钻孔结构

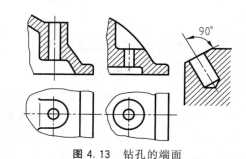

图 4.13　钻孔的端面

4.3　零件图的视图表达

4.3.1　零件图视图的选择

零件图视图的选择，是指选择适当的表达方法，将零件的内、外结构形状正确、完整、清晰地表达出来，以利于看图。

主视图是视图中最主要的一个，应该首先确定主视图，然后确定其他视图。

（1）主视图的选择

选择主视图时，应遵循以下原则：

① 以零件加工位置或工作位置放置。加工位置是指零件加工过程中在机床上的装夹位置。而工作位置是零件在安装或工作中所处的位置。零件加工位置明显时应按加工位置安放绘制主视图，以利于加工时看图方便。有些零件加工过程比较复杂，需要在各种不同的机床上加工，则主视图按零件在机器中的工作位置画出。

② 反映形状特征。选择主视方向时以能较多地反映零件的形状特征的方向作为主视投影方向。如图 4.14 所示主视图反映轴承座形状特征的效果较好。

（2）其他视图的选择

主视图选择好之后，还应根据表达零件的需要，选择其他视图和表达方法。

选择其他视图时应注意以下几点：

① 应分析出主视图没有反映出的形状与结构，配置其他图形以完整表达。

② 配置的每一个图形应有明确的表达目的。

③ 采用合适的表达方法，表达结构简单清晰。

如图 4.14 所示的轴承座零件图中，除主视图外，配置有俯视图以表达此零件上部轴承孔处真形及宽度，下部底板处真形及两沉孔分布；另有半剖左视图反映左端外形、轴承孔的阶梯深度及底部开槽等。

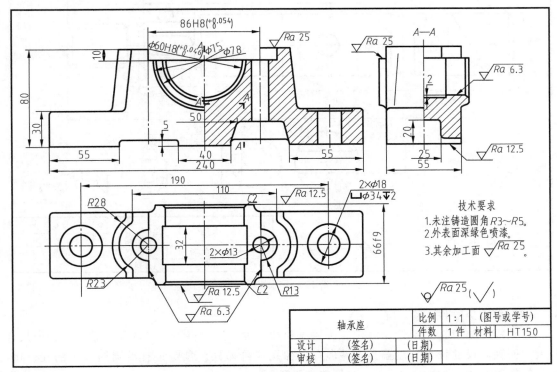

图 4.14　轴承座零件图

4.3.2　典型零件的视图选择

机械零件种类繁多，按结构、作用大致可分为轴套、盘盖、叉架和箱体等四类典型零件。每一类零件在结构上、功能上有相似之处，在表达上有共同的特点。

下面介绍这几类零件的视图表达方法。

(1) 轴套类零件

这类零件主要有轴、套筒和衬套等。轴类零件安装在轴承或轴孔上，在轴上安装传动件用以传递运动和转矩。套类零件是空心结构，起支撑轴和对轴上零件轴向定位的作用。轴套类零件的结构通常是由若干段直径不同的圆柱体组成，常见的结构有阶梯、键槽、孔、倒角、螺纹以及退刀槽、砂轮越程槽等。如图 4.15 所示，它是泵轴的零件图。

轴套类零件主要在车床、磨床上加工，加工时其轴线必须水平放置。为了加工时看图方便，主视图选择加工位置安放，以垂直轴线方向作为主视投影方向，如图 4.15 所示。

键槽、孔、退刀槽等结构，在主视图上未表达清楚的，可用移出断面图、局部视图、局部放大图等方法确切表达其形状和标注尺寸。如图 4.15 中所示，用两个移出断面图、两个局部放大图，分别表达圆柱销孔的位置、键槽的深度，以及越程槽、退刀槽的结构及尺寸。

轴套类零件一般采用一个基本视图和若干个断面图、局部放大图等来表示。主视图中常有局部剖视。

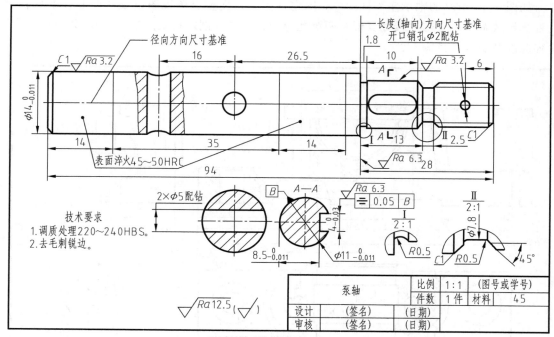

图 4.15   泵轴的零件图

（2）盘盖类零件

这类零件如齿轮、带轮、手轮、法兰盘和端盖等，形状多为扁平的盘状结构，径向尺寸较大，而轴向尺寸较小。盘盖类零件多有阶梯孔或阶梯柱。盘盖常有沿圆周分布的孔、槽、肋、轮辐等结构，如图 4.16 所示一端盖的零件图。

盘盖类零件主要在车床上加工。盘盖类零件的表达一般选取两个基本视图，主视图将轴线水平放置，采用全剖视、半剖或旋转剖等。图 4.16 的主视图就是轴线水平放置的全剖视图，表达出端盖的厚度、中心的阶梯轴孔及均布的阶梯小孔的内形。

盘盖类零件的外形及上面的孔、槽、肋、轮辐等结构的分布状况，一般采用左视图（或右视图）来表示，如图 4.16 选择了左视图，反映六个阶梯孔的分布和两个销钉孔的位置等。

此外，对于两个基本视图尚未表达清晰的局部或细小结构，应考虑采用局部视图或局部放大图等补充表达。

（3）叉架类零件

叉架类零件包括拨叉、连杆、支架等。拨叉与连杆多用于机床与内燃机的操纵与控制系统中。支架主要起支撑和连接作用。叉架类零件一般是铸造或锻造的，结构复杂，且需要多工序机械加工。此类零件通常由工作部分、支撑部分及连接部分组成。

图 4.17 是脚踏板的轴测图。如图所示，该零件由支撑在轴上的套筒（支撑部分）、固定在其他零件上的安装板（工作部分），以及起连接作用的肋板（连接部分）等组成。

在选择踏脚座主视图时，主要考虑反映形状特征。如图 4.18 所示，主视图主要表达了该零件的三个部分的结构及连接关系。

主视图仅表达了踏脚座的主要形状，因此还要选择一些其他视图将其表达完整。如图 4.18 中，除主视图外，还采用局部剖的俯视图表达前后对称关系、套筒上凸台真形及位置、肋板的宽度等等。

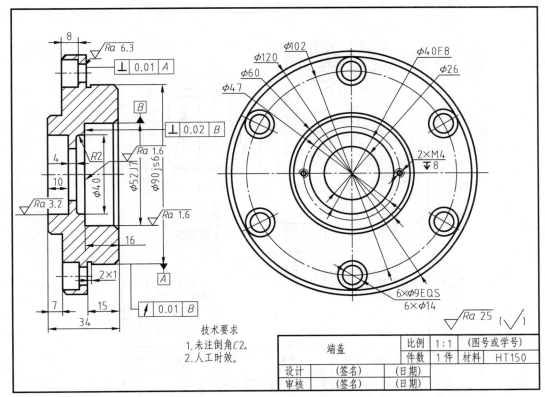

图 4.16 端盖的零件图

B 向视图则表达安装板的形状及安装孔的位置。移出断面图表达连接结构的断面形状。

叉架类零件常需要多个视图表达其结构，尤其是拨叉，用在机床、内燃机等机器中的控制系统或操纵系统中，受空间位置的影响，零件上歪曲扭斜部分较多，表达时多用到斜视图或斜剖视图。

（4）箱体类零件

箱体类零件在机器或部件中用于容纳、支承和密封、固定其他零件。这类零件主要有泵体、阀体、箱体、机座等，这类零件多是机器或部件的主要件、最大件。内形与外形都很复杂，毛坯几乎都是铸件。如图 4.19 是箱体类零件——泵体的零件图，可以看出，该零件由底板、圆形空腔、连接肋板以和两侧和后端的圆形凸台等组成。

图 4.17 脚踏板轴测图

箱体类零件加工工序较复杂，加工位置多变，而工作位置固定，故在选择主视图时，一般按工作位置放置，而其投影方向则以能充分反映出零件的形状特征为选取原则。如图 4.19 所示，泵体的主视图就是按工作位置放置并考虑形状特征，从正前方投影，采用半剖画出的，既反映出泵体的端面真形、螺纹小孔分布，又兼顾表达一端带管螺纹油孔的内形。底板做局部剖反映沉孔。这样，该零件的主要形状特征、内部结构，以及两端凸台位置、肋板形状、底板凹坑都已基本表达清楚。

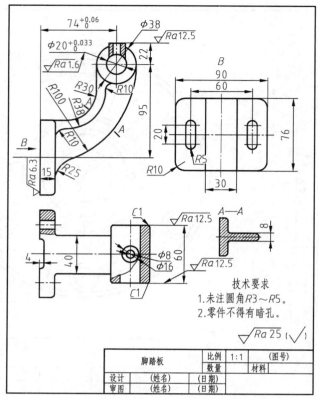

技术要求
1.未注圆角$R3 \sim R5$。
2.零件不得有暗孔。

$\sqrt{Ra\,25}\ (\sqrt{})$

脚踏板		比例	1:1	(图号)
		数量		材料
设计	(姓名)	(日期)		
审图	(姓名)	(日期)		

图 4.18 脚踏板零件图

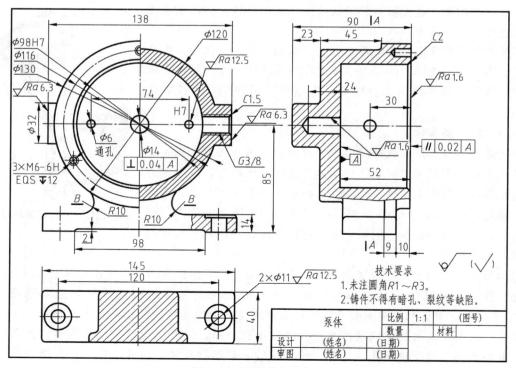

技术要求
1.未注圆角$R1 \sim R3$。
2.铸件不得有暗孔、裂纹等缺陷。

泵体		比例	1:1	(图号)
		数量		材料
设计	(姓名)	(日期)		
审图	(姓名)	(日期)		

图 4.19 泵体的表达方法

除主视图外，还采用了左视局部剖视图，表达圆形空腔以及轴孔、螺纹孔的深度和位置；B—B 俯视剖视图则表达了底板的形状及两安装孔的位置、肋板的厚度及位置。

可见，箱体类零件常需多个基本视图表达，不仅外形复杂，而且往往有底板、支撑轴的凸台及安装平面，内形多为空腔，以安装传动件等，因此在视图中全剖、半剖、局部剖及阶梯剖常被采用。局部视图也多被用来表达凸台及底板真形。

4.4 零件图的尺寸标注

4.4.1 零件图尺寸标注的要求

尺寸标注是零件图的一项重要内容，可直接用于零件的加工和检验。标注零件的尺寸时必须满足正确、完整、清晰、合理的要求。"正确"即尺寸标注要符合国家标准的有关规定；"完整"就是按形体分析的方法，逐个将零件的各组成部分的定形尺寸和相互间的定位尺寸既不重复，也不遗漏地注出；"清晰"即尽量避免尺寸线、尺寸界线、尺寸数据与其他图线交叠，并尽量将尺寸注在视图之外，且坐标式尺寸线之间间隔应大小一致，较短的尺寸线较靠近视图；链式尺寸应在一条直线上标注，并合理地配置；"合理"，是指既要考虑设计要求，又要考虑工艺要求。设计人员要对零件的作用、加工制造工艺及检验方法有所了解，才能合理地标注尺寸。

4.4.2 主要尺寸和非主要尺寸

凡直接影响零件使用性能和安装精度的尺寸称为主要尺寸。主要尺寸包括零件的规格性能尺寸、有配合要求的尺寸、确定零件之间相对位置的尺寸、连接尺寸和安装尺寸等，一般都有公差要求。

仅满足零件的力学性能、结构形状和工艺等方面要求的尺寸称为非主要尺寸。非主要尺寸包括外形轮廓尺寸、无配合要求的尺寸、工艺要求的尺寸，如退刀槽、凸台、凹坑、倒角等，一般都不标注公差。

4.4.3 尺寸基准

零件在设计、制造时确定尺寸起点位置的点、线、面等几何元素称为尺寸基准。尺寸基准按作用不同分为设计基准和工艺基准。

(1) 设计基准

根据零件结构特点和设计要求而选定的基准，称为设计基准。零件有长、宽、高三个方向，每个方向都要有一个设计基准，该基准又称为主要基准。对于轴套类零件，实际设计中经常采用的是轴向基准和径向基准。

(2) 工艺基准

工艺基准是在加工中确定零件装夹位置以及安装时所使用的基准。工艺基准有时可能与设计基准重合，该基准不与设计基准重合时又称为辅助基准。零件同一方向有多个尺寸基准时，主要基准只有一个，其余均为辅助基准，如图 4.20 所示。

在标注尺寸时，尽可能使设计基准与工艺基准统一，以减少因两个基准不重合而引起的尺寸误差。当设计基准与工艺基准不一致时，应以保证满足设计要求为主，将主要尺寸从设计基准注出，次要尺寸从工艺基准注出，以便加工和测量。

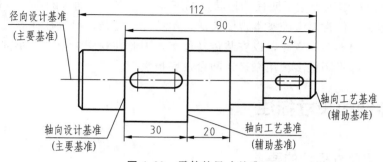

图 4.20　零件的尺寸基准

4.4.4　合理标注尺寸时应注意的问题

(1) 主要尺寸直接注出

主要尺寸应从设计基准直接注出。如图 4.21 中的高度尺寸 a 为主要尺寸，应直接从高度方向主要基准直接注出，以保证精度要求。

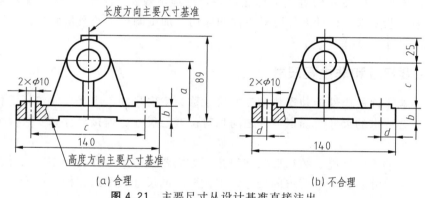

(a) 合理　　　　　　　　　　　　　　　(b) 不合理

图 4.21　主要尺寸从设计基准直接注出

(2) 避免出现封闭的尺寸链

封闭的尺寸链是指一个零件同一方向上的尺寸一环扣一环首尾相连，成为封闭形状的情况。在标注尺寸时，应将次要尺寸空出不注（称为开口环），其他各段加工的误差都积累至这个不要求检验的尺寸上，主要轴段的尺寸则可得到保证，如图 4.22 所示。

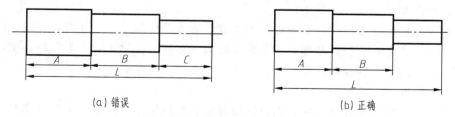

(a) 错误　　　　　　　　　　　　　　　(b) 正确

图 4.22　避免标注封闭的尺寸链

(3) 零件加工和测量的要求

① 零件加工看图方便　　不同加工方法所用尺寸分开标注，便于看图加工，如图 4.23 所示。

② 零件测量方便　注意所注尺寸是否便于测量，如图 4.24 所示。

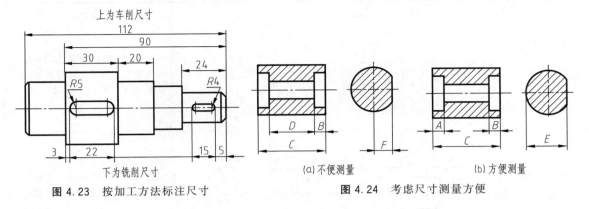

图 4.23　按加工方法标注尺寸

(a)不便测量　　　　(b)方便测量

图 4.24　考虑尺寸测量方便

4.4.5　零件典型结构的尺寸标注

零件图上常见的结构如光孔、锻孔、沉孔和螺孔的尺寸标注，如表 4.1 所示。

表 4.1　常见结构要素的尺寸注法及简化注法

零件结构类型		标注方法	简化注法	说明
螺孔	通孔	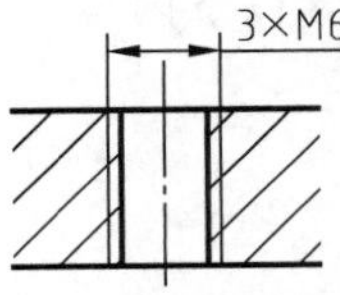 3×M6-6H	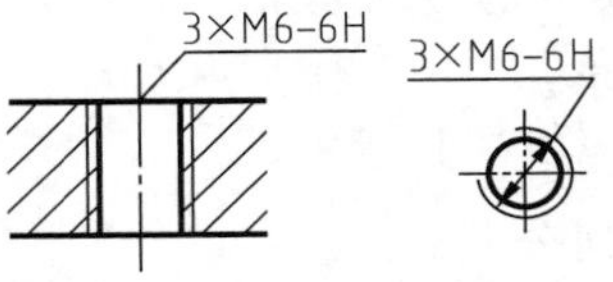 3×M6-6H　　3×M6-6H	3×M6 表示直径为 6mm，有规律分布的三个螺孔，可以旁注，也可直接注出
	不通孔	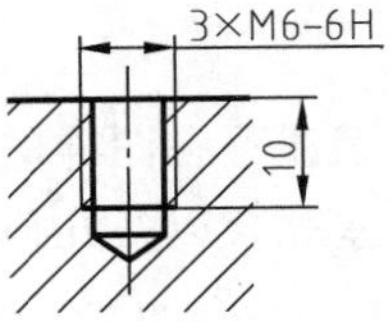 3×M6-6H　10	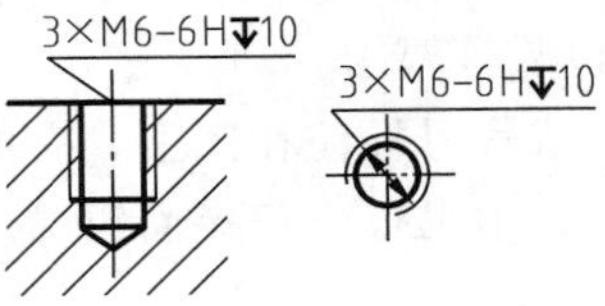 3×M6-6H▽10　　3×M6-6H▽10	螺孔深度可与螺孔直径连注，也可分开注出
		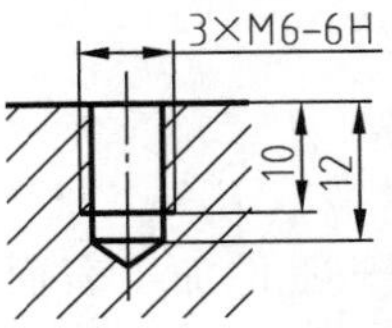 3×M6-6H　10　12	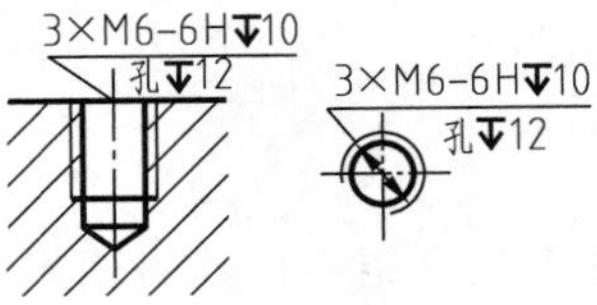 3×M6-6H▽10　孔▽12　　3×M6-6H▽10　孔▽12	需要注出孔深时，应明确标注孔深尺寸
光孔	一般孔	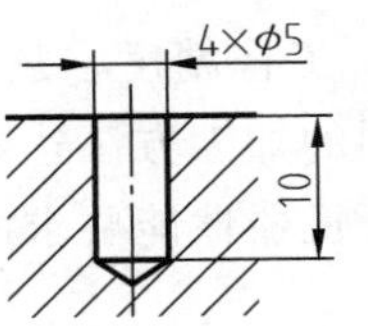 4×φ5　10	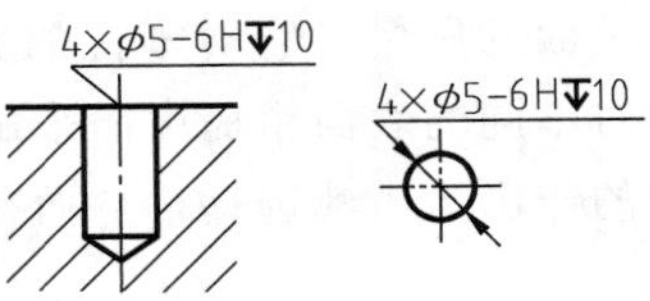 4×φ5-6H▽10　　4×φ5-6H▽10	4×φ5 表示直径为 5mm，有规律分布的四个光孔。孔深可与孔径连注，也可分开注出
	精加工孔	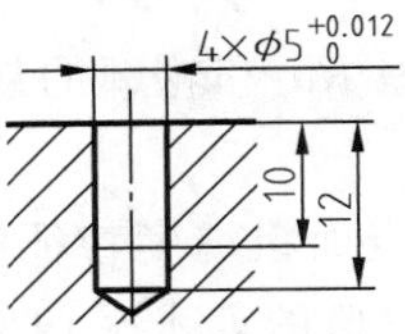 4×φ5$^{+0.012}_{0}$　10　12	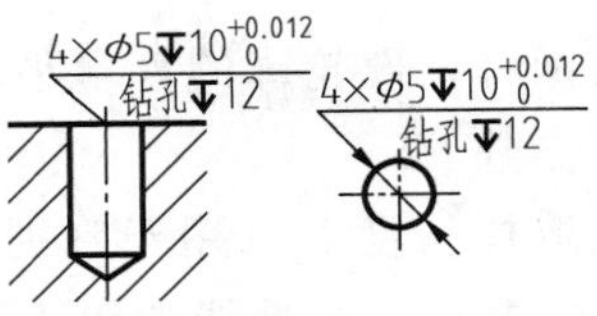 4×φ5▽10$^{+0.012}_{0}$　钻孔▽12　　4×φ5▽10$^{+0.012}_{0}$　钻孔▽12	光孔深度为 12mm，钻孔后需精加工 5$^{+0.012}_{0}$mm，深度为 10mm

续表

零件结构类型		标注方法	简化注法	说明
光孔	锥销孔	锥销孔φ5 配作	锥销孔φ5 配作	φ5 为与锥销孔相配的圆锥销小头直径。锥销孔通常是相邻两零件装配后一起加工的
沉孔	锥型孔	90° φ13 6×φ7	6×φ7 φ13×90°　　6×φ7 φ13×90°	6×φ7 表示直径为 7mm，有规律分布的六个孔。锥形部分尺寸可以旁注，也可直接注出

4.5　零件图的技术要求

零件图的技术要求是指制造和检验该零件时对应达到的质量的要求。所以，零件图上除了视图和尺寸外，还应注明零件的技术要求。技术要求主要包含以下内容：

① 零件的材料及毛坯要求。

② 零件的表面结构。

③ 零件的尺寸公差、几何公差。

④ 零件的热处理、涂镀、修饰、喷漆等要求。

⑤ 零件的检测、验收、包装等要求。

这些内容有的按规定符号或代号标注在图上，有的用文字注写在图样的右下方。由于技术要求涉及的专业知识面较广，本书仅介绍表面粗糙度、公差配合以及几何公差的基本概念及其在图样上的标注方法。

4.5.1　表面粗糙度

(1) 表面粗糙度的概念

有关零件的表面结构，本书只介绍零件的表面粗糙度——零件加工表面上所存在的较小间距的峰谷组成的微观几何特性。

表面粗糙度反映了零件表面的质量，它对零件的装配、工作精度、疲劳强度、耐磨性、抗蚀性和外观等都有影响。对不同的表面粗糙度需采用不同的加工方法达到，因此，对于零件的表面粗糙度应根据零件的作用恰当地选择，从而在保证机器性能要求的前提下，尽量降低生产成本。

(2) 表面粗糙度的主要参数

评定表面粗糙度的参数有两种，即轮廓的算术平均偏差 Ra 和轮廓的最大高度 Rz。这里仅介绍生产中最常用的主要参数 Ra。

轮廓算术平均偏差是指在取样长度 lr（用于判别具有表面粗糙度特征的一段基准线长度）内，轮廓偏距 z（表面轮廓上点至基准线的距离）绝对值的算术平均值，用 Ra 表示，

见图 4.25，用公式表示为

$$Ra = \frac{1}{lr} \int_0^{lr} |z(x)| \, \mathrm{d}x$$

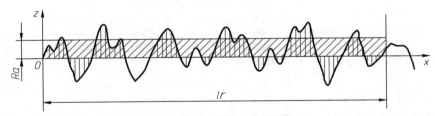

图 4.25 零件的表面粗糙度概念

轮廓算术平均偏差 Ra 的标准数值及对应的取样长度和评定长度见表 4.2。一般应优先选用表中的第一系列。

表 4.2 Ra 值及其对应的取样长度和评定长度

第一系列 /μm	第二系列 /μm	取样长度 /μm	评定长度 /μm	第一系列 /μm	第二系列 /μm	取样长度 /μm	评定长度 /μm
	0.008				1.00		
	0.010				1.25		
0.012		0.08	0.4	1.60		0.8	4.0
	0.016				2.0		
	0.020				2.5		
0.025				3.2			
	0.032				4.0		
	0.040				5.0	2.5	12.5
0.050		0.25	1.25	6.3			
	0.063				8.0		
	0.080				10.0		
0.100				12.5			
	0.125				16.0		
	0.160				20		
0.20				25			
	0.25				32		
	0.32	0.8	4.0		40	8.0	40.0
0.40				50			
	0.50				63		
	0.63				80		
0.80				100			

（3）表面粗糙度符号、代号

① 表面粗糙度符号及意义见表 4.3。

表 4.3 表面粗糙度的符号及其意义

符号	意义
$\sqrt{}$	基本符号，表示表面可用任何方法获得。当不加注粗糙度参数值或有关说明（如表面处理、局部热处理状况等）时，仅适用于简化代号标注
$\sqrt{}$	基本符号加一短横，表示表面是用去除材料的方法获得。如车、铣、钻、磨、剪切、抛光、腐蚀、电火花加工、气割等

续表

符号	意义
	基本符号加一小圆,表示表面是用不去除材料的方法获得。如铸、锻、冲压变形、热轧、冷轧、粉末冶金等。 也可用于保持原供应状况的表面(包括保持上道工序的状况)
	完整图形符号,在上述三个符号的长边上加一横线,用于标注有关参数和说明
	在上述三个符号上均可加一小圆,表示投影视图上封闭的轮廓线所表示的各表面具有相同表面结构要求

② 表面粗糙度符号的画法见图 4.26。表面粗糙度数值及其有关规定详见国家标准 GB/T 131—2006,在符号中注写的位置见图 4.27。

③ 表面粗糙度参数 Ra 的代号及意义见表 4.4,标注数值时,代号也可省略,参数值的单位为微米。

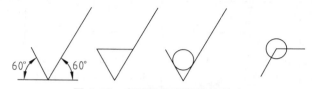

图 4.26 表面粗糙度符号的画法

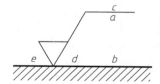

位置a:注写表面粗糙度的单一要求;
位置a 和b:注写两个或多个表面粗糙度要求;
位置c:注写加工方法、表面处理等;
位置d:注写表面纹理及方向;
位置e:注写加工余量

图 4.27 符号中有关规定注写位置

表 4.4 表面粗糙度代号及其意义

代号	意义	代号	意义
$\sqrt{}$ $Ra\ 3.2$	用任何方法获得的表面粗糙度,Ra 的上限值为 $3.2\mu m$	$\sqrt{}$ $Ra\ max3.2$	用任何方法获得的表面粗糙度,Ra 的最大值为 $3.2\mu m$
$\sqrt{}$ $Ra\ 3.2$	用去除材料的方法获得的表面粗糙度,Ra 的上限值为 $3.2\mu m$	$\sqrt{}$ $Ra\ max3.2$	用去除材料的方法获得的表面粗糙度,Ra 的最大值为 $3.2\mu m$
$\sqrt{}$ $Ra\ 3.2$	用不去除材料的方法获得的表面粗糙度,Ra 的上限值为 $3.2\mu m$	$\sqrt{}$ $Ra\ max3.2$	用不去除材料的方法获得的表面粗糙度,Ra 的最大值为 $3.2\mu m$
$\sqrt{}$ $Ra\ 3.2$ $Ra\ 1.6$	用去除材料的方法获得的表面粗糙度,Ra 的上限值为 $3.2\mu m$,Ra 的下限值为 $1.6\mu m$	$\sqrt{}$ $Ra\ max3.2$ $Ra\ min1.6$	用去除材料的方法获得的表面粗糙度,Ra 的最大值为 $3.2\mu m$,Ra 的最小值为 $1.6\mu m$

(4) 表面粗糙度代(符)号在图样上的标注方法

① 表面粗糙度代(符)号一般注在可见轮廓线、尺寸界线、引出线或它们的延长线上,符号的尖端必须从材料外指向表面,见图 4.28。

② 表面粗糙度代号中数字及符号的方向必须按图 4.29 的规定标注。

③ 在同一图样上，每一表面一般只标注一次代（符）号，并尽可能地靠近有关的尺寸线，见图 4.28。当空间狭小或不便标注时，可以引出标注，见图 4.30。

④ 当零件所有表面具有相同的表面粗糙度要求时，可统一标注在图样的右下角，见图 4.31。

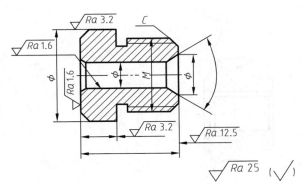

图 4.28　表面粗糙度注法

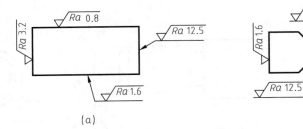

(a)　　　　　　　　　　　　(b)

图 4.29　表面粗糙度代号中数字及符号的方向

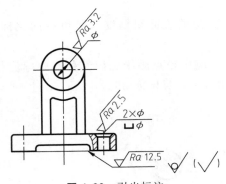

图 4.30　引出标注

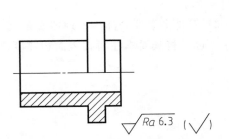

图 4.31　全部表面粗糙度相同时的标注方法

⑤ 当零件的大部分表面具有相同的表面粗糙度要求时，对其中使用最多的一种代（符）号可以统一注在图样的右下角，见图 4.28、图 4.30。

凡统一标注的表面粗糙度代（符）号及说明文字，其高度均应是图样上标注的 1.4 倍。

⑥ 零件上连续表面（图 4.32）、重复要素（如孔、齿、槽等）的表面（图 4.33）和用细实线连接的不连续的同一表面（图 4.30 中的底面），其表面粗糙度代（符）号只注一次。

⑦ 同一表面上有不同的表面粗糙度要求时，应用细实线画出其分界线，并注出相应的表面粗糙度代号和尺寸，见图 4.34。

⑧ 齿轮、螺纹等工作表面没有画出齿形（牙型）时，其表面粗糙度代（符）号注法见图 4.35、图 4.36。

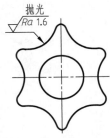

图 4.32　连续表面注法

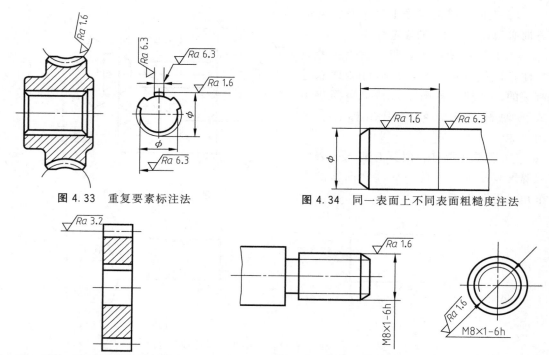

图 4.33   重复要素标注法

图 4.34   同一表面上不同表面粗糙度注法

图 4.35   齿轮工作表面的表面粗糙度注法

图 4.36   螺纹工作表面的表面粗糙度注法

⑨ 中心孔的工作表面、键槽工作表面、倒角、圆角的表面粗糙度代号可以简化标注，见图 4.37。

⑩ 需要将零件局部热处理或局部镀（涂）覆时，应用粗点画线画出其范围并标注相应尺寸，也可将其要求注写在表面粗糙度符号长边的横线上，见图 4.38。

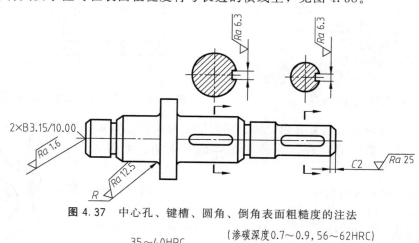

图 4.37   中心孔、键槽、圆角、倒角表面粗糙度的注法

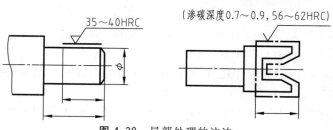

图 4.38   局部处理的注法

4.5.2　极限与配合

(1) 互换性

所谓互换性，是指加工完的同种、同一规格的所有合格零件中，任取其中一件，不经修配就能装配到机器或部件中，并满足产品的性能要求。即机器零（部）件具有可以相互替换使用的性能。零件具有互换性有利于组织协作和专业化生产，对保证产品质量、降低成本及方便装配、维修具有重要意义。

(2) 尺寸公差

由于零件在实际生产过程中受到机床、刀具、量具、加工、测量等诸多因素的影响，加工完一批零件的实际尺寸总存在一定的误差。为保证零件的互换性，必须将零件尺寸控制在允许的变动范围内，这个允许的尺寸变动量称为尺寸公差，简称公差。

1) 有关尺寸公差的术语和定义

① 公称尺寸 D（d）：设计给定的尺寸。如图 4.39（a）中的 $\phi30$。

② 实际尺寸：零件制成后，通过测量所得的尺寸。

③ 极限尺寸：允许零件实际尺寸变化的两个界限值，其中较大的一个尺寸称为上极限尺寸 D_{max}（d_{max}），较小的一个尺寸称为下极限尺寸 D_{min}（d_{min}）。如图 4.39（b）所示，轴 $\phi30$ 的上极限尺寸为 $\phi29.993$，下极限尺寸为 $\phi29.980$。实际尺寸只要在这两个极限尺寸之间均为合格。

④ 尺寸偏差（简称偏差）：某一尺寸减去公称尺寸所得的代数差。尺寸偏差有上极限偏差、下极限偏差（以下简称上偏差、下偏差）和实际偏差。

$$上偏差＝上极限尺寸－公称尺寸$$
$$下偏差＝下极限尺寸－公称尺寸$$

以图 4.39 所示的轴为例，上、下偏差为

$$上偏差＝(29.993-30)mm＝-0.007mm$$
$$下偏差＝(29.980-30)mm＝-0.020mm$$

国家标准规定用代号 ES 和 es 分别表示孔和轴的上偏差；用代号 EI 和 ei 分别表示孔和轴的下偏差。偏差可以为正、负或零值。

实际尺寸减去公称尺寸的代数差称为实际偏差。零件尺寸的实际偏差在上、下偏差之间均为合格。

⑤ 尺寸公差（简称公差）：允许尺寸变动的量。孔公差用 T_h 表示，轴公差用 T_s 表示，即

$$公差＝上极限尺寸－下极限尺寸$$
或
$$公差＝上偏差－下偏差$$

以图 4.39 所示的轴为例，公差为

$$公差＝(29.993-29.980)mm＝0.013mm$$
或
$$公差＝[-0.007-(-0.020)]mm＝0.013mm$$

在零件图上，凡有公差要求的尺寸，通常不是标注两个极限尺寸，而是标注出公称尺寸和上、下偏差，见图 4.39（a），虽然两者实质上一样，但后者用得多。

⑥ 尺寸公差带（简称公差带）。公差带表示公差大小和相对于零线位置的一个区域。图 4.40（a）展示了一对互相结合的孔与轴的公称尺寸、极限尺寸、偏差、公差的相互关

86 第一部分 机械制图基础

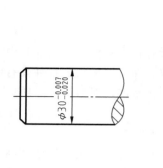

(a) 公称尺寸及偏差

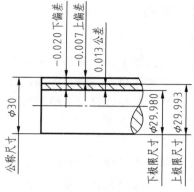

(b) 极限尺寸及公差

图 4.39 公称尺寸与极限尺寸

系。为简化起见，一般只画出孔和轴的上、下偏差围成的方框简图，称公差带图，见图 4.40 (b)。在公差带图中，零线是表示公称尺寸的一条直线。当零线画成水平线时，正偏差位于零线的上方，负偏差位于零线的下方，偏差值的单位为微米。且孔的公差带与轴的公差带分别用相反斜线表示。

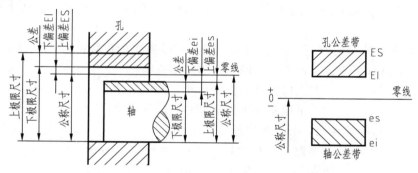

(a) 尺寸公差、尺寸偏差及公差

(b) 公差带表示法

图 4.40 尺寸公差、尺寸偏差及公差带

2）标准公差和基本偏差

为便于生产，实现零件的互换及满足不同的使用要求，国家标准 GB/T 1800.1—2020 规定了公差带由标准公差和基本偏差两个要素组成。标准公差确定公差带的大小，而基本偏差确定公差带的位置，见图 4.41。

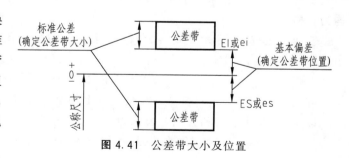

图 4.41 公差带大小及位置

① 标准公差（IT）。标准公差的数值由公称尺寸和公差等级来决定。其中公差等级是确定尺寸精确程度的等级。标准公差分为 20 级，即 IT01、IT0、IT1、…、IT18，其尺寸精确程度从 IT01 到 IT18 依次降低。应该注意的是，属于同一公差等级的公差，对所有公称尺寸，其数值并不相同，但被认为具有同等的精确程度。

② 基本偏差。基本偏差一般是指上下两个偏差中靠近零线的那个偏差。即当公差带位于零线上方时，基本偏差为下偏差；当公差带位于零线下方时，基本偏差为上偏差，见图 4.41 和图 4.42。

为了满足各种实际产品的不同配合要求，国家标准对孔和轴均规定了 28 个不同的基本偏差。基本偏差代号用拉丁字母表示，大写字母表示孔，小写字母表示轴。图 4.42 是孔和轴的 28 个基本偏差系列图（图中各基本偏差的具体数值见国家标准 GB/T 1800.2—2020）。

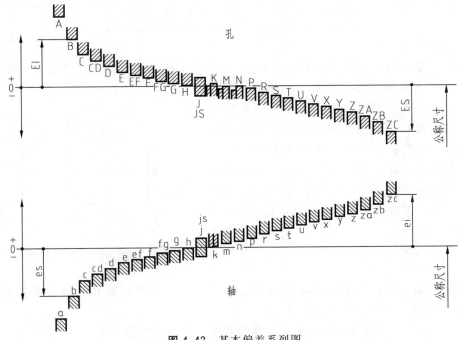

图 4.42　基本偏差系列图

从基本偏差系列图可知，轴的基本偏差从 a 到 h 为上偏差（es），且是负值，其绝对值依次减小；从 j 到 zc 为下偏差（ei），且是正值，其绝对值依次增大。孔的基本偏差从 A 到 H 为下偏差（EI），且是正值，其绝对值依次减小；从 J 到 ZC 为上偏差（ES），且是负值，其绝对值依次增大；H 和 h 的基本偏差为零。JS 和 js 对称于零线，没有基本偏差，其上、下偏差分别为 $+\dfrac{\mathrm{IT}}{2}$ 和 $-\dfrac{\mathrm{IT}}{2}$。

基本偏差系列图只表示了公差带的各种位置，所以只画出属于基本偏差的一端，另一端则是开口的，即公差带的另一端取决于标准公差（IT）的大小。

3）公差带代号

孔、轴的公差带代号由基本偏差代号和公差等级代号组成。

【例 4.1】　试说明 $\phi 30\mathrm{H}8$ 的含义。

其含义为：公称尺寸为 $\phi 30\mathrm{mm}$，孔的基本偏差为 H，公差等级为 8 级。查得 $\phi 30\mathrm{H}8$ 的下偏差分别为 $+0.003\mathrm{mm}$ 和 0，故用极限偏差表示时，$\phi 30\mathrm{H}8$ 可写成 $\phi 30^{+0.033}_{\ 0}\mathrm{mm}$。

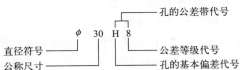

【例 4.2】   试说明 $\phi 30f7$ 的含义。

其含义为：公称尺寸为 $\phi 30mm$，轴的基本偏差为 f，公差等级为 7 级。查得 $\phi 30f7$ 的上、下偏差分别为 $-0.020mm$ 和 $-0.041mm$，故用极限偏差表示时，$\phi 30f7$ 可写成 $\phi 30^{-0.020}_{-0.041}mm$。

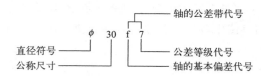

(3) 配合

公称尺寸相同的相互结合的孔和轴（或具有两个平行平面的线性尺寸要素）装在一起，可以通过改变孔和轴的公差带的大小和相互位置来达到所要求的松紧程度，以满足各种不同的使用要求。这种相互结合的孔和轴公差带之间的关系称为配合。孔和轴配合时，由于实际尺寸不同，可能产生间隙或过盈，如图 4.43 所示。当孔的实际尺寸大于轴的实际尺寸时，就产生间隙；当孔的实际尺寸小于轴的实际尺寸时，就产生过盈。

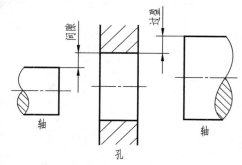

图 4.43   间隙与过盈

1）配合的种类

根据零件之间配合的松紧程度，配合可分为三大类。

① 间隙配合：孔的公差带全部在轴的公差带之上，任取一对孔和轴配合都具有间隙（包括最小间隙为零）的配合，见图 4.44。

最大间隙＝孔的上极限尺寸－轴的下极限尺寸

最小间隙＝孔的下极限尺寸－轴的上极限尺寸

② 过盈配合：孔的公差带全部在轴的公差带之下，任取一对孔和轴配合都具有过盈（包括最小过盈为零）的配合，见图 4.45。

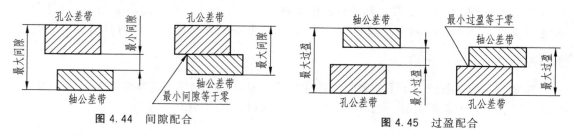

图 4.44   间隙配合   图 4.45   过盈配合

最大过盈＝孔的下极限尺寸－轴的上极限尺寸

最小过盈＝孔的上极限尺寸－轴的下极限尺寸

③ 过渡配合：孔的公差带和轴的公差带互相交叠，任取一对孔和轴配合时，可能产生间隙，也可能具有过盈的配合，见图 4.46。

过渡配合一般只计算最大间隙和最大过盈。

最大间隙＝孔的上极限尺寸－轴的下极限尺寸

最大过盈＝孔的下极限尺寸－轴的上极限尺寸

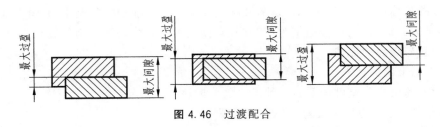

图 4.46 过渡配合

过渡配合可能具有间隙，也可能具有过盈性质，但对装配好的一对零件只能产生一种结果。

2）基准制

在制造配合的零件时，使其中一种零件作为基准件，它的基本偏差一定，通过改变另一种非基准件的基本偏差来获得各种不同性质的配合的制度称为基准制。采用基准制可使设计、制造简化，取得较大的技术经济效果。根据生产实际的需要，国家标准规定了两种基准制。

① 基孔制。基孔制是指基本偏差为一定的孔的公差带与不同基本偏差的轴的公差带形成各种配合的一种制度，见图 4.47。基孔制的孔称为基准孔，其基本偏差代号为 H，下偏差为零。

② 基轴制。基轴制是指基本偏差为一定的轴的公差带与不同基本偏差的孔的公差带形成各种配合的一种制度，见图 4.48。基轴制的轴称为基准轴，其基本偏差代号为 h，上偏差为零。

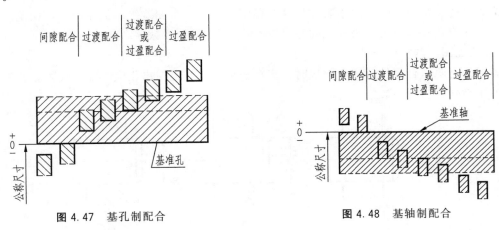

图 4.47 基孔制配合   **图** 4.48 基轴制配合

3）配合代号

配合代号由孔和轴的公差带代号组成，写成分数形式，分子为孔的公差带代号，分母为轴的公差带代号。凡是分子中含 H 的为基孔制配合，凡是分母中含 h 的为基轴制配合。

【例 4.3】 试说明 $\phi 25 \dfrac{H7}{g6}$ 的含义。

该配合的公称尺寸为 $\phi 25mm$，是基孔制的间隙配合，基准孔的公差带为 H7（基本偏差为 H，公差等级为 7 级），轴的公差带为 g6（基本偏差为 g，公差等级为 6 级）。

【例 4.4】 试说明 $\phi \dfrac{25N7}{h6}$ 的含义。

该配合的公称尺寸为 $\phi 25mm$，是基轴制过渡配合，基准轴的公差带为 h6（基本偏差为 h，公差等级为 6 级），孔的公差带为 N7（基本偏差为 N，公差等级为 7 级）。

（4）公差与配合的标注

1）零件图上的标注方法

零件图上的尺寸公差可按下面三种形式之一标注：

① 在公称尺寸右边注出公差带代号，见图 4.49（a）。

② 在公称尺寸右边注出极限偏差，见图 4.49（b）。

③ 在公称尺寸右边注出公差带代号和相应的极限偏差，但极限偏差应加上括号，见图 4.49（c）。

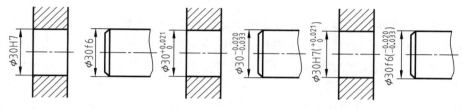

(a)公称尺寸右边注出公差带代号 (b)在公称尺寸右边注出极限偏差 (c)公称尺寸右边注出公差带代号和相应的极限偏差

图 4.49 零件图上尺寸公差标注方法

当标注极限偏差时，上、下偏差的小数点必须对齐，小数点后的位数也必须相同；当上偏差或下偏差为零时，用数字"0"标出（不加正、负号），并与上偏差或下偏差的小数点前的个位数对齐。当公差带相对于公称尺寸对称配置，即两个偏差绝对值相同时，偏差只需注写一次，并应在偏差与公称尺寸之间注出符号"±"，且两者数字高度相同。

2）装配图上的标注方法

装配图上两结合零件有配合要求时，应在公称尺寸右边注出相应的配合代号，其注写形式为图 4.50 的三种形式之一。

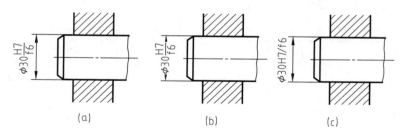

(a)   (b)   (c)

图 4.50 装配图上配合的标注

4.5.3 几何公差

（1）几何公差的基本概念

零件经加工后，不仅会存在尺寸的误差，而且会产生几何形状及相互位置的误差。如图 4.51 所示的圆柱体，即使在尺寸合格时，也有可能出现一端大、另一端小，或中间细、两端粗等情况，其截面也有可能不圆，这属于形状方面的误差。再如图 4.52 所示的阶梯轴，加工后可能出现各轴段不同轴线的情况，这属于位置方面的误差。所以，形状公差是指实际形状对理想形状的允许变动量，位置公差是指实际位置对理想位置的允许变动量。

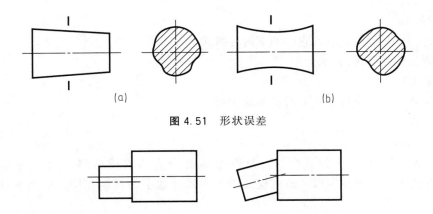

图 4.51　形状误差

图 4.52　位置误差

(2) 几何公差各项目的名称和符号

几何公差包括形状公差、方向公差、位置公差和跳动公差 4 类，共 19 个项目。各项目的名称和符号见表 4.5。

表 4.5　几何公差各项目的名称和符号

公差类型	几何特征	符号	有无基准	公差类型	几何特征	符号	有无基准
形状公差	直线度	—	无	位置公差	位置度	⊕	有或无
	平面度	▱	无		同心度 （用于中心点）	◎	有
	圆度	○	无		同轴度 （用于轴线）	◎	有
	圆柱度	⌭	无		对称度	=	有
	线轮廓度	⌒	无		线轮廓度	⌒	有
	面轮廓度	⌒	无		面轮廓度	⌒	有
方向公差	平行度	∥	有	跳动公差	圆跳动	↗	有
	垂直度	⊥	有		全跳动	⌰	有
	倾斜度	∠	有				
	线轮廓度	⌒	有				
	面轮廓度	⌒	有				

（3）几何公差代号

1）代号的组成

几何公差代号见图 4.53，它由如下内容组成：

① 带箭头的指引线。

② 公差框格。

③ 几何公差项目符号、公差数值和有关符号。

④ 基准符号。

2）代号的画法

公差框格应用细实线水平绘制，并根据需要分为两格或多格，填写内容及顺序见图 4.53。框格中的数字和字母的高度应与图样中尺寸数字的高度相同，框格长度可按需要确定，见图 4.54。

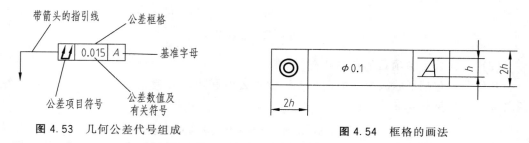

图 4.53   几何公差代号组成   图 4.54   框格的画法

（4）几何公差的标注

国家标准明确规定，在技术图样中，几何公差一般应采用代号标注，现将具体标注方法摘要介绍如下：

① 代号中的指引线箭头与被测要素的连接方法。当被测要素为线或表面时，指引线的箭头应指在该要素的轮廓线或其延长线上，并应明显地与尺寸线错开，见图 4.55（a）；当被测要素为轴线或中心平面时，指引线的箭头应与该要素的尺寸线对齐，见图 4.55（b）。

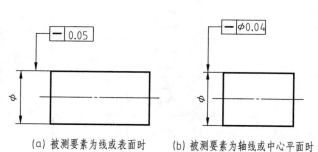

(a) 被测要素为线或表面时   (b) 被测要素为轴线或中心平面时

图 4.55   指引线箭头与被测要素的相连方法

② 采用基准符号标注时，公差框格应为三格或多格，以填写基准符号的字母，见图 4.56。

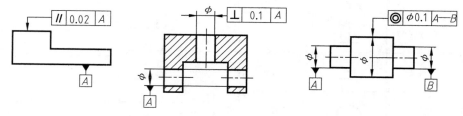

图 4.56   采用基准符号的标注方法

基准符号由基准三角形（一个涂黑的或空白的三角形）、方格、连线和字母组成，其画法见图 4.57。方格和连线用细实线画，方格高度和框格的高度相同，方格内填写大写的拉丁字母，字母一律水平书写，字母高度应与图样中的尺寸数字的高度相同。

③ 当同一个被测要素有多项几何公差要求，其标注方法又一致时，可以将这些框格画在一起，共用一根指引线箭头，见图 4.58。

④ 当多个被测要素有相同的几何公差（单项或多项）要求时，可以在从框格引出的指引线上绘制多个箭头并分别与各被测要素相连，见图 4.59。

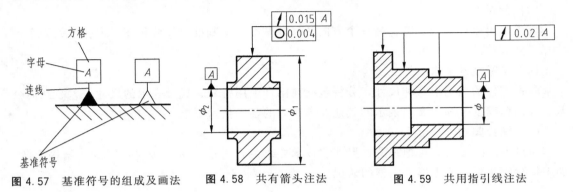

图 4.57 基准符号的组成及画法　　图 4.58 共有箭头注法　　图 4.59 共用指引线注法

⑤ 如果给出的公差仅适用于要素的某一指定局部，应采用粗点画线示出该局部的范围，并加注尺寸，见图 4.60 及图 4.61。

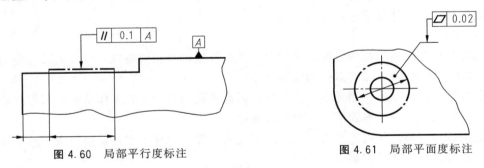

图 4.60 局部平行度标注　　　　　图 4.61 局部平面度标注

⑥ 需要对整个被测要素上任意限定范围标注同样几何特征的公差时，可在公差值的后面加注限定范围的线性尺寸值，并在两者间用斜线隔开，见图 4.62。

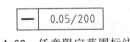

图 4.62 任意限定范围标注

4.6 读零件图的方法

在设计和制造机器时，经常需要读零件图。读零件图的目的，就是根据已给零件图，想象出零件的结构形状，了解零件的尺寸以及各项技术要求等，便于设计时参照、研究、改进零件的结构合理性等；制造时采取合理的制造加工方法，以达到图样所提出的要求，保证产品质量。

4.6.1 读零件图的方法和步骤

(1) 概括了解

由标题栏了解零件的名称、材料、比例等，并大致了解零件的用途和形状。

（2）分析视图

综观零件图中的一组视图，分清哪些是基本视图、哪些是辅助视图，以及所采用的剖视、断面等表达方法。接着根据视图特征，把它分成几个部分，找出相应视图上该部分的图形，把这些图形联系起来，进行投影分析和结构分析，得出各个部分的空间形状。综合各部分形状，弄清它们之间的相对位置，想象出零件的整体结构形状，同时根据设计或加工方面的要求了解零件上一些结构的作用。

（3）分析尺寸

首先找出零件的长、宽、高三个方向的尺寸基准，从基准出发分析图样上标注的各个尺寸，弄清零件的主要尺寸。

（4）了解技术要求

联系零件的结构形状和尺寸，分析包括在图样上用符号、代号表示的尺寸公差、几何公差、表面粗糙度等和用文字表示的其他要求在内的各项技术要求。

（5）综合归纳

通过上面的分析，再把视图、尺寸、技术要求综合考虑，进一步对该零件的结构形状、加工检验应达到的要求形成完整的认识。

4.6.2 读图举例

（1）读如图4.63所示的轴座零件图

按照读零件图的方法步骤进行分析读图。

1）概括了解

从标题栏了解零件的名称为轴座，可想象零件的作用；材料为铸铁（可确定其毛坯为铸造件）；根据画图比例1∶4了解零件的实际大小。

由名称知该零件的主要作用是支承传动轴，因此轴孔是它的主要工作结构，该零件结构较复杂，表达时用了三个基本视图和三个局部视图。

阅读其他技术资料，尽可能参看装配图及相关的零件图等技术文件，进一步了解该零件的功用以及它与其他零件的关系。

2）分析视图

分析视图，以便确认零件结构形状，具体方法如下。

① 表达分析：由于该零件加工的工序较多，表达时以工作位置放置，采用最能表达零件结构形状的方向为主视图的投射方向。主视图表达了上述四部分的主要形状和它们的上下、左右位置，再对照其他视图可确定各部分的详细形状和前后位置。可以顺着各视图上标注的视图名称逐一对照，找出剖切位置。A—A剖视图为阶梯剖，由剖视图可看出空心圆柱、长方形板、凸台和凸耳的形状以及它们的前后位置，并从空心圆柱上的局部剖视和E视图了解油孔及凸台的结构。B—B剖视图为通过空心圆柱轴线的水平全剖视，主要目的是表达轴孔。B—B剖视不仅可表达左右轴孔的结构，还可表达长方形板和下部凸台后面的凹槽，槽的右侧面为斜面。C—C局部剖视表达螺钉孔和定位销孔的深度和距离。视图表达了凹槽和两个小螺孔的结构。

② 形体分析：先看主视图，结合其他视图，通过对图形进行线框分割，进而进行形体构思，大体了解到轴座由中间的中空长方体连接的左、右两空心圆柱，下部凸台，上部凸耳4部分构成。还根据需要进行了开槽与穿孔。

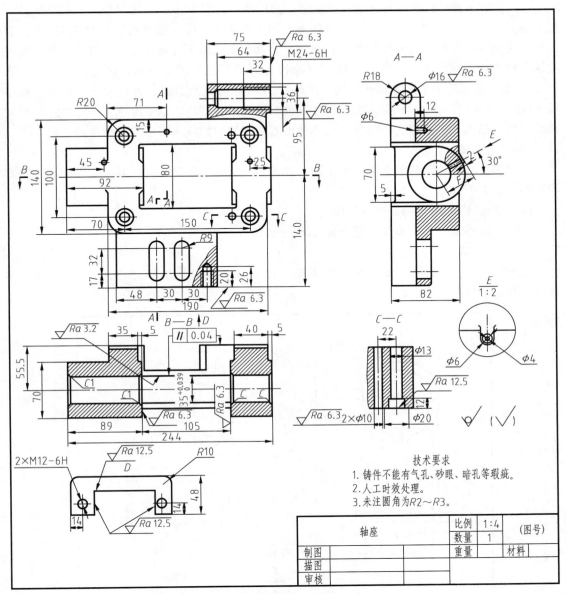

图 4.63 轴座零件图

③ 结构形状及作用分析：轴座的中间部分为左、右两空心圆柱，它们是主轴孔，是轴座的主要结构。两空心圆柱用一中空长方形板连接起来，长方形板的四角有四个孔，为轴座安装用的螺钉孔，因此长方形板为其安装部分。长方形板下部有一长方形凸台，其上有两个长圆孔和螺孔，这是与其他零件连接的结构。轴座上部有一凸耳，内中有带螺纹的阶梯孔，亦作连接其他零件之用。

3）尺寸和技术要求分析

先看带有公差的尺寸、主要加工尺寸，再看标有表面粗糙度符号的表面，了解哪些表面是加工面、哪些是非加工面。再分析尺寸基准，然后了解哪些是定位尺寸和零件的其他主要尺寸。从轴座零件图可以看出带有公差的尺寸。$\phi35$ 是轴孔的直径，轴孔的表面粗糙度为

$Ra3.2$，左右两轴孔的轴线与后面（安装定位面）的平行度为 0.04，可见轴孔直径是零件上最主要的尺寸，其轴线是确定零件上其他表面的主要基准。标注表面粗糙度代号的表面还有后面、底面、轴孔的端面及凹槽的侧面和底面，其他表面均不再加工。在高度方向从主要基准轴孔轴线出发标注的尺寸有 140 和 95。高度方向的辅助基准为底面，由此标出的尺寸有 17 等。宽度方向从主要基准轴孔轴线注出尺寸 55.5 以确定后表面，并以此为辅助基准标出尺寸 82 以及 48 等尺寸。长度方向的尺寸基准为轴孔的左端面，以 89、92、70、244 等尺寸来确定另一端面、凹槽面、连接孔轴线等辅助基准。注写的技术要求均为铸件的一般要求。

　　4）综合归纳

　　经以上分析可以了解轴座零件的全貌，它是一个中等复杂的铸件，其上装有传动轴及其他零件，起支承作用。

（2）读图 4.64 所示的支架零件图

　　按照读零件图的方法步骤进行分析读图。

　　1）概括了解

　　读图 4.64 的标题栏可知，零件为支架，属支架类零件，绘图比例为 1：4，材料为 HT150（该零件是铸造零件）。

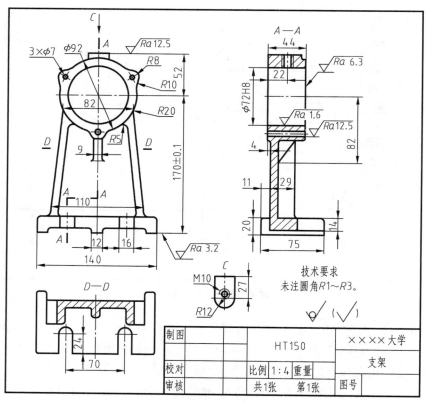

图 4.64　支架零件图

　　2）分析视图

　　该零件图采用了三个基本视图和一个局部视图。根据视图的配置关系可知：主视图表达了支架的外部形状；俯视图采用全剖，表达了肋和底板的形状及相对位置关系；左视图采用阶梯剖，表达了支架的内部结构；而 C 向的局部视图主要表达凸台的形状。

3）分析尺寸

通过对支架视图的形体分析和尺寸分析可以看出：长度方向的尺寸基准为零件左右对称平面，并由此注出了安装定位尺寸 70、总长 140 等尺寸；高度方向的尺寸基准为支架的安装底面，并由此注出了尺寸 170±0.1；宽度方向的尺寸基准是圆柱部分的后端面，由此注出了尺寸 22、44 等。

4）了解技术要求

$\phi72H8$ 等都有公差要求，其极限偏差数值可由公差带代号 H8 查表获得。整个支架中，$\phi72H8$ 孔的表面对表面粗糙度要求最高（$Ra1.6$，数值最小）。文字部分的技术要求为未注圆角 $R1\sim R3$。

5）综合考虑

将分析的零件结构形状、尺寸标注和技术要求等内容综合起来，就能比较全面地了解该零件了。

第5章

装配图

一台机器或一个部件都是由若干个零件按一定的装配关系和技术要求装配而成，表达机器或部件的图样称为装配图。在对机器进行设计、装配、调整、检验和维修时都需要装配图，因此装配图必须清晰、准确地表达出机器或部件的工作原理、性能要求，以及各组成零件间的装配关系、连接关系和关键零件的主要结构与形状，明确表达出装配、检验及安装时的技术要求。

对一般机器而言，根据总装配体结构将其划分为若干单元，每一个单元称为一个部件，因此装配图可分为机器总装配图和部件装配图。用于表示一个部件（或单元）的装配图称为部件装配图，用于表示一台完整机器的装配图称为总装配图。在进行产品设计时，一般先画出零件草图，然后根据装配草图绘制出零件图，最后根据零件图画出正式装配图。

5.1　装配图的内容

下面以图 5.1 所示的卧式柱塞泵为例，说明装配图的具体内容。

① 一组视图。选择一组视图并用恰当的表达方法，表达出部件的工作原理、性能、零件之间的装配关系和连接方法、零件的主要结构和形状。

② 必要的尺寸。根据装配、调整、检验、使用和维修的要求，在部件装配图中，一般应注出反映机器的性能、规格、零件之间的配合和相互之间位置要求的尺寸，以及总体尺寸和安装时所需要的尺寸。

③ 技术要求。用文字或符号注写出机器（或部件）在装配、检验、调整、使用等方面的要求。

④ 标题栏、序号和明细栏。根据生产组织和管理工作的需要，按一定的格式，将零部件进行编号，在明细栏中填写各零部件的编号、名称、材料、数量、规格等，并填写标题栏。

5.2　装配图的表达方法

装配图和零件图的表达方法基本相同，所以，前面所介绍的零件图的各种表达方法，如视图、剖视、断面、简化画法等都适用于装配图的表达。但装配图的表达对象、要求和作用均不同于零件图。装配图表达的对象是机器或部件整体，要求表达清楚工作原理及各组成零件间的装配关系，其作用是指导装配、调试、维修、保养等。而零件图表达的对象是单个零件，要求表达清楚结构、形状及大小，其作用是指导零件的生产。所以，针对装配图的特点，还有一些规定画法和特殊表达方法。

5.2.1　规定画法

(1) 接触面、配合面的画法

为了明确零件表面间的相互关系，在装配图中，凡相邻两零件的接触表面或公称尺寸相同的配合表面，只画一条轮廓线，否则应画出两条线，以表示各自的轮廓线，见图5.2。

(2) 剖面线的画法

为了清楚地区分不同的零件，在装配图中相互邻接的两金属零件的剖面线，其倾斜方向应相反，或方向一致而间隔不等，互相错开，见图5.3。而同一装配图中的同一零件的剖面线应方向相同，间隔相等，见图5.4。

(3) 紧固件和实心件的画法

为了画图简便和图面清晰，在装配图中，对螺栓、螺母、螺钉、螺柱、垫圈等紧固件及轴、杆、键、销、球、手柄等实心零件，当按纵向剖切，且剖切平面通过其对称平面或轴线时，这些零件均按不剖绘制。若这些零件上有销孔、键槽、凹槽等结构需要表明，可采用局部剖视来表达，见图5.4和图5.5。

5.2.2　特殊表达方法

(1) 拆卸表示法

在装配图中的某个视图上常有一个（或几个）零件遮住部件的内部构造及其他零件的情况，若需要表达这些被遮挡部分，可假想将遮挡零件拆卸后再画；当需要说明时，应在视图上方标注"拆去××"，如图5.4中的俯视图。在装配图中，当某个标准部件在一个视图上已经表达出来时，则在其他视图上可以拆去不画，如图5.4左视图中的油杯拆去未画。在装配图中，亦可假想沿某些零件的结合面剖切后再画，如图5.5所示转子泵的 A—A 剖视图。需要注意：拆去某些零件和沿某些零件的结合面剖切，两者在画法上有不同之处。

(2) 假想表示法

在装配图中，当需要表达某些运动零件的极限位置时，可用双点画线画出它们极限位置的外形图。如图5.6所示的三星齿轮机构，当改变转速和转向时，手柄所处的 Ⅱ、Ⅲ 两个极限位置，就是用假想表示法，以双点画线画出的。

此外，在装配图中，当需要表达与本部件相关，但又不属于本部件的零件时，亦可采用假想表示法，用双点画线画出相关部分的轮廓。如图5.6所示的三星齿轮传动机构装配图中，不属于该部件的主轴箱和图5.5中安装转子泵的相邻部件，都是用假想表示法，以双点画线画出的。

(3) 单个零件表示法

在装配图中，当某个零件需要表达的结构形状未能表达清楚时，可单独画出该零件的某一视图，但必须在所画视图的上方注出该零件的视图名称，在相应视图的附近用箭头指明投射方向，并注上同样的字母，如图5.5中的泵盖 B 向。

(4) 夸大表示法

在装配图中，当有薄片零件、细丝弹簧、微小间隙等，按原有比例、尺寸绘制表达不清楚时，可不按原有比例，适当夸大画出，如图5.5中的垫片厚度就是夸大画出的。

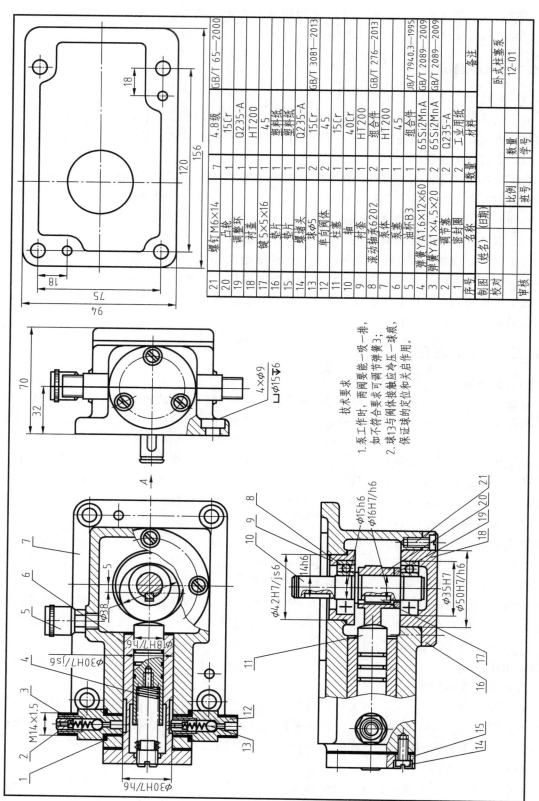

序号	名称	数量	材料	备注
21	螺钉 M6×14	7	4.8级	GB/T 65—2000
20	凸轮	1	15Cr	
19	调整环	1	Q235-A	
18	衬盖	1	HT200	
17	键 5×5×16	1	45	
16	垫片	1	塑料纸	
15	垫片	1	塑料纸	
14	螺堵头	1	Q235-A	GB/T 3081—2013
13	球 φ5	2	15Cr	
12	单向阀体	2	15Cr	
11	柱塞	1	40Cr	
10	轴	1	HT200	GB/T 276—2013
9	滚动轴承 6202	2	组合件	
8	泵盖	1	HT200	
7	泵体	1	45	
6	油杯 B3	1	组合件	JB/T 7940.3—1995
5	弹簧 YA1.6×12×60	1	65Si2MnA	GB/T 2089—2009
4	弹簧 YA1×4.5×20	2	65Si2MnA	GB/T 2089—2009
3	调节塞	2	45	
2	密封圈	2	工业用纸	
1			Q235-A	

卧式柱塞泵　　　12-01

比例　　数量　　号

班号

制图　　（姓名）　（日期）
校对
审核

技术要求
1. 泵工作时，两阀要能一吸一排，
如不符合要求可调节弹簧 3;
2. 球13与阀体接触应冷压一球痕，
保证球的定位和关启作用。

图 5.1　卧式柱塞泵装配图

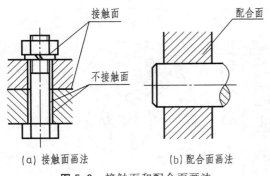

接触面
不接触面

(a) 接触面画法

配合面

(b) 配合面画法

图 5.2 接触面和配合面画法

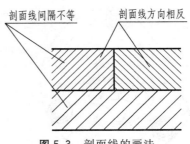

剖面线间隔不等 剖面线方向相反

图 5.3 剖面线的画法

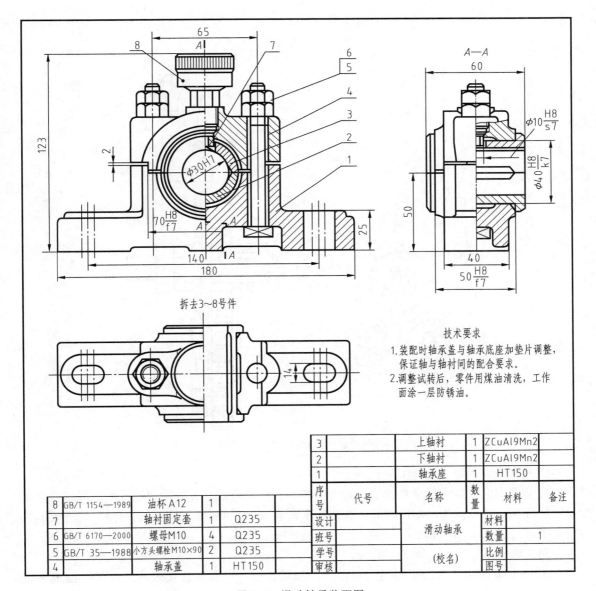

图 5.4 滑动轴承装配图

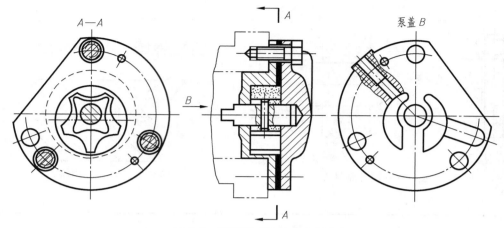

图 5.5 装配图画法的基本规定

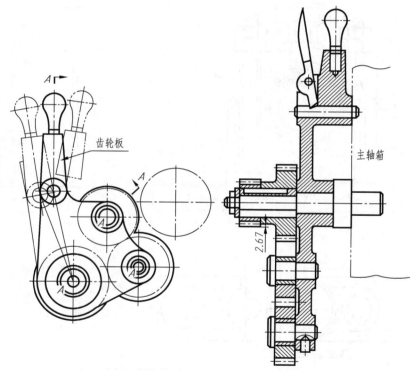

图 5.6 三星齿轮传动机构的假想和展开画法

(5)展开表示法

传动机构的投影常有重叠的情况，为清晰表达传动路线及各轴的装配关系，可用展开表示法，假想沿各轴的传动顺序切开，并依次展开在同一平面内，画出其剖视图。展开表示法中必须进行标注，如图 5.6 所示的"A—A 展开"。

简化画法：

① 在装配图中，对若干相同的零件组，如螺栓连接、螺钉连接等，允许仅详细地画出一组或几组，其余则可用中心线（点画线）表示其装配位置，见图 5.5。

② 在装配图中，零件的工艺结构（如小圆角、退刀槽、倒角等）允许省略不画，见图 5.5。

③ 在装配图中，紧固件、齿轮、弹簧、滚动轴承等标准零部件的简化画法见第 3 章。

④ 在装配图中，当剖切平面通过的某些部件为标准产品时，或该部件已由其他图形表示清楚时，可按不剖绘制，如图 5.4 中的油杯。

5.3 装配图的尺寸标注和技术要求

5.3.1 装配图的尺寸标注

由于装配图主要是用来表达零部件的装配关系的，所以在装配图中不需要注出每个零件的全部尺寸，而只需注出一些必要的尺寸。这些尺寸按其作用不同，可分为以下五类。

(1) 规格尺寸

规格尺寸是表明装配体规格和性能的尺寸，是设计和选用产品的主要依据。如图 5.7 微动机构装配图中，螺杆 6 的螺纹尺寸 M12 是微动机构的性能的尺寸，它决定了手轮转动一圈后导杆 10 的位移量。

(2) 装配尺寸

装配尺寸包括零件间有配合关系的配合尺寸以及零件间相对位置尺寸。如图 5.7 微动机构装配图中 $\phi20H8/f7$、$\phi12H2/h7$、$\phi50H2/k7$ 的配合尺寸。

(3) 安装尺寸

安装尺寸是机器或部件安装到基座或其他工作位置时所需的尺寸。如图 5.7 微动机构装配图中的 82、$4\times\phi7$ 孔所表示的安装尺寸。

(4) 外形尺寸

外形尺寸是指反映装配体总长、总宽、总高的外形轮廓尺寸。如图 5.7 微动机构装配图中的 $190\sim210$、36、$\phi68$。

(5) 其他重要尺寸

在设计过程中经过计算而确定的尺寸和主要零件的主要尺寸以及在装配或使用中必须说明的尺寸。如图 5.7 微动机构装配图中的尺寸 $190\sim210$，它不仅表示了微动机构的总长，而且表示了运动零件导杆 10 的运动范围。非标准零件上的螺纹标记，如图 5.7 微动机构装配图中的 M12、M16 在装配图中要注明。

以上五类尺寸，并非装配图中每张图上都需全部标注，有时同一个尺寸，可同时有几种含义。所以装配图上的尺寸标注，要根据具体的装配体情况来确定。

5.3.2 装配图的技术要求

装配图的技术要求一般用文字注写在图样下方的空白处。技术要求因装配体的不同，其具体的内容有很大不同，但技术要求一般应包括以下几个方面。

① 装配要求：装配要求是指装配后必须保证的精度以及装配时的要求等。

② 检验要求：检验要求是指装配过程中及装配后必须保证其精度的各种检验方法。

③ 使用要求：使用要求是对装配体的基本性能、维护、保养、使用的要求。如图 5.7 微动机构装配图中的技术要求。

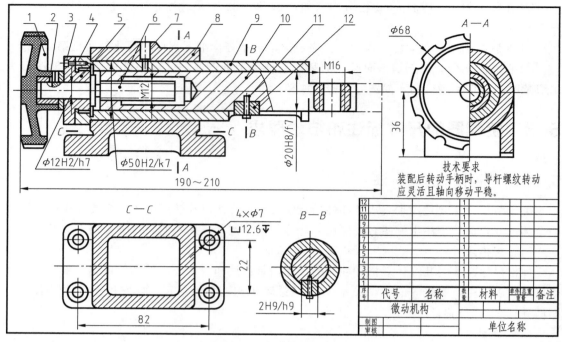

图 5.7 微动机构装配图

5.4 装配图的零（部）件序号、明细栏、标题栏

为了便于生产和管理，在装配图中需对每个零件或部件进行编号，并在标题栏上方画出明细栏，填写零件的序号、名称、材料、数量等有关内容。

5.4.1 零（部）件序号

（1）零件编号原则

装配图中每种零件或部件要分别编上序号。相同零件只能有一个序号，数量写在明细表中；滚动轴承、油封等标准部件只需一个序号。

（2）序号的表达

① 序号应注在需编号零（部）件的轮廓线外边，并填写在指引线的横线上或圆内，横线或圆用细实线画出。指引线应从所指零件的可见轮廓内引出，并在末端画一圆点，如图 5.8（a）所示。序号字体要比尺寸数字大一号或两号，如图 5.8（b）所示，也允许采用

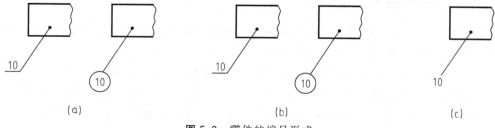

图 5.8 零件的编号形式

图 5.8（c）形式。若所指部分是很薄的零件或涂黑的剖面不便于画圆点，可在指引线的末端画出箭头指向该部分的轮廓，见图 5.9。

②　指引线不能相交。指引线通过有剖面线的区域时，不能与剖面线平行，必要时可画成折线，但只可曲折一次，如图 5.10 所示。

图 5.9　零件的特殊编号形式　　　　　　图 5.10　指引线的允许形式

③　一组紧固件及装配关系清楚的零件组，可以采用公共指引线，序号标注的形式见图 5.11。对同一装配图，标注序号的形式应一致。

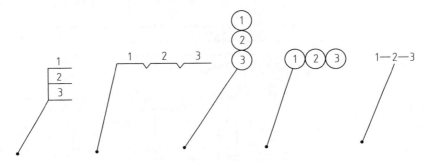

图 5.11　公共指引线的编号形式

④　相同的零（部）件用同一个序号，而且一般只标注一次。当这些相同的零（部）件在同一张图样上多处出现时，如有必要，也可用同一个序号在各处重复标注，如图 5.12所示。

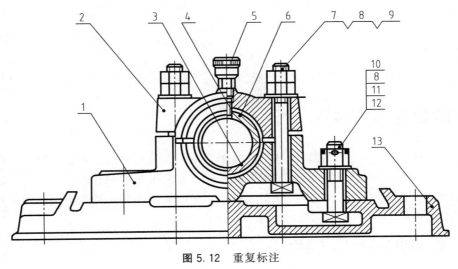

图 5.12　重复标注

⑤　装配图中序号要水平或竖直按顺时针或逆时针方向顺次排列，如图 5.12 所示。

5.4.2　明细栏

　　装配图的明细栏画在标题栏上方，假如地方不够，可在标题栏的左方继续填写。标题栏的内容一般包括序号（或零件编号）、名称、数量、材料、备注等。图 5.13 所示可供学习时使用。

　　图 5.14 所示为国家标准中规定的标题栏与明细栏的标准格式。明细栏中，零件序号编写顺序是从下往上，以便增加零件时，明细栏可以继续增加。

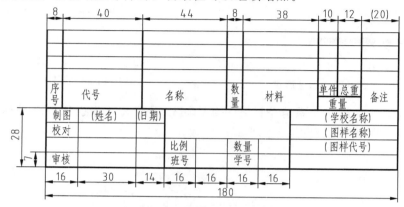

图 5.13　装配图标题栏、明细栏（一）

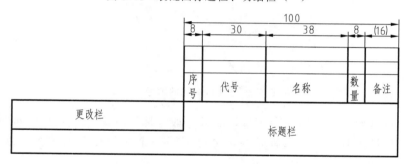

图 5.14　装配图标题栏、明细栏（二）

5.4.3　标题栏

　　装配图标题栏的内容、格式、尺寸等已标准化，应与零件图标题栏格式一致（取消材料一栏）。

5.5　装配结构合理性

　　机器或部件的质量在很大程度上取决于装配质量。而装配质量能否达到要求，则与装配结构是否合理密切相关。所以，在画装配图时，应考虑装配结构的合理性，以满足装配质量要求，从而保证产品的质量。这里仅介绍几种最常见的装配结构，并用正误图例的对比方式列出，供画图时参考。

5.5.1　零件间接触的装配结构

　　① 接触面的数量。两零件在同一方向，只应有一对表面接触，这样既可保证装配质量，也便于加工和装配，见图 5.15。

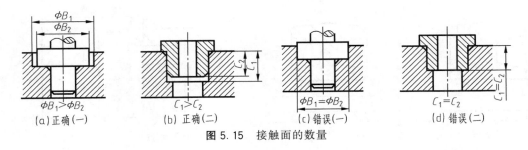

图 5.15　接触面的数量

② 接触面转角处应做出倒角或凹槽，以保证两接触面紧密接触，见图 5.16。

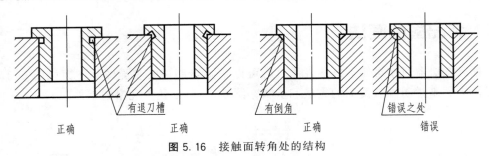

图 5.16　接触面转角处的结构

5.5.2　便于装拆的合理结构

(1)　留有足够的装拆空间

当在机器上设置紧固件等零件时，要考虑装拆时有足够的装拆空间，以便于装拆。如图 5.17 所示为留出装螺钉的空间，图 5.18 所示为留出扳手活动的空间。

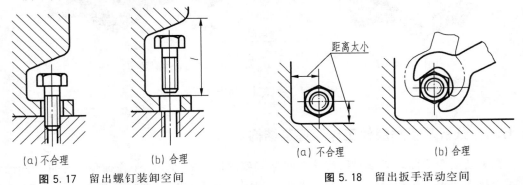

图 5.17　留出螺钉装卸空间　　　　图 5.18　留出扳手活动空间

(2)　考虑加工、装配的可能性

有些零件的内部结构在加工或装配时必须通过外部形体，这时应留出通道空间以便加工、装配。如图 5.19 所示的带轮轮缘上的孔是在加工轮毂上的螺钉孔及装卸螺钉时留给刀具和工具的通道，称为工艺孔，没有这个孔就无法加工和装配。

(3)　考虑装拆方便

对于在维修、使用中需要拆卸的零件，应考虑拆卸的方便性。如图 5.20 (a) 所示的零件内装有套筒，当需要更换时则很难拆卸；若在箱体上钻几个螺孔，拆卸套筒时即可用螺钉将其顶出，见图 5.20 (b)。

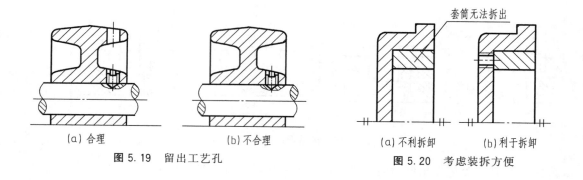

图 5.19   留出工艺孔

图 5.20   考虑装拆方便

5.6   装配图的画法

根据已知机器所包含零件的零件图，就可以拼画出部件的装配图。下面以图 5.21 所示的台虎钳为例来说明画装配图的方法和步骤。图 5.22 所示是台虎钳的零件图。

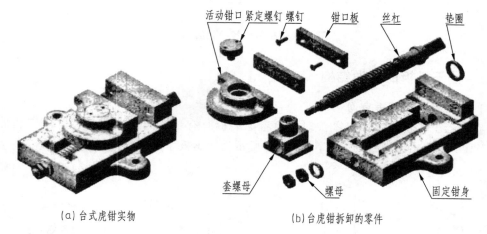

(a) 台式虎钳实物   (b) 台虎钳拆卸的零件

图 5.21   台虎钳实物图和拆卸图

5.6.1   分析、了解部件工作原理及结构

在画装配图之前，必须对所表达的机器（或部件）的功用、工作原理、零件之间的装配关系及技术要求等进行分析，以便于考虑装配图的表达方案。通过图 5.21、图 5.22 所示台虎钳实物图与零件图了解其装配关系和工作原理。台虎钳是用来夹持工件进行加工的部件，它主要由固定钳身、活动钳口、钳口板、丝杠和套螺母等组成。丝杠固定在固定钳身上，转动丝杠可带动套螺母做直线移动。套螺母与活动钳口用螺钉连成整体，因此，当丝杠转动时，活动钳口就会沿固定钳身移动；使钳口闭合或开放，以夹紧或松开工件。

主视图确定后，机器（或部件）的主要装配关系和工作原理一般能表达清楚。但只有一个主视图，往往还不能把机器（或部件）的所有装配关系和工作原理全部表达出来。因此，还要根据机器（或部件）的结构形状特征，选择其他表达方法，并确定视图数量，表达出次要的装配关系、工作原理和次要零件的结构形状。

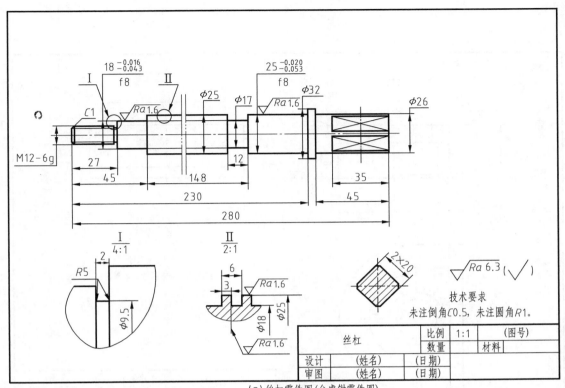

(a) 丝杠零件图 (台虎钳零件图)

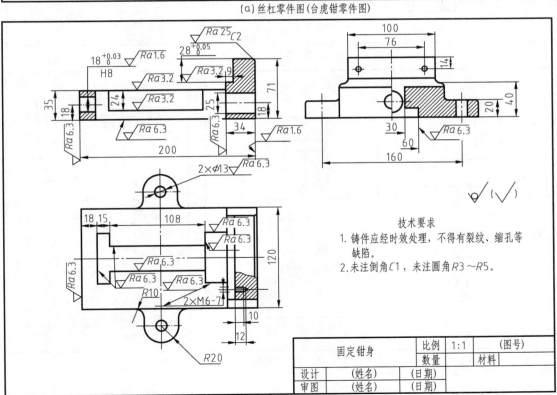

(b) 固定钳身零件图 (台虎钳零件图)

图 5.22

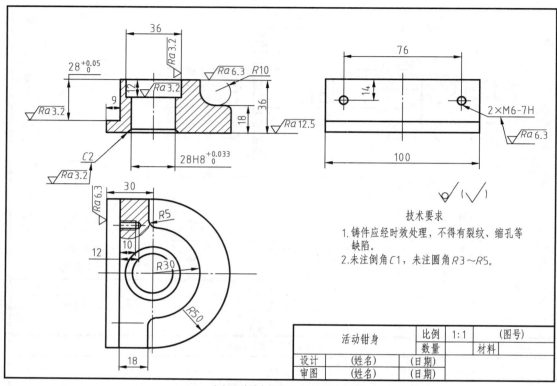

(c) 活动钳身零件图 (台虎钳零件图)

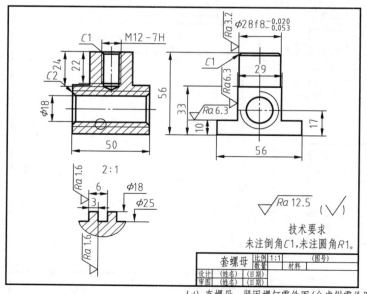

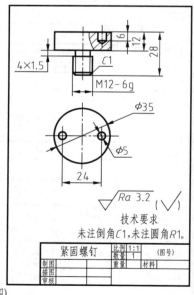

(d) 套螺母、紧固螺钉零件图 (台虎钳零件图)

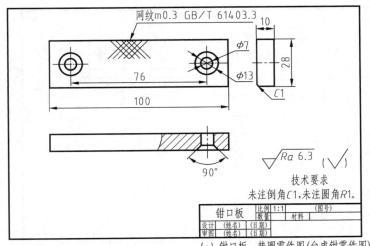
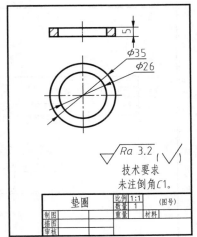

(e) 钳口板、垫圈零件图(台虎钳零件图)

图 5.22 台虎钳零件图

5.6.2 画装配图的方法和步骤

下面以台虎钳为例,说明画装配图的方法和步骤。

首先确定视图方案:根据前文对台虎钳的表达分析,主视图按工作位置选定,采用全剖的方式,并沿丝杠轴向把螺母、垫圈、套螺母、固定钳身、活动钳身等相关零件组装在一起。主视图确定后,采用俯视图、左视图来表达台虎钳主要零件的结构形状和局部结构。其中,左视图采用半剖视图,补充表达紧定螺钉、套螺母、固定钳身、活动钳身等装配关系以及固定钳身、活动钳身等结构形状;俯视图采用局部剖视图,突出表达活动钳板与活动钳身、固定钳身等次要装配关系及固定钳身的外部形状。表达方法确定后,即可着手画装配图,具体步骤如下:

① 选比例,定图幅。根据确定的表达方案和部件的大小及复杂程度,确定适当的比例和图幅,留出标题栏、明细栏的位置。注意考虑尺寸标注、零件序号、明细栏和技术要求的位置。图面的总体布局既要均匀又要整齐,还要排列疏密得当。

② 布置视图。首先合理布置各个视图的位置,注意留出标注尺寸、零件序号、明细栏和技术要求的位置,然后画出各个视图的主轴线、对称线和作图基准线。

③ 画底图。画底图的基本原则是"先主后次",从主视图入手,几个视图配合进行。画图时可采用由内向外画,即从主要装配干线开始,逐步向外延伸;也可采用由外向内画,先画外部零件,如箱体(或阀体)的大致轮廓,再将内部零件逐个画出。但具体问题具体分析,要根据具体的部件灵活运用。先画出台虎钳主要零件(固定钳身)的外形图,如图 5.23(a)所示。

按照装配关系逐个画出主要装配干线上的零件轮廓图,再依次画出次要装配干线上的零件轮廓图。画零件间装配关系时,先画起定位作用的基准件,后画其他零件,并检查零件间的装配关系是否正确,如图 5.23(b)所示。

④ 检查校核,加深图线。画剖面线,标注尺寸及公差配合,如图 5.23(c)所示。

⑤ 编写并标注零部件序号。

⑥ 完成装配图。填写明细栏、标题栏,注写技术要求,最后完成装配图,如图 5.24 所示。

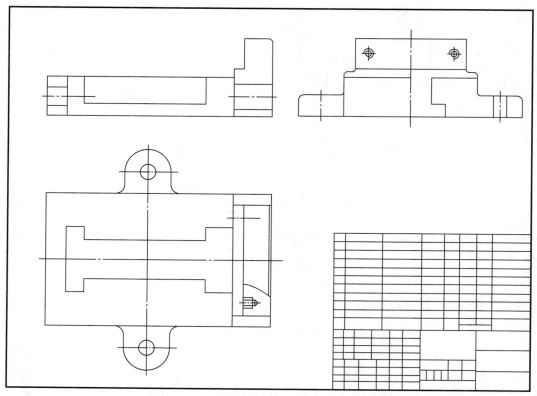

(a) 画图框、标题栏、明细栏、主要基准, 画主要零件(固定钳身)的外形图

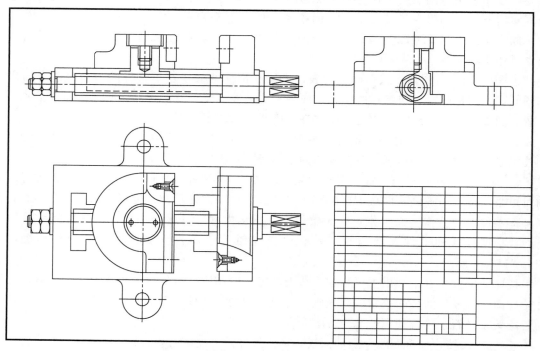

(b) 按照装配关系逐个画出主要装配干线上的零件轮廓图, 再依次画出次要装配干线上的零件轮廓图

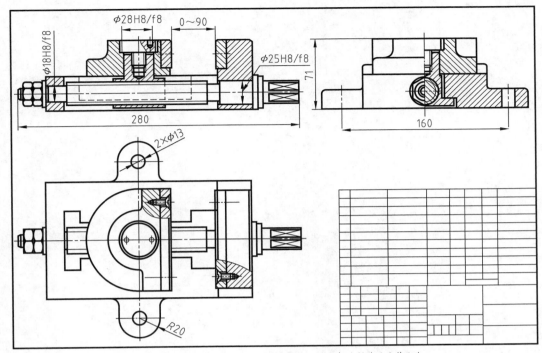

(c) 检查校核，加深图线。画剖面线，标注尺寸及公差配合

图 5.23　画台虎钳装配图的步骤

　　图 5.24 所示台虎钳装配图中，俯视图、左视图表达了台虎钳主要零件的结构形状和局部结构。其中，左视图采用了半剖视图，补充表达紧定螺钉、套螺母、固定钳身、活动钳身等装配关系及固定钳身、活动钳身等结构形状；俯视图采用局部剖视图，突出表达了活动钳板与活动钳身、固定钳身等次要装配关系及固定钳身的外部形状。

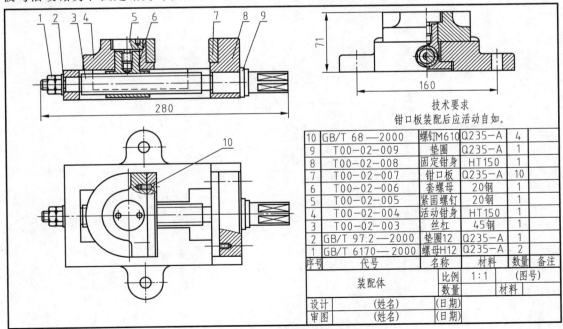

技术要求
钳口板装配后应活动自如。

10	GB/T 68—2000	螺钉M610	Q235—A	4	
9	T00—02—009	垫圈	Q235—A	1	
8	T00—02—008	固定钳身	HT150	1	
7	T00—02—007	钳口板	Q235—A	10	
6	T00—02—006	套螺母	20钢	1	
5	T00—02—005	紧固螺钉	20钢	1	
4	T00—02—004	活动钳身	HT150	1	
3	T00—02—003	丝杠	45钢	1	
2	GB/T 97.2—2000	垫圈12	Q235—A	1	
1	GB/T 6170—2000	螺母H12	Q235—A	2	
序号	代号	名称	材料	数量	备注

装配体	比例	1:1	(图号)
	数量		材料
设计	(姓名)	(日期)	
审图	(姓名)	(日期)	

图 5.24　台虎钳装配图

第二部分
AutoCAD 2024
入门教程

第6章

AutoCAD 2024的入门知识

本章主要介绍 AutoCAD 2024 的基本知识。通过本章的学习，读者可对 AutoCAD 有一个初步的了解，并为以后的深入学习打下基础。

6.1 AutoCAD 简介

AutoCAD 是美国 Autodesk 公司于 1982 年 12 月推出的一款通用的微机辅助绘图和设计软件包。四十多年来，其版本不断更新和完善，目前已推出了 AutoCAD 2024。随着版本的不断升级，其功能愈益增强、日趋完善，从简易二维绘图软件发展成集三维设计、真实感显示及通用数据库于一体的软件系统。

如今，AutoCAD 已经广泛应用于以下领域：

① 机械、电子、化工、土木、造船和飞机制造业等。

② 各种建筑绘图、室内设计，和设备、电气布局图。

③ 商标、广告和各种灯光色彩设计。

④ 服装设计和裁剪图。

⑤ 拓扑图形和航海图。

事实上，用 AutoCAD 绘图没有任何限制，凡是用手能绘制的图形，AutoCAD 都能绘制出来。因此在贺年卡、乐谱、数学函数和科技图表、流程和组织结构等方面，都可以使用 AutoCAD 进行设计，从而摆脱了繁重枯燥的手工绘图的烦恼。

与其他应用软件有所不同的是，使用 AutoCAD 不要求用户有较多的有关计算机的专业知识，用户通过反复实践和对 AutoCAD 各种特性进行透彻理解，就会大大提高 AutoCAD 的使用效率。

6.2 AutoCAD 2024 的新特性

下面简要介绍 AutoCAD 2024 主要的新功能。

(1) 活动见解

"活动见解"功能让用户可以了解自己或其他人过去针对图形所做的操作。

只要在 AutoCAD 中打开并处理图形文件，"活动见解"功能就会跟踪事件。它还可以跟踪 AutoCAD 之外的一些事件，例如在"Windows 资源管理器"中重命名或复制图形。打开图形时，将从"活动见解"数据库中读取在图形中执行的过去事件，并将这些事件按时间顺序显示在"活动见解"选项板中。同时,当用户处理图形时,事件会写入数据库,这将使选项板的内容保持最新。

注意:

即使"活动见解"选项板处于关闭状态,也会记录事件。下次打开选项板时,将显示所有事件。

更改将写入在"选项"对话框的"文件"选项卡中指定的"活动见解事件位置"。"活动见解事件位置"的默认位置为

C:\Users\\{username\}\AppData\Local\Autodesk\ActivityInsights\Common

将这一位置更改为共享位置,以便任何图形活动都会记录到该位置,而不论图形的处理者是谁。

通过此信息,AutoCAD 可以提供有关工作流和实践的有意义见解。

1)新命令

ACTIVITYINSIGHTSCLOSE:关闭"活动见解"选项板。

ACTIVITYINSIGHTSOPEN:打开"活动见解"选项板。

2)新系统变量

ACTIVITYINSIGHTSPATH:指定"活动见解"事件日志文件写入到(或复制到)的路径。

ACTIVITYINSIGHTSSTATE:指示"活动见解"选项板处于打开状态还是关闭状态。

ACTIVITYINSIGHTSVIEWEDLOGGING:打开/关闭"已查看"事件的日志记录。

(2)智能块:放置

新的"智能块"功能可以根据用户之前在图形中放置该块的位置提供放置建议。

块放置引擎会学习现有块实例在图形中的放置方式,以推断相同块的下次放置。插入块时,该引擎会提供接近于用户之前放置该块的类似几何图形的放置建议。

例如,如果已将椅子块放置在靠近墙角的位置,则当插入该相同椅子块的另一个实例时,AutoCAD 会在用户将椅子移近类似角点时自动定位该椅子。移动块时,墙会亮显,并会调整椅子块的位置、旋转和比例以匹配其他块实例。可以单击以接受建议、按 Ctrl 键切换到其他建议,或将光标移开以忽略当前建议。要在放置块时临时关闭建议,可在插入或移动块时按住 Shift+W。

新系统变量:

AUTOPLACEMENT:控制插入块时是否显示放置建议。

PLACEMENTSWITCH:指示在插入块时是否默认显示放置建议。

(3)智能块:替换

通过从类似建议块的选项板中进行选择,来替换指定的块参照。

选择要替换的块参照时,产品会为用户提供从中选择的类似建议块。

1)新命令

BREPLACE:将指定的块参照替换为从建议的块列表中选择的块。

-BREPLACE:在命令提示下,将指定的块参照替换为从建议的块列表中选择的块。

BLOCKSDATAOPTION:显示"数据收集同意"对话框。

2)新系统变量

　　BLOCKSDATACOLLECTION：控制是否将块替换期间使用的内容数据发送给数据收集服务。

（4）标记辅助

　　早期的 AutoCAD 版本包括"标记输入"和"标记辅助"，它们使用机器学习来识别标记，并提供一种以较少的手动操作查看和插入图形修订的方法。此版本包括对"标记辅助"所做的改进，从而可更轻松地将标记输入到图形中。

　　要使用"标记辅助"，要确保"TRACEBACK"处于启用状态，并且"标记辅助"处于启用状态。可以在"跟踪设置"工具栏中的"前台跟踪"和"后台跟踪"之间切换，

图 6.1

如图 6.1 所示。当"TRACEBACK"处于启用状态时，可以打开/关闭"标记辅助"。

　　1）更新现有文字

　　单击文字标记后，用户会在"标记辅助"对话框中看到"更新现有文字"这一新选项，同时还会显示"插入为多行文字"和"插入为多重引线"（在上一版本中可用）。使用"更新现有文字"，可将图形中的现有文字替换或修改为输入标记中的文字。

　　2）为文字添加删除线

　　"标记辅助"可识别已被划掉的文字，并允许删除文字或将文字替换为标记中的文字。

　　3）带有关联 PDF 文字注释的标记

　　使用 Adobe 软件添加到 PDF 中的文字注释将显示，并可以作为多重引线或多行文字插入到图形中，也可以用于更新现有文字。

　　4）淡入标记

　　使用"淡入标记"，可控制各个标记的透明度。对于隐藏任何已插入的标记或要忽略的标记，"淡入标记"非常有用。通过"跟踪"工具栏或"标记辅助"对话框，可访问"FADEMARKUP"命令。在"跟踪"工具栏上的"跟踪设置"中或使用"TRACEMARK-UPFADECTRL"系统变量，可控制已淡入标记的透明度。

　　5）选择边界内的标记

　　使用提示"选择对象"的任何命令时，可以单击"标记辅助"边界的蓝色亮显边框以选择其中的所有 AutoCAD 对象。单击亮显的边界时，所有完全位于边界内的对象都会添加到选择集中。

　　将"MARKUPSELECTIONMODE"设置为以下情况的作用：设置为 0 可禁用、设置为 1 可使用边界标记辅助框作为条件来选择，或设置为 2 可使用任何标记辅助框作为条件来选择。

　　6）标记上的说明文字

　　"标记辅助"会检测标记文字中链接到命令（如"MOVE""COPY"或"DELETE"）的某些指令。当"标记辅助"标识出某个指令时，可以单击该指令来启动关联的命令。

　　新命令：

　　　FADEMARKUP：淡入各个标记，以便降低它们在跟踪中的能见度。

　　新系统变量：

　　　MARKUPSELECTIONMODE：可使用边界标记辅助框作为条件来选择。

　　　COMMENTHIGHLIGHT：控制 PDF 文字注释上指示器标记的显示。

　　　TRACEMARKUPFADECTL：控制已淡入标记的透明度。数字越小，标记越明显。

　　　TRACEVPSUPPORT：控制标记辅助框在当前活动模型空间视口中是否可操作。

（5）跟踪更新

跟踪环境不断改进，现在工具栏上包含了新的 COPYFROMTRACE 命令和新的设置控

件（图 6.2）。

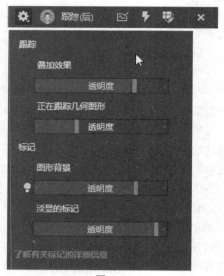

图 6.2

1）新的跟踪设置

使用新的 COPYFROMTRACE 命令，可以将对象从跟踪中复制到图形中。要从跟踪中复制对象，请执行以下操作：

① 当跟踪处于打开状态时，并在 TRACEBACK 处于启用状态的情况下，启动 COPYFROMTRACE 命令。

② 选择跟踪中的对象，然后按 Enter 键。

③ 对象仍保留在跟踪中，并复制到图形中的相同位置。

"跟踪"工具栏上的"设置"下拉菜单中提供了新设置。

2）叠加效果

控制跟踪图纸叠加的不透明度。数字越小，跟踪图纸越透明。"叠加效果"滑块可修改 TRACEPAPERCTL 系统变量。

3）跟踪中的几何图形

控制跟踪几何图形在背景中的淡入程度。当 TRACEFRONT 处于启用状态时，图形中的几何图形会受影响。当 TRACEBACK 处于启用状态时，跟踪中的几何图形会受影响。"跟踪中的几何图形"滑块用于修改 TRACEFADECTL 系统变量。

4）图形背景

当数字标记处于活动状态时，控制放置在图形上的输入标记的透明度。数值越大，覆盖层越透明。"图形背景"滑块可修改 MARKUPPAPERTRANSPARENCY 系统变量。

5）淡显的标记

当数字标记处于活动状态时，控制淡显标记的透明度。数字越小，标记越明显。"淡显标记"滑块可修改 TRACEMARKUPFADECTL 系统变量。

注：当跟踪已使用"输入标记"来覆盖图形上的标记文件时，"图形背景"和"淡显标记"设置可用。

新命令：

COPYFROMTRACE：将对象从跟踪中复制到图形中。

6.3　AutoCAD 2024 的系统需求

AutoCAD 2024 软件系统的环境配置要求见表 6.1。

表 6.1　AutoCAD 2024 软件系统的环境配置要求

操作系统	带有更新的 Microsoft®Windows®7SP1 KB4019990(仅限 64 位)
	Microsoft Windows 8.1(含更新 KB2919355)(仅限 64 位)
	Microsoft Windows 10(仅限 64 位)(版本 1803 或更高版本)
CPU 类型	基础配置:2.5 千兆赫兹(2.5GHz)处理器
	推荐配置:3 千兆赫兹(3GHz)以上

续表

内存	基础配置:8GB 推荐配置:16GB
显示器分辨率	常规显示:1360×768(1920×1080 建议),真彩色,高分辨率和 4K 显示 分辨率达 3840×2160(像素)。支持 Windows 10,64 位系统(使用的显卡)
显卡	Windows 显示适配器 1360×768 真彩色功能和 DirectX®9。建议使用与 DirectX11 兼容的显卡 支持的操作系统建议使用 DirectX9
磁盘空间	安装空间 4.0GB 6GB 可用硬盘空间(不包括安装所需的空间)
浏览器	Google Chrome™(适用于 AutoCAD 网络应用)
网络	通过部署向导进行部署 网络许可运行应用程序的许可服务器和所有工作站必须运行 TCP/IP 协议。可以接受 Microsoft® 或 NovellTCP/IP 协议堆栈,工作站上的主登录可以是 Netware 或 Windows 除了应用程序支持的操作系统之外,许可证服务器还将在 WindowsServer® 2016,Windows Server 2012 和 Windows Server 2012 R2 版本上运行
指针设备	Microsoft 鼠标兼容的指针设备
数字化仪	支持 WINTAB
介质(DVD)	下载或从 DVD9 安装
工具动画演示媒体播放器	Adobe Flash Player 版本 10 或更高版本
NET Framework	NET Framework 版本 4.7 或更新版本
显示器	分辨率 1920×1080(像素)或更高的真彩色视频显示适配器,128MB VRAM 或更高,Pixel Shader 3.0 或更高版本,支持 Direct3D® 的工作站级图形卡

6.4　AutoCAD 2024 的用户界面

AutoCAD 2024 用户界面如图 6.3 所示。

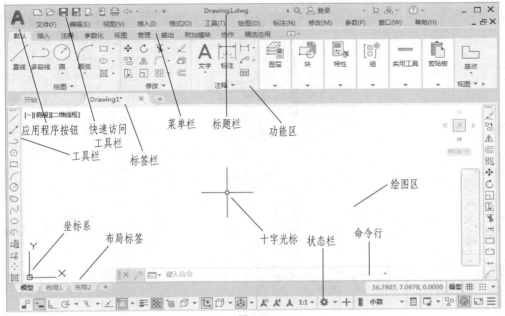

图 6.3

注意：

在下拉菜单中，菜单项最右侧有小三角者，表示该菜单项还有下级菜单；菜单项后跟"…"者，表示单击该菜单项时将打开一个对话框。另外，可按 Esc 键来关闭已打开菜单，也可以用单击其上级菜单或工具条菜单以及执行其他命令的方法来关闭菜单。

（1）应用程序按钮

应用程序按钮位于 AutoCAD 2024 工作界面的左上角，单击按钮，展开菜单如图 6.4（a）所示，其中包括新建、打开、保存、另存为、输入、输出、发布、打印、图形实用工具、关闭等文档操作选项，其中输入、输出选项可以将其他格式文件输入至 AutoCAD 2024 或将 AutoCAD 2024 图形文件转换为其他格式输出。菜单右下角有选项按钮，单击按钮，弹出选项对话框，可以对 AutoCAD 2024 的系统选项进行设置，如图 6.4（b）所示。具体设置过程在第 10 章做详细介绍。

（2）标题栏

标题栏位于 AutoCAD 2024 工作界面的顶部，用于显示当前正在运行的应用程序的名称及其版本，即 AutoCAD 2024 以及正在使用的模型文件的名称，如图 6.4（c）所示。标题栏右侧包含搜索框、登录用户名及其窗口控制区等。在搜索框中输入需要查询的问题或需要帮助的内容，单击"搜索"按钮，可以获得提示帮助。单击"登录"按钮，可以登录 Autodesk Online 服务。单击"帮助"按钮，弹出 CAD 的帮助文件。窗口控制区包括窗口最小化、最大化和关闭按钮，单击相应按钮，可完成对窗口的相应操作。

（a）

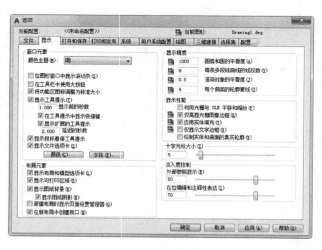

（b）

（c）

图 6.4

（3）快速访问工具栏

快速访问工具栏包含了常用文档操作的快捷按钮，可以快速使用工具，减少操作步骤，方便用户使用。默认包括 9 个快捷按钮，包括"新建" ![新建]、"打开" ![打开]、"保存" ![保存]、"另存为" ![另存为]、"从 Web 和 Mobile 中打开" ![从Web和Mobile中打开]、"保存到 Web 和 Mobile" ![保存到Web和Mobile]、"打印" ![打印]、"放弃" ![放弃]、"重做" ![重做] 按钮，如图 6.5 所示。通过快速访问工具栏还可以添加、删除、重新定位命令，用户可以单击快速访问工具栏右侧的下拉式按钮，展开"自定义快速访问工具栏"，根据需要进行勾选，添加或删减命令。

图 6.5

（4）菜单栏

菜单栏位于标题栏下方，包含"文件" ![文件(F)]、"编辑" ![编辑(E)]、"视图" ![视图(V)]、"插入" ![插入(I)]、"格式" ![格式(O)]、"工具" ![工具(T)]、"绘图" ![绘图(D)]、"标注" ![标注(N)]、"修改" ![修改(M)]、"参数" ![参数(P)]、"窗口" ![窗口(W)]、"帮助" ![帮助(H)] 12 个主菜单，如图 6.6 所示。各主菜单均为下拉菜单，且包含若干子菜单。菜单栏中几乎包括了 AutoCAD 2024 的所有绘图命令。下面将对主菜单中各项目进行简要介绍。

文件：用来管理图形文件，如新建、打开、保存等。

编辑：用来对图形文件进行基本的文件编辑，如剪切、复制、粘贴、删除等。

视图：用来对绘图区的内容显示进行编辑操作，如缩放、平移、动态观察、相机、全屏显示等，具有真正的"所见即所得"的显示效果。

插入：用来根据需要插入图块或其他文件内容，如 DWG 参考底图、PDF 参考底图、光栅图像参照、字段等。

格式：用来对 AutoCAD 2024 图形文件的绘图环境进行设置，如设置图层、文字样式、标注样式、表格样式等。

工具：用来对 AutoCAD 2024 绘图的辅助工具进行管理，如管理工作空间、选项板、命令行等。

绘图：包含用来进行绘图的所有命令，如建模、直线、多边形、圆等。

标注：用来对图形进行标注，如线性、对齐、弧长、角度等。

修改：用来对所绘图形进行必要的修改，如复制、移动、镜像、打断等。

参数：用来对所绘图形进行约束，如几何约束、自动约束、动态约束等。

窗口：用来对多图形文件显示时的位置进行操作，如叠层、水平平铺、垂直平铺等。

帮助：用来为用户提供所需的帮助。也可使用快捷键"F1"，调用 CAD 的帮助文件。

文件(F)	编辑(E)	视图(V)	插入(I)	格式(O)	工具(T)	绘图(D)	标注(N)	修改(M)	参数(P)	窗口(W)	帮助(H)

图 6.6

在菜单中，命令后跟有"▶"符号的，表示命令下还有子菜单；命令后跟有"…"符号的，表示点击该命令会弹出对话框进行进一步的设置；命令呈现灰色，表示在当前状态下该命令不可用。

菜单栏默认处于隐藏状态。初次打开 AutoCAD 2024 软件，需选择快速访问工具栏中的［自定义快速访问工具栏］→［显示菜单栏］命令，菜单栏才会显示，如图 6.7 所示。

图 6.7　　　　　　　　　　　　　　　图 6.8

（5）工具栏

工具栏是综合 AutoCAD 2024 中各种工具，方便用户使用的一个区域，是显示位图式按钮行的控制条，其中位图式按钮用来执行命令。使用工具栏简化了操作过程，省去了从菜单栏中逐级调用命令的烦琐过程。AutoCAD 2024 提供了 50 余种已命名的工具栏，用户可以根据选择进行调用。

AutoCAD 2024 默认状态下工具栏处于隐藏状态。可以使用以下方法调用工具栏。

① 在菜单栏中选择［工具］→［工具栏］→［AutoCAD］命令，在展开的级联菜单中，根据需要选择相应的工具栏，如图 6.8 所示。

② 如需增减工具条，除了通过菜单栏命令的方法外，还可以在界面上任意工具栏上右击，弹出如图 6.8 所示的包含工具栏复选项的快捷菜单，进行操作。

（6）功能区

功能区位于 AutoCAD 2024 工作界面的标签栏的上方，由功能区选项卡、功能区面板及功能区显示控制图标三部分组成，如图 6.9 所示。常用功能区共有 11 个选项卡，即："默认" 、"插入" 插入 、"注释" 注释 、"参数化" 参数化 、"视图" 视图 、"管理" 管理 、"输出" 输出 、"附加模块" 附加模块 、"协作" 协作 、"Express Tools" Express Tools 以及"精选应用" 精选应用 。每个选项卡下面都有与之对应的面板，面板中包含了对应的位图式按钮。功能区使应用程序的功能更加易于发现和使用，使用起来相比于菜单栏操作更方便。用户可以根据需要选择选项卡，提高作图效率。

下面对功能区的常用选项卡进行介绍。

默认：包含了二维绘图过程中所需的所有工具，如绘图、修改、注释、图层、块等面板。

图 6.9

插入：用来插入块或其他格式文件，包含块、块定义、参照、点云等面板。

注释：用来对图形文件进行注释及注释样式的编辑，包含文字、标注、中心线、引线等面板。

参数化：用于图形文件的参数化绘图，包含几何、约束、管理等面板。

视图：用于图形文件的显示设置与管理，包含视口工具、模型视口、选项板、界面等面板。

管理：用于动作录制、二次开发、CAD 设置及配置等，包含动作录制器、自定义设置、应用程序、CAD 标准等面板。

输出：用于图形文件的打印及转换为其他形式输出，包含打印、输出为 DWF/PDF 等面板。

初次打开 AutoCAD 2024 软件，应在菜单栏中执行［工具］→［选项板］→［功能区］命令或 RIBBONOPEN 命令，显示功能区，操作过程如图 6.10 所示。再次执行［工具］→［选项板］→［功能区］命令或 RIBBONCLOSE 命令，可以将功能区隐藏。用户还可以根据需要对功能区的选项卡及面板进行显示与隐藏操作。只需在任意功能区面板处单击鼠标右键，选择选项卡或面板中对应的选项，对其勾选或取消勾选即可，如图 6.11 所示。

（7）标签栏

标签栏位于 AutoCAD 2024 工作界面绘图区的上方。标签栏由多个文件选项卡组成，其将窗口打开的多个 CAD 图纸以标签形式显示，便于文件的查看与管理。标签栏的右侧有加号按钮，单击按钮，可以快速新建图形文件。

每个文件标签显示对应图形文件的文件名，文件后若有"＊"号，表示文件已作出的修改尚未保存。将鼠标移动至标签处，可显示对应图形文件的缩略图。单击标签右侧的"×"按钮，可以快速关闭对应图形文件。

在标题栏空白处单击鼠标右键，会弹出快捷菜单，如图 6.12 所示。它包含新建、打开、全部保存、全部关闭四个命令，可以根据命令对多图形文件进行管理。标题栏的设计方便了图形文件的管理。

（8）绘图区

绘图区是用户进行各项操作的主要工作区域及图形显示区域。用户绘图的主要工作都是在该区域完成的，其操作过程以及绘制好的图形都会直接显示。此外，绘图区是无限大的，用户可根据需要通过缩放、平移等命令来观察图形。

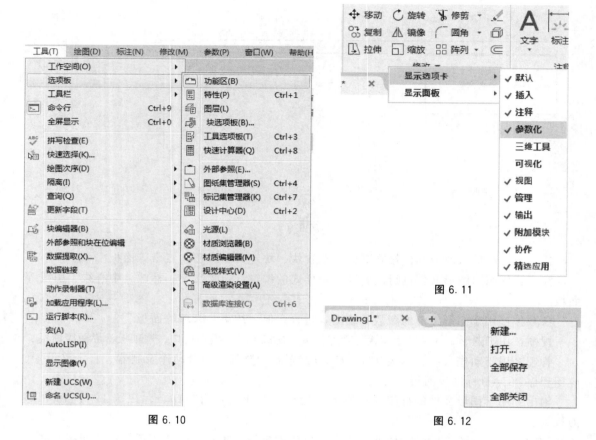

图 6.10　　　　　　　　　　　　　　　　　图 6.12

　　绘图区左上角有三个控件，分别是视口控件、视图控件和视觉样式控件。左下角显示默认情况下的坐标系图标，即世界坐标系图标，用户可点击鼠标右键选择不同的坐标系。右上角显示 ViewCube 工具，便于用户切换视图方向。右侧显示全导航控制盘、平移、范围缩放、动态观察、ShowMotion 五个按钮，方便用户更好地观察图形。

　　（9）命令行

　　命令行位于 AutoCAD 2024 绘图区的下方，如图 6.13 所示，主要有两个作用：

图 6.13

　　① 进行命令提示。用户在执行命令时，命令行会显示该命令的操作步骤，按照命令提示操作即可。

　　② 输入命令。在命令行中输入需要执行的命令快捷键后回车则可直接运行该命令。

　　（10）状态栏

　　状态栏位于 AutoCAD 2024 工作界面命令行的下方，也就是在工作界面的最底部，它用来显示 AutoCAD 当前的状态。状态栏主要由坐标值、绘图工具、注释工具、图纸管理等部分组成，提供对某些最常用的绘图工具的快速访问，如图 6.14 所示。

　　图形坐标：显示十字光标坐标值，有相对、绝对、地理、特定四种坐标系，可点击右键查看，默认情况下为绝对坐标系。

　　模型或图纸空间：在模型空间与图纸空间之间进行转换。

　　显示图形栅格：栅格相当于手工制图中的坐标纸。我们在用 AutoCAD 作图时，可以通过栅格点数目来确定距离，从而达到精确绘图的目的。单击鼠标选择栅格的开或关，右击鼠标可对栅格进行设置。

　　捕捉模式：对象捕捉在 CAD 绘图中起着非常重要的作用，同栅格一样，也是通过单击鼠标来选择开或关。右击鼠标选择"捕捉设置 ..."，可打开"草图设置"对话框，选择"对象捕捉"选项，则可设置需要捕捉的对象。

图 6.14

　　推断约束：自动在创建或编辑图形时应用几何约束。

　　动态输入：在光标附近显示工具提示，以便使用工具提示为命令指定选项，并为距离和角度指定值。

　　正交限制光标：该按钮高亮显示时，则只能在水平或竖直方向上移动光标，从而可以精确地修改和创建对象。

　　按指定角度限制光标：可设置极轴追踪的角度，光标将按设置好的角度进行移动，便于捕捉对象。

　　等轴测草图：通过沿着等轴测轴（每个轴之间的角度是 120°）对齐对象来模拟等轴测图形环境。打开后可在二维平面画出三维立体图，有"左等轴测平面""顶部等轴测平面""右等轴测平面"三种模式，用户可根据需要按"F5"键快速切换。

　　显示捕捉参考线：打开后可根据设置好的捕捉对象的对齐路径，如水平、垂直或极轴进行追踪。

　　将光标捕捉到二维参照点：移动光标时，将光标捕捉到最近的二维参照点。

　　显示或隐藏线宽：可选择是否在绘图区显示已设置的真实线宽。

　　透明度：为所有透明度特性设置为非零值的对象启用透明度。

　　选择循环：该功能启用后可帮助用户选择重叠的对象；禁用此按钮后，所有的对象都将是不透明的。

　　将光标捕捉到三维参照点：移动光标时，将光标捕捉到最近的三维参照点。

　　将 UCS 捕捉到活动实体平面：将 UCS 的 XY 平面与一个三维实体的平整面临时对齐。

　　过滤对象选择：指定将光标移动到对象上方时，哪些对象将会亮显。

　　显示小控件：选择是否显示三维小控件，它们可以帮助用户沿三维轴或平面移动、旋转或缩放一组对象。

显示注释对象：使用注释比例显示注释对象。禁用后，注释对象将以当前比例显示。

在注释对象比例发生变化时，将比例添加到注释对象：当注释比例发生更改时，自动将注释比例添加到所有的注释对象。

当前视图的注释比例：用于显示和调整当前对象的注释比例。

切换工作空间：用于快速设置和切换绘图空间。

注释监视器：用于打开注释监视器。当注释监视器处于打开状态时，系统将在所有非关联注释上显示标记。

当前图形单位：显示当前绘图所用图形单位，有建筑、小数、工程、分数、科学五种。

快捷特性：选中对象时显示"快捷特性"窗口。

锁定用户界面：用于锁定工具栏或窗口，使其不会被移动到其他地方。

隔离对象：在比较复杂的图形中，可以选择对某一或某些对象进行隔离或隐藏，以便更好地观察或修改其他对象。

硬件加速：开启后可启动硬件支持来提升 CAD 运行速度。

全屏显示：点击后可使 CAD 界面充满电脑屏幕。

Autodesk DWG：表示 CAD 的文件类型。

自定义：用户可自行设置状态栏显示哪些命令按钮。

6.5 AutoCAD 2024 的启动与退出

6.5.1 AutoCAD 2024 的启动

成功安装 AutoCAD 2024 软件后，可以通过以下几种方式来启动软件。

① 桌面快捷方式。用户成功安装好 AutoCAD 2024 软件后，可以通过双击桌面上的 AutoCAD 2024 图标来启动软件。

②"开始"菜单。依次单击操作系统［开始］→［程序］→［Autodesk］→［AutoCAD 2024］命令。

③ AutoCAD 2024 的安装文件夹。在 AutoCAD 2024 的安装文件夹下，双击 acad.exe 图标启动软件。

④ 图形文件。可以通过打开任意扩展名为 .dwg 的图形文件来启动软件。

6.5.2 AutoCAD 2024 的退出

可以通过以下几种方式来退出 AutoCAD 2024。

① 窗口按钮。在 AutoCAD 2024 程序窗口单击右上角的"关闭"按钮。

② 菜单命令。在菜单栏中选择［文件］→［关闭］命令。

③ 命令行命令。在命令行输入"Exit"或"Quit"，按 Enter 键退出程序。

6.6 AutoCAD 2024 图形文件管理

6.6.1 新建文件

可以通过以下几种方式来新建文件。

命令行：NEW

下拉菜单：[文件]→[新建 ...]

快速访问工具栏： ▯

按钮快捷键：Ctrl＋N

执行"新建文件"操作后，系统将弹出对话框，如图 6.15 所示。

6.6.2　打开文件

可以通过以下几种方式来打开文件。

命令行：OPEN

下拉菜单：[文件]→[打开 ...]

快速访问工具栏： ▱

按钮快捷键：Ctrl＋O

执行"打开文件"操作后，系统将弹出对话框，如图 6.16 所示。

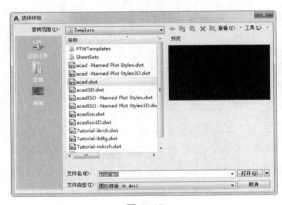

图 6.15

图 6.16

用户可浏览文件以选择需要打开的文件。

6.6.3　保存文件

可以通过以下几种方式来保存文件。

命令行：SAVE

下拉菜单：[文件]→[保存 ...]

快速访问工具栏： ▤

按钮快捷键：Ctrl＋S

执行"保存文件"操作后，若之前已对文件进行命名操作，则系统自动保存文件；若没有命名，系统将弹出对话框，如图 6.17 所示。

6.6.4　另存为文件

可以通过以下几种方式来另存文件。

图 6.17

| 命令行:SAVES |
| 下拉菜单:[文件]→[另存为...] |
| 快速访问工具栏: |

执行"另存为文件"操作后，系统将打开对话框，用户可将文件重命名并保存。

注意:

退出 AutoCAD 时，SAVE 命令：保存当前图形。QUIT 命令：退出 AutoCAD 并且提示保存当前图形的修改。SAVES 命令：把当前的图形重命名为指定文件名。命名实体的名称最多可以包含 255 个字符。除了字母和数字以外，名称中还可以包含空格（AutoCAD 将删除直接在名称前面或后面出现的空格）和特殊字符，但这些特殊字符不能在 Microsoft Windows 或 AutoCAD 中有其他用途。不能使用的特殊字符包括大于和小于号（＜＞）、斜杠和反斜杠（/ \）、引号（"）、冒号（:）、分号（;）、问号（?）、逗点（,）、星号（＊）、竖杠（|）、等号（＝）和反引号。不能使用 Unicode 字体创建的特殊字符。

6.7 图形窗口和文本窗口

上面介绍的绘图等都是在 AutoCAD 的图形窗口中进行的，但有时需要切换到文本窗口。在 AutoCAD 2024 中，有一个专用的功能键"F2"用于切换屏幕的图形方式和文本方式。另外，在执行某些命令（如 AutoCAD 的一些询问命令）时，AutoCAD 也会自动从图形方式切换到文本方式。

当 AutoCAD 处在图形方式下时，如果按下 F2 键，屏幕将为文本方式。当再次按下 F2 键时，又从文本方式切换为图形方式。

在"命令:"提示符下，利用 Textscr 命令和 Graphscr 命令也可实现图形方式和文本方式的切换。

6.8 实体的选取方式

在 AutoCAD 2024 中进行绘图和编辑操作时，最常看到的提示是"选择对象："，这时十字光标变成了一个选取小方框，可从当前屏幕上选取图形实体来进行编辑等操作。AutoCAD 2024 还提供了多种选取方式，详细介绍如下。

(1) 一般选取方式

这是最常用的选取方式。在 AutoCAD 2024 中进行绘图或编辑操作时，当命令行提示"选择对象："时，十字光标变成了一个选取小方框，可从当前屏幕上选取图形实体。被选取的图形实体以高亮度的方式显示，可以对高亮度方式显示的图形实体进行编辑操作等。

(2) 一般窗口选取方式

这是最常用的窗口选取方式。在 AutoCAD 2024 中进行绘图或编辑操作时，当命令行提示"选择对象："时，十字光标变成了一个选取小方框，可从当前屏幕上选取图形实体。如果这时将选取小方框移到图中的空白地方并按鼠标左键，命令行提示"指定对角点或 [栏选 (F) 圈围 (WP) 圈交 (CP)]"。此时将选取小方框移到另一位置后再按鼠标左键，AutoCAD 系统会自动以这两个选取点为矩形窗口的对角点，确定一个矩形窗口。如果矩形窗口是从左向右定义的话，则位于窗口内部的实体均被选中，而位于窗口外部以及与窗口边界相交的实体不被选中。如果矩形窗口是从右向左定义的话，那么不仅位于窗口内部的实体全部被选中，而且与窗口边界相交的实体也都被选中。

(3) 指定窗口选取方式（W 方式）

本选取方式表示选取某指定窗口内的所有图形实体。当命令行提示"选择对象："时，可键入"W"（即 Window）并按 Enter 键，此时 AutoCAD 要求指定矩形窗口的两个对角点。当命令行提示"指定第一角点："时，指定矩形窗口的第一对角点的位置；当命令行提示"指定对角点："时，指定矩形窗口的第二对角点的位置；此时由这两个对角点所确定的矩形窗口之内的所有图形均被选中。

本选取方式与一般窗口选取方式的区别是：在本方式中，在命令行提示"指定第一角点："并选择第一个矩形对角点时，选取小方框无论是否压住实体，AutoCAD 均将选取点看成矩形窗口的第一个对角点，而不会将所压实体选取。

(4) 包容窗口选取方式（C 方式）

当命令行提示"选择对象："时，可键入"C"（即 Crossing Window）并按 Enter 键，此时 AutoCAD 要求指定矩形窗口的两个对角点。这时，AutoCAD 所选取到的图形实体不仅包含矩形窗口内的实体，也包括与窗口边界相交的所有实体。

(5) 按组选取方式（G 方式）

当命令行提示"选择对象："时，可键入"G"（即 Group）并按 Enter 键，此时 AutoCAD 要求键入已定义成组的组名。当命令行提示"输入编组名："时，可键入组名后按 Enter 键，这时所对应组中的图形实体均被选取。此外，如果在命令行提示"选择对象："时选取组中的一个实体，则该组的所有实体均被选中。

(6) 预先选取方式（P 方式）

当命令行提示"选择对象："时，可键入"P"（即 Previous）并按 Enter 键，此时 AutoCAD 会将该命令以前最后一次构造好的选择集作为当前选择集，并执行相应的操作。

（7）最近选取方式（L方式）

当命令行提示"选择对象:"时，可键入"L"（即Last）并按Enter键，此时Auto-CAD会自动选取最近绘出的那一个实体。

（8）全部选取方式（ALL方式）

当命令行提示"选择对象:"时，可键入"ALL"并按Enter键，此时AutoCAD会自动选取当前屏幕上的所有实体。

（9）多边形窗口选取方式（WP方式）

当命令行提示"选择对象:"时，可键入"WP"（即Windows Polygon）并按Enter键；命令行提示"第一个圈围点或拾取/拖动光标:"，这时可键入多边形窗口的第一个顶点的位置；命令行提示"指定直线的端点或［放弃（U）］"，这时可键入多边形窗口的第二个顶点位置；命令行又提示"指定直线的端点或［放弃（U）］"，此后可在此提示下键入多边形窗口的其他一系列顶点位置，当然也可以利用UNDO选项取消上一次确定的顶点。在确定好多边形的所有顶点后，在命令行提示"指定直线的端点或［放弃（U）］"时直接按Enter键，那么，由上面的一系列顶点所确定的多边形窗口内的实体均被选中。

（10）多边形包容窗口选取方式（CP方式）

当命令行提示"选择对象:"时，可键入"CP"（即Crossing Polygon）并按Enter键，后续操作与键入"WP"的操作方式相同，但执行结果是：由用户指定的一系列点所确定的多边形窗口以及与该窗口边界相交的实体均被选中。此方式与包容窗口选取方式相似，但窗口可以是任意多边形。

（11）围墙选取方式（F方式）

本方式与多边形包容窗口选取方式相类似，但它不用围成一个封闭的多边形。执行该方式时，与围墙相交的图形均会被选取。当命令行提示"选择对象:"时，可键入"F"（即Fence）后按Enter键；命令行提示"指定第一个栏选点或拾取/拖动光标:"，这时可键入围墙的第一个顶点的位置；命令行提示"指定直线的端点或［放弃（U）］"，这时可键入围墙的第二个顶点位置；命令行又提示"指定直线的端点或［放弃（U）］"，此后可在此提示下键入围墙的其他一系列顶点位置，当然也可以利用UNDO选项取消上一次确定的顶点。在确定好围墙的所有顶点后，在命令行提示"指定直线的端点或［放弃（U）］"时直接按Enter键，那么，由上面的一系列顶点所确定的与围墙相交的实体均被选中。

（12）构造选择集方式

在AutoCAD 2024中，构造选择集有以下两种方式：

① 加入方式：将选中的实体均加入到选择集中。

② 去除方式：将选中的实体移出选择集。在屏幕上表现为：已高亮度显示的实体被选中后，又恢复为正常显示方式，表示该实体已退出了选择集。当命令行提示"选择对象:"时，可键入"R"（即Remove）后按回车，命令行提示"删除对象:"表示已转入去除实体方式。在此提示下，可以用前面介绍的选取实体的各种方式来选取欲去除的实体。

（13）返回到加入方式

如果命令行提示"删除对象:"，表示已转入去除实体方式。在此提示下，若键入"A"（即Add）并按Enter键，则命令行提示"选择对象:"，表示又返回到加入实体方式。

（14）循环选取方式

如果被选取的某一个图形实体与其他一些实体的距离很近，那么就很难准确地选取到该实体。这时可采用循环选取方式来准确地选取实体。当命令行提示"选择对象:"时,按下 Ctrl＋W 键,命令行提示"选择对象:＜选择循环开＞",表示循环选取方式已打开。然后将光标移动到要选取的实体上,并单击左键,这时将弹出"选择集"列表框,在里面列出了鼠标点击周围的实体,在列表中选择所需的对象,单击鼠标左键即可。

注意:
在本书中,"单击""双击"是指"单击"或"双击"鼠标的左键。"左键""右键"是指鼠标的"左键""右键"。

6.9　有关的功能键

在 AutoCAD 的早期版本中,对于 F 键的使用,实际情况和目前的其他流行软件有一些不同之处。如在低版本中,用 F1 功能键在文本屏幕和图形视窗之间进行切换;在其他软件中,通常"F1"功能键用于帮助系统。从 AutoCAD R14 版本开始,Autodesk 公司对各功能键的作用进行了部分调整,使之更接近于现今的通用流行软件的操作模式。

AutoCAD 2024 中有关功能键的含义见表 6.2。

表 6.2　AutoCAD 2024 部分功能键介绍

功能键	含义	功能键	含义
F1	显示帮助	F10	切换"极轴追踪"
F2	当"命令行"窗口是浮动的时,展开"命令行"历史记录,或当"命令行"窗口是固定的时,显示"文本"窗口	F11	切换对象捕捉追踪
F3	切换"对象捕捉"	Shift＋F1	子对象选择未过滤(仅限于 AutoCAD)
F4	切换"三维对象捕捉"(仅限于 AutoCAD)	Shift＋F2	子对象选择受限于顶点(仅限于 AutoCAD)
F5	切换"等轴测草图"	Shift＋F3	子对象选择受限于边(仅限于 AutoCAD)
F6	切换"动态 UCS"(仅限于 AutoCAD)	Shift＋F4	子对象选择受限于面(仅限于 AutoCAD)
F7	切换"栅格"	Shift＋F5	子对象选择受限于对象的实体历史记录(仅限于 AutoCAD)
F9	切换"捕捉"		

6.10　简单实例

本例将绘制一个如图 6.18 所示的垫片。垫片是为防止泄漏而设置在静密封面之间的密封元件,用于两个物体之间的机械密封。此垫片在绘制过程中用到了"圆""直线""剖面线"等绘图工具以及"修剪""偏移""倒圆角"等修改工具。

(1) 设置环境
1)新建文件
打开 AutoCAD 2024 软件,单击菜单栏 [文件]→[新建] 命令或在快速访问工具栏单击

新建按钮，弹出"选择样板"对话框，选择样板后单击
"打开"命令，新建一个图形文件。

2）草图设置（设置图形界限）

根据创建零件的尺寸选择合适的作图区域，设置图
形界限。

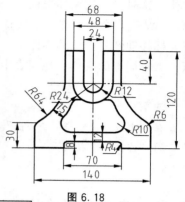

图 6.18

> 菜单栏：[格式]→[图形界限]
> 命令行：LIMITS

LIMITS 指定左下角点或［开（ON）关（OFF)］
<0.0000,0.0000> Enter

LIMITS 指定右下角点<0.0000，0.0000>：297，210 Enter

注意：

不需图形界限时，可以单击"图形界限"命令后，执行如下操作：

LIMITS 指定左下角点或［开（ON）关（OFF)］<0.0000，0.0000>：OFF

3）图层设置

绘图之前，根据需要设置相应的图层，还可以进行名称、线型、线宽、颜色等图层特性
的设置。设置图层可以任选以下三种方法。

> 菜单栏：[格式]→[图形界限]
> 工具栏："图层特性"
> 命令行：LAYER

弹出"图层特性管理器"对话框，点击新建按钮，新建粗实线、中心线、剖面线、尺寸
线四个图层，设置粗实线线宽为 0.5mm，加载中心线线型为"CENTER2"。为了便于查看
与区分，可以将不同图层设置为不同颜色，如图 6.19 所示。

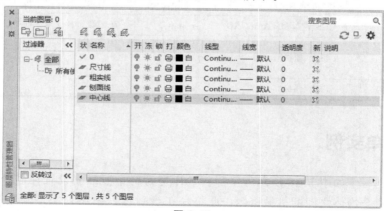

图 6.19

(2) 绘图过程

1）绘制中心线

将"中心线"设置为当前图层，使用"直线"命令绘制竖直中心线。

工具栏:"直线"按钮

命令行:LINE ✏️

指定第一个点：（在合适位置单击鼠标左键）

指定下一个点或［放弃（U）］：130 Enter

指定下一个点：Enter

使用同样方法绘制长度为 110 的水平中心线。绘制结果如图 6.20 所示。

2）绘制圆

将"粗实线"层设置为当前图层，开启"对象捕捉" ⚏ ▾，在中心线的交点处绘制半径为 12 的圆，如图 6.21 所示。

工具栏:"圆"按钮 ⊙

命令行:CIRCLE

指定圆的圆心或［三点(3P)/两点(2P)/切点、切点、半径(T)］：（鼠标单击交点）

指定圆的半径或［直径(D)］：12

重复使用"圆"命令，绘制半径为 24 的圆，如图 6.22 所示。

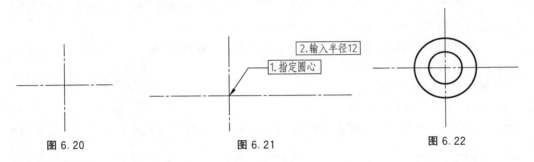

图 6.20　　　　　　　　　图 6.21　　　　　　　　　图 6.22

3）绘制切线并修剪

使用"直线"命令（L），绘制长度为 40 的圆的切线及相关直线，如图 6.23 所示，并将多余的圆弧进行修剪。

选择对象或＜全部选择＞:（选取图中直线）Enter

［栏选(F)/窗交(C)/投影(P)/边(E)/删除(R)/放弃(U)］:（选取图中多余圆弧）

［栏选(F)/窗交(C)/投影(P)/边(E)/删除(R)/放弃(U)］:Enter

修剪过程如图 6.24 所示，绘制结果如图 6.25 所示。

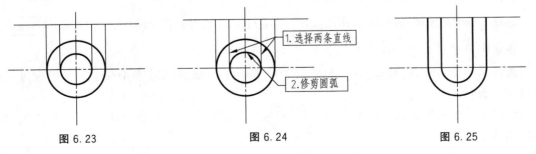

图 6.23　　　　　　　　　图 6.24　　　　　　　　　图 6.25

4）偏移直线并修剪

使用"偏移"命令，绘制与水平线距离为 120 的另一条水平线。

工具栏："偏移"按钮 ⊏
命令行：OFFSET

指定偏移距离或［通过(T)/删除(E)/图层(L)］：120 Enter

选择要偏移的对象，或［退出（E)/放弃（U)］：（选择水平线并向下偏移）

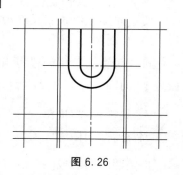

图 6.26

重复使用"偏移"命令，分别绘制与水平线距离为 30、8 的直线，与竖直中心线距离为 70、35、34 的竖直中心线，并将其转换为粗实线层，如图 6.26 所示。

使用"修剪"命令（TR），修剪多余直线，如图 6.27 所示。

5）绘制圆弧

绘制圆弧轮廓线。

功能区："圆弧"按钮
命令行：ARC

指定圆弧的起点或［圆心(C)］：（鼠标选择圆弧起点）

指定圆弧的端点或［角度(A)/弦长(L)］：（鼠标选择圆弧端点）

指定圆弧的半径（按住 Ctrl 键以切换方向）：64

绘制结果如图 6.28 所示。

6）偏移直线及圆弧

使用"偏移"命令（O），将两侧圆弧向内偏移 15，将直线向上偏移 12，如图 6.29 所示。

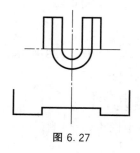

图 6.27

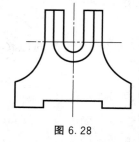

图 6.28

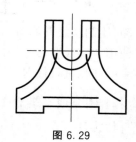

图 6.29

7）绘制圆角

使用"圆角"命令，绘制各个圆角。

选择第一个对象或［放弃(U)/多线段(P)/半径(R)/修剪(T)/多个(M)］：（输入 R）Enter

指定圆角半径：10 Enter

选择第一个对象或［放弃(U)/多线段(P)/半径(R)/修剪(T)/多个(M)］：（鼠标点击倒圆角的直线）

选择第二个对象，或按住 Shift 键选择对象以应用角点或［半径（R)］：（鼠标点击倒圆角的圆弧）

如图 6.30 所示，重复使用"圆角"命令及"修剪"命令，绘制结果如图 6.31 所示。

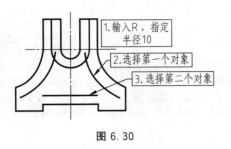

图 6.30

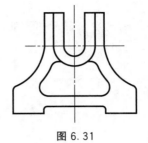

图 6.31

6.11　小结与练习

【小结】

本章首先对 AutoCAD 2024 的基本知识及应用领域做了简单介绍，同时介绍了 Auto-CAD 2024 软件的新特性及对系统的需求；接着介绍了 AutoCAD 2024 的工作环境及用户界面，用户界面主要由标题栏、菜单栏、功能区、工具栏等十个部分组成，本章对每个组成部分都做了一一介绍。此外，本章对 AutoCAD 2024 的启动与退出及其文件处理等方面做了介绍，并对实体选取进行了详细的分析，介绍了不同情况下的实体选取方式；还简要介绍了 AutoCAD 2024 中的有关功能键。

【练习】

① 绘制如图 6.32 所示的图形，并将图形命名保存。

② 绘制如图 6.33 所示的图形，并将图形命名保存。

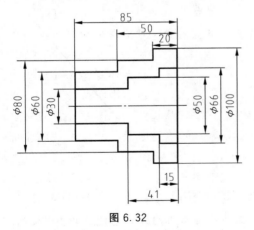

图 6.32

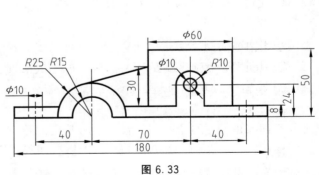

图 6.33

第7章

AutoCAD 2024的二维绘图功能

本章主要介绍 AutoCAD 2024 中的基本二维绘图命令。在学完本章后，读者就会对 AutoCAD 2024 的二维绘图命令有所了解，并能够利用 AutoCAD 绘图工具创建各类实体，包括简单的线、圆、样条曲线、椭圆以及随边界变化而变化的填充区域等。通常使用鼠标来指定点的位置或者在命令行上输入坐标值来绘制各类实体。

7.1 绘制直线

下拉菜单:[绘图]→[直线]
命令行:LINE(或 L)
工具栏:
功能区:[默认]→[绘图]→[直线]

绘制直线命令是 AutoCAD 中最简单的命令，当给出两点之后就可以绘制出一段直线。

【实例】 绘制直线可按如下的操作步骤进行：

① 单击下拉菜单[绘图]→[直线]。

② 指定第一个点：10，15 Enter

③ 指定下一点或[放弃(U)]：50，60 Enter

④ 指定下一点或[放弃(U)]：Enter

命令结束。这时屏幕如图 7.1 所示。

图 7.1

注意：

如果不用键盘输入坐标点，而用鼠标左键单击，拖动后再单击的方法也能画出直线（单击鼠标右键结束），但这样画出的线是任意直线。用捕捉点的方法可画出精确的线，将在本书 10.6 节中详述。

7.2 绘制射线

下拉菜单:[绘图]→[射线]

命令行：RAY

工具栏：

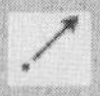

功能区：[默认]→[绘图]→[射线]

单向无限长的直线称为射线，它通常作为辅助线使用。射线具有一个确定的起点并单向无限延伸。当给出两点之后就可以画出一条射线，射线有起点，但终点在无穷远处。

【实例】　绘制射线可按如下的操作步骤进行：

① 单击下拉菜单[绘图]→[射线]。

② 指定起点：5，6 Enter

③ 指定通过点：7，8 Enter

④ 指定通过点：Enter

命令结束。这时屏幕如图 7.2 所示。

通过点

起点

图 7.2

7.3　绘制构造线

下拉菜单：[绘图]→[构造线]

命令行：XLINE

工具栏：

功能区：[默认]→[绘图]→[构造线]

构造线是一条没有始点和终点的无限长的直线，其可以作为创建其他实体的参照。例如，可以用构造线寻找三角形的中心，准备同一个实体的多个视图，或创建实体捕捉所用的临时交点等。构造线不修改图形范围，因此，它们无限的尺寸不影响缩放或视点。和其他实体一样，构造线可以移动、旋转和复制。绘图时可以把构造线放置在一个构造线图层上，在打印出图之前设置冻结或关闭这个图层，不打印构造线。

【实例】　绘制构造线可按如下的操作步骤进行：

① 单击下拉菜单[绘图]→[构造线]。

② 指定点或[水平(H)/垂直(V)/角度(A)/二等分(B)/偏移(O)]：H Enter

③ 指定通过点：5，6 Enter （这时绘制出一条水平线）

④ 指定通过点：7，8 Enter （这时再绘制出一条水平线）

⑤ 指定通过点：Enter

命令结束。这时屏幕如图 7.3 所示。

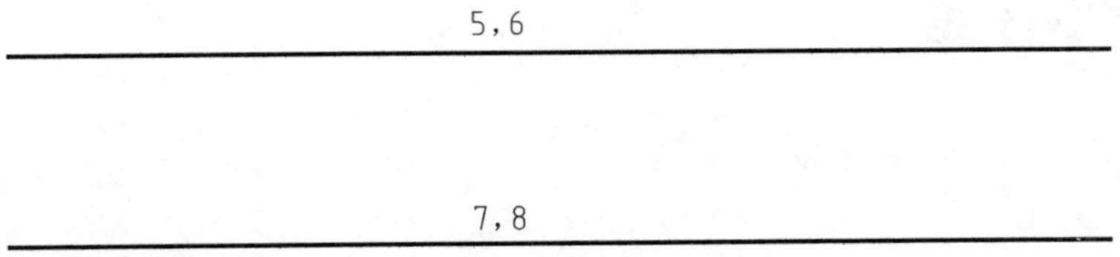

5,6

7,8

图 7.3

7.4   绘制多线

> 下拉菜单:[绘图]→[多线]
> 命令行:MLINE

多线（也称多重线）可包含 1～16 条平行线，这些平行线称为元素。通过指定多线初始位置的偏移量可以确定元素的位置。用户在绘图时可以创建和保存多线样式，或者使用具有两个元素的缺省样式，还可以设置每个元素的颜色、线型，并且显示或隐藏多线的连接（连接是将那些出现在多线元素每个顶点处的线条相连）。执行绘制多线命令的目的是一次画出两条或多条平行线。两条平行线中的每一条线由它到中心的偏移来定义，中心的偏移是 0。

【实例】 绘制多线可按如下的步骤进行：

① 单击下拉菜单[绘图]→[多线]。

② 指定起点或[对正(J)/比例(S)/样式(ST)]：J

③ 输入对正类型[上(T)/无(Z)/下(B)]＜上＞：Enter

④ 指定起点或[对正(J)/比例(S)/样式(ST)]：10，10

⑤ 指定下一点：20，−5 Enter

⑥ 指定下一点或[放弃(U)]：30，5 Enter

⑦ 指定下一点或[闭合(C)/放弃(U)]：左键

⑧ 指定下一点或[闭合(C)/放弃(U)]：Enter

命令结束。这时屏幕如图 7.4 所示。

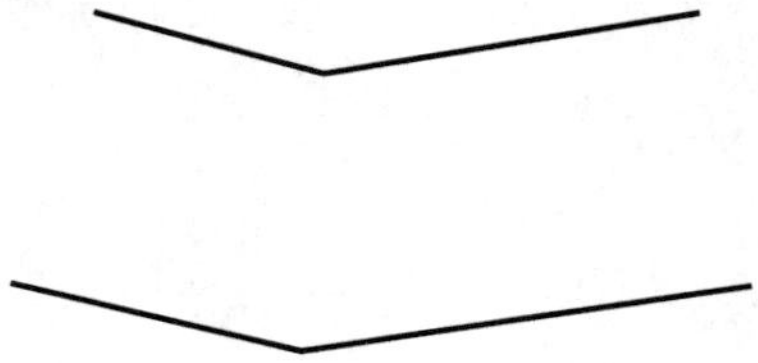

图 7.4

步骤②选项说明：

指定起点：指定绘制多线的起点。

比例（S）：控制多线的全局宽度。这个比例基于在多线样式定义中建立的宽度。比例因子为 2，绘制多线时，其宽度是样式定义的宽度的 2 倍。负比例因子将翻转偏移线的次序：当从左至右绘制多线时，偏移最小的多线绘制在顶部。负比例因子的绝对值也会影响比例。比例因子为 0 将使多线变为单一的直线。

样式（ST）：指定多线的样式。

注意：
选取画线方式时在键盘上按第一个大写字母即可。特别要注意，使用样式选项时要按"ST"。

7.5   绘制多段线

> 下拉菜单:[绘图]→[多段线]
> 命令行:PLINE
> 工具栏:

功能区：[默认]→[绘图]→[多段线]

(1) 多段线的概念

多段线在有的书上也称多义线。二维多段线是由可变宽度的直线和弧线段相连而成，它可连接多条直线和曲线。多段线具有单一的直线、圆弧等实体所不具备的很多优点，主要表现在：

- 可以有固定宽度，或一组线段中首尾具有不同宽度。
- 可以形成一个实心圆或圆环。
- 直线和弧线序列可以形成一个闭合的多边形或椭圆。
- 进行二维多段线编辑时，可以插入、移动、删除其顶点或把几条线、弧或多段线连接成一条多段线。
- 圆角和切角可以加在任何需要的地方。
- 对二维多段线可以作曲线拟合，从而形成圆弧曲线或样条曲线。
- 可以提取一条二维多段线的面积和周长。

(2) 绘制多段线的过程

【实例】　要画如图 7.5 所示的多段线，可按如下操作步骤进行：

① 单击下拉菜单 [绘图]→[多段线]。

② 指定起点：（在屏幕上选取一点作为多段线的开始点）

③ 指定下一点或[圆弧(A)/半宽(H)/长度(L)/放弃(U)/宽度(W)]：15 Enter （Y 轴正方向）

④ 指定下一点或[圆弧(A)/半宽(H)/长度(L)/放弃(U)/宽度(W)]：20 Enter （X 轴正方向）

⑤ 指定下一点或[圆弧(A)/半宽(H)/长度(L)/放弃(U)/宽度(W)]：A Enter

⑥ 指定圆弧的端点（按住 Ctrl 键以切换方向）或[角度(A)/圆心(CE)/闭合(CL)/方向(D)/半宽(H)/直线(L)/半径(R)/第二个点(S)/放弃(U)/宽度(W)]：CE Enter

⑦ 指定圆弧的圆心：5 Enter

⑧ 指定圆弧的端点（按住 Ctrl 键以切换方向）或[角度(A)/长度(L)]：左键

⑨ 指定圆弧的端点（按住 Ctrl 键以切换方向）或[角度(A)/圆心(CE)/闭合(CL)/方向(D)/半宽(H)/直线(L)/半径(R)/第二个点(S)/放弃(U)/宽度(W)]：L Enter

⑩ 指定下一点或[圆弧(A)/闭合(C)/半宽(H)/长度(L)/放弃(U)/宽度(W)]：20 Enter

⑪ 指定下一点或[圆弧(A)/闭合(C)/半宽(H)/长度(L)/放弃(U)/宽度(W)]：42 Enter （Y 轴负方向）

⑫ 指定下一点或[圆弧(A)/闭合(C)/半宽(H)/长度(L)/放弃(U)/宽度(W)]：50 Enter （X 轴负方向）

⑬ 指定下一点或[圆弧(A)/闭合(C)/半宽(H)/长度(L)/放弃(U)/宽度(W)]：15 Enter （Y 轴正方向）

⑭ 指定下一点或[圆弧(A)/闭合(C)/半宽(H)/长度(L)/放弃(U)/宽度(W)]：A Enter

⑮ 指定圆弧的端点（按住 Ctrl 键以切换方向）或[角度(A)/圆心(CE)/闭合(CL)/方向

(D)/半宽(H)/直线(L)/半径(R)/第二个点(S)/放弃(U)/宽度(W)]：CE Enter

⑯ 指定圆弧的圆心：6 Enter

⑰ 指定圆弧的端点（按住 Ctrl 键以切换方向）或[角度(A)/长度(L)]：左键

⑱ 指定圆弧的端点（按住 Ctrl 键以切换方向）或[角度(A)/圆心(CE)/闭合(CL)/方向(D)/半宽(H)/直线(L)/半径(R)/第二个点(S)/放弃(U)/宽度(W)]：Enter

则图 7.5 绘制完成。

注意：

用"多段线"命令绘制图形与用"直线""圆弧"等命令绘制的主要区别在于：多段线绘制的图形是一个整体，当对其进行选择时，选择的是整个图形，如图 7.6 所示。

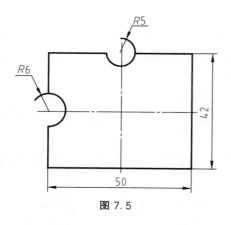

图 7.5

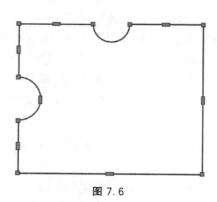

图 7.6

7.6 绘制多边形

下拉菜单：[绘图]→[多边形]
命令行：POLYGON
工具栏：⬠
功能区：[默认]→[绘图]→[多边形]

绘图时，正多边形是一种比较常见的图形。AutoCAD 提供的绘制多边形命令可以画出有 3～1024 个边的正多边形。用该命令来画正多边形有三种方法：按边绘制法（边定多边形法）、内接于圆法和外切于圆法。

(1) 绘制多边形的方法

图 7.7 所示为绘制多边形的三种方法，从左到右依次为边定多边形法、内接于圆法、外切于圆法。内接于圆法中，指定外接圆的半径，正多边形的所有顶点都在圆周上；外切于圆法中，指定正多边形中心点到各边中点的距离。

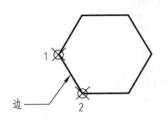 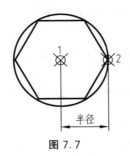 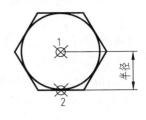

图 7.7

(2) 绘制多边形的过程

【实例 1】　用边定多边形法画一个正八边形，可按如下操作步骤进行：

① 单击下拉菜单[绘图]→[多边形]。

② 输入侧面数<4>：8 Enter

③ 指定正多边形的中心点或[边(E)]：E Enter

④ 指定边的第一个端点：（在屏幕上选取一点）Enter

⑤ 指定边的第二个端点：（输入正八边形的边长）

这时屏幕上画出一个正八边形，如图 7.8 所示。

【实例 2】　用内接于圆法画一个正六边形，可按如下操作步

骤进行：

① 单击下拉菜单 [绘图]→[多边形]。

② 输入侧面数<8>：6 Enter

③ 指定正多边形的中心点或 [边(E)]：（在屏幕上选取

一点作为中心点）

④ 输入选项 [内接于圆 (I)/外切于圆 (C)]：I Enter

⑤ 指定圆的半径：20 Enter

这时屏幕上画出一正六边形，如图 7.9 所示。

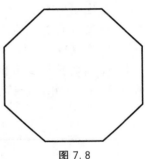

图 7.8

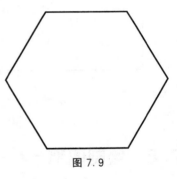

图 7.9

7.7　绘制矩形

下拉菜单：[绘图]→[矩形]

命令行：RECTANG

工具栏：

功能区：[默认]→[绘图]→[矩形]

　　绘制矩形命令是最常用到的一个画图命令，执行此命令时用户仅需提供矩形的两个对角坐标点就可绘制一个矩形。

　　【实例】　绘制一个矩形可按如下步骤进行：

① 单击下拉菜单[绘图]→[矩形]。

② 指定第一个角点或[倒角(C)/标高(E)/圆角(F)/厚度(T)/宽度(W)]：（在要画的四边形的左上角第 1 点处单击）

③ 指定另一个角点或[面积（A）/尺寸（D）/旋转（R）]：（在要画的四边形的右下角第 2 点处单击）

这时屏幕显示以这两个点为对角的四边形，如图 7.10 所示。

步骤②选项说明：

- 倒角（C）：设定矩形的倒角距离。选择该选项时，命令行提示：

  指定矩形的第一个倒角距离：

  指定矩形的第二个倒角距离：

- 标高（E）：指定矩形的标高。该选项主要用于三维绘图中。

- 圆角（F）：设定矩形的圆角距离。选择该选项时，命令行提示：

  指定矩形的第一个圆角距离：

  指定矩形的第二个圆角距离：

- 厚度（T）：指定矩形的厚度。该选项主要用于三维绘图中。

- 宽度（W）：为要绘制的矩形指定多段线的宽度。

图 7.11 为选择倒角和圆角选项时所绘制的矩形。选择其他选项时，根据命令行的提示，操作步骤与实例相同，读者可自行操作。

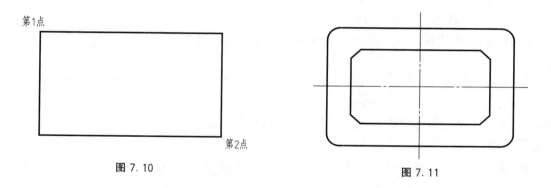

图 7.10　　　　　　　　　　　　　　　　　图 7.11

7.8　绘制圆弧

下拉菜单：[绘图]→[圆弧]		
命令行：ARC		
工具栏：		
功能区：[默认]→[绘图]→[圆弧]		

和绘制圆的命令一样，绘制圆弧命令在 AutoCAD 中也是一个常见的命令。但和绘制圆不同的是，由于绘制圆弧涉及圆弧的起点和终点，也就有了顺时针和逆时针走向的区别。在下拉菜单中虽然列出了很多画圆弧的操作选项，但只要细细琢磨，不难发现它们大同小异。只要了解其一，即可做到举一反三。

（1）下拉菜单［绘图］→［圆弧］的菜单项含义

三点：使用三点来画圆弧，这三点是圆弧的起始点、圆弧上的任意一点和圆弧的终止点。

起点：圆弧的起始点。

圆心：圆弧的中心点。

端点：圆弧的终止点。

角度：圆弧包含角的角度。

长度：弦长度，即所绘制的圆弧的弦长度。

方向：弧方向。

半径：圆弧半径值。

继续：继续上次画的弧，再画另一弧和其相切。

注意：

通常情况下，如果在 AutoCAD 中用已知角度来绘制圆弧，正角度表示逆时针绘制圆弧，负角度表示顺时针绘制圆弧。

（2）绘制圆弧说明

【实例】　对于下拉菜单中的其他选项，在上面已做了解释，这里就不一一详述了。只给出绘制圆弧命令的有关选项含义的示意图，读者可以按照这些图来绘制圆弧。图 7.12 为圆弧包含角和弦长的定义示意图，图 7.13 中对一些较复杂选项的含义做了说明。

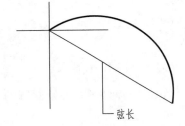

图 7.12

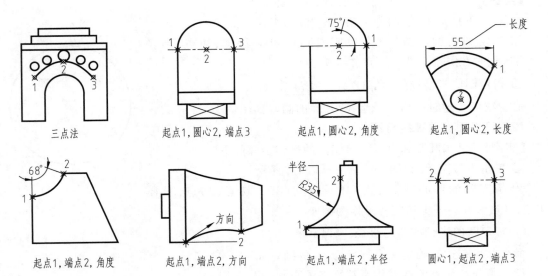

图 7.13

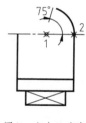

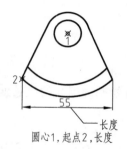

圆心1,起点2,角度 圆心1,起点2,长度

图 7.13

> **注意:**
> 如果弦长为正,AutoCAD 将使用圆心和弦长计算端点角度,并从起点起逆时针绘制一条劣弧。如果弦长为负,AutoCAD 将逆时针绘制一条优弧。

7.9 绘制圆

下拉菜单:[绘图]→[圆]
命令行:CIRCLE(或 C)
工具栏:⊙
功能区:[默认]→[绘图]→[圆]

在 AutoCAD 2024 中提供了 6 种绘制圆的方法,以满足不同情况下绘制圆的要求,下面分别介绍。

(1) 已知圆心和半径画圆

【实例】 已知圆心和半径画圆的操作步骤如下:

① 单击下拉菜单[绘图]→[圆]→[圆心,半径]。

② 指定圆的圆心或[三点(3P)/两点(2P)/切点、切点、半径(T)]:(这时在屏幕上选定一点作为圆心)

③ 指定圆的半径或[直径(D)]:25 Enter

命令结束。这时画出一个半径为 25 的圆,如图 7.14 所示。

(2) 已知圆心和直径画圆

【实例】 已知圆心和直径,绘制圆的操作步骤如下:

① 单击下拉菜单[绘图]→[圆]→[圆心,直径]。

② 指定圆的圆心或[三点(3P)/两点(2P)/切点、切点、半径(T)]:(这时在屏幕上选定一点作为圆心)

③ 指定圆的半径或圆的直径:50 Enter

命令结束。这时画出一个直径为 50 的圆,如图 7.15 所示。

(3) 将任意两点的连线作为直径来画圆

【实例】 如图 7.16,已知 A、B 两点,以 A、B 两点的连线作为直径来绘制圆的操作

图 7.14

步骤如下：

① 单击下拉菜单［绘图］→［圆］→［两点（2）］。

② 指定圆的圆心或［三点(3P)/两点(2P)/切点、切点、半径(T)］：_2p

③ 指定圆直径的第一个端点：（选取 A 点）

④ 指定圆直径的第二个端点：（选取 B 点）

这时画出一个圆，如图 7.17 所示。

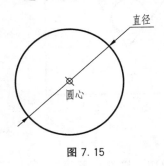

图 7.15

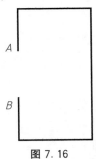

图 7.16

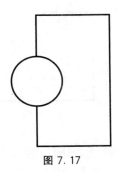

图 7.17

注意：

此圆上的两点同时也是直径上的两点。

(4) 已知圆上任意三点来画圆

【实例】　如图 7.18 所示，已知 A、B、C 三点，通过这三点来绘制圆的操作步骤如下：

① 单击下拉菜单［绘图］→［圆］→［三点(3)］。

② 指定圆的圆心或［三点(3P)/两点(2P)/切点、切点、半径(T)］：_3p

③ 指定圆上的第一个点：（选取 A 点）

④ 指定圆上的第二个点：（选取 B 点）

⑤ 指定圆上的第三个点：（选取 C 点）

这时画出一个圆，如图 7.19 所示。

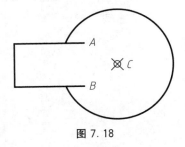

图 7.18

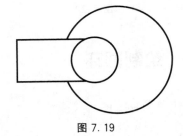

图 7.19

注意：

此圆上的三点是圆上的任意三点。

(5) 已知圆上两个相切物以及圆的半径来画圆

【实例】　如图 7.20 所示，要绘制半径为 15mm 且与 A、B 两条线相切的圆，操作步骤如下：

① 单击下拉菜单[绘图]→[圆]→[相切、相切、半径]。

② 指定对象与圆的第一个切点：（在直线 A 上选取一点作为第一个切点）

③ 指定对象与圆的第二个切点：（在直线 B 上选取一点作为第二个切点）

④ 指定圆的半径＜30.0000＞：15 Enter

这时画出一个半径为 15mm 的圆，如图 7.21 所示。

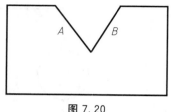
图 7.20

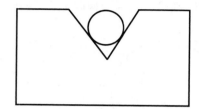
图 7.21

(6) 已知圆上的三个相切物来画圆

【实例】 如图 7.22 所示，绘制一个圆与圆弧 A、B、C 均相切，操作步骤如下：

① 单击下拉菜单[绘图]→[圆]→[相切，相切，相切]。

② 指定圆的圆心或[三点(3P)/两点(2P)/切点、切点、半径(T)]：_3p

③ 指定圆上的第一个点：_tan 到（在圆弧 A 上选取一点作为和圆相切的第一个目标物）

④ 指定圆上的第二个点：_tan 到（在圆弧 B 上选取一点作为和圆相切的第二个目标物）

⑤ 指定圆上的第三个点：_tan 到（在圆弧 C 上选取一点作为和圆相切的第三个目标物）

这时画出一个圆，如图 7.23 所示。

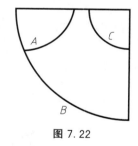
图 7.22

图 7.23

7.10 绘制圆环

下拉菜单：[绘图]→[圆环]	
命令行：DONUT	
工具栏：◎	
功能区：[默认]→[绘图]→◎	

画两个同心圆和画圆环非常类似，但又不完全相同。当然，如果圆环的外直径和内直径相等，则圆环就是一个圆。如果内直径等于 0，则圆环就是一个实心圆。实际上，圆环命令还有很多有用的功能，如建立孔、接线片、基座、点等。

绘制圆环的过程如下。

【实例】　要画一个圆环，可按如下操作步骤进行：

① 单击下拉菜单［绘图］→［圆环］。

② 指定圆环的内径＜20.0000＞：20 Enter

（或者）指定第二点：（单击第二点，两点间的距离即为圆环的内直径值）

③ 指定圆环的外径＜30.0000＞：30 Enter

（或者）指定第二点：（单击第二点，两点间的距离即为圆环的外直径值）

④ 指定圆环的中心点或＜退出＞：右键

这时屏幕如图 7.24 所示。

图 7.24

7.11　绘制样条线

下拉菜单:［绘图］→［样条线］

命令行:SPLINE（或 SPL）

工具栏:

功能区:［默认］→［绘图］→

样条线是一种广泛应用的曲线，绘制样条线是指在指定的允差范围内把一系列点拟合成光滑的曲线。AutoCAD 使用非对称有理 B 样条曲线数学方法，其中存储和定义了一类曲线和曲面数据。

AutoCAD 用"样条线"命令创建"真实"的样条曲线，即 NURBS 曲线。用户也可使用"多段线编辑"命令对多段线进行平滑处理，以创建近似于样条曲线的线条。使用"样条线"命令可把二维和三维平滑多段线转换为样条曲线。编辑过的平滑多段线近似于样条曲线。但是，与之相比，创建真正的样条曲线有如下三个优点：

① 通过对曲线路径上的一系列点进行平滑拟合，可以创建样条曲线。进行二维制图或三维建模时，用这种方法创建的曲线边界远比多段线精确。

② 使用"样条线编辑"命令或夹点可以很容易地编辑样条曲线，并保留样条曲线定义。如果使用"多段线编辑"命令编辑，就会丢失这些定义，成为平滑多段线。

③ 带有样条曲线的图形比带有平滑多段线的图形占据的磁盘空间和内存要小。

AutoCAD 中绘制样条线有两种方式——拟合点方式和控制点方式。其中，拟合点方式是通过指定样条曲线必须经过的拟合点来创建 3 阶（三次）B 样条曲线。在公差值大于 0（零）时，样条曲线必须在各个点的指定公差距离内。控制点方式是通过指定控制点来创建样条曲线。使用此方法创建 1 阶（线性）、2 阶（二次）、3 阶（三次）直到最高为 10 阶的样条曲线。通过移动控制点调整样条曲线的形状通常可以提供比移动拟合点更好的效果。下面分别通过实例对两种方法进行介绍。

【实例 1】　用拟合点方式绘制样条线的操作步骤如下：

① 单击下拉菜单［绘图］→［样条曲线］→［拟合点］。

② 指定第一个点或［方式(M)/节点(K)/对象(O)］：（在屏幕上单击一点作样条线的起点）

③ 输入下一个点或[起点切向(T)/公差(L)]:(在屏幕上指定样条线的第二点,此时画面拟合线为直线)

④ 输入下一个点或[端点相切(T)/公差(L)/放弃(U)]:(在屏幕上再指定样条线的第三点)

⑤ 输入下一个点或[端点相切(T)/公差(L)/放弃(U)/闭合(C)]:(可用 Enter 键退出样条线命令;也可继续指定样条线的下一个点,则该行命令重复出现)

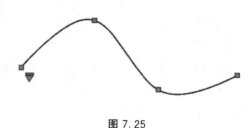

图 7.25

使用该方式绘制的样条线如图 7.25 所示。

对步骤③选项说明如下。

• 起点切向(T):指定在样条曲线起点的相切条件。

• 公差(L):指定样条曲线可以偏离指定拟合点的距离。公差值为 0(零),要求生成的样条曲线直接通过拟合点。公差值适用于所有拟合点(拟合点的起点和终点除外),始终具有为 0(零)的公差。

对步骤④选项说明如下。

• 端点相切(T):指定在样条曲线终点的相切条件。

• 放弃(U):删除最后一个指定点。

对步骤⑤选项说明如下。

• 闭合(C):通过定义与第一个点重合的最后一个点,闭合样条曲线。默认情况下,闭合的样条曲线为周期性的,沿整个环保持曲率连续性(C2)。

【实例 2】 用控制点方式绘制样条线的操作步骤如下:

① 单击下拉菜单[绘图]→[样条曲线]→[控制点]。

② 指定第一个点或[方式(M)/阶数(D)/对象(O)]:(在屏幕上单击一点作样条线的起点)

③ 输入下一个点:(在屏幕上指定样条线的第二点)

④ 输入下一个点或[放弃(U)]:(在屏幕上再指定样条线的第三点)

⑤ 输入下一个点或[闭合(C)/放弃(U)]:(可用 Enter 键退出样条线命令;也可继续指定样条线的下一个点,则该行命令重复出现)

使用该方式绘制的样条线如图 7.26 所示。

对实例 1 和实例 2 步骤②选项说明如下:

• 方式(M)。选择该选项时,命令行提示:

输入样条曲线创建方式[拟合(F)/控制点(CV)]:

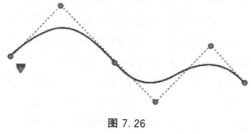

图 7.26

• 节点(K):指定节点参数化。它是一种计算方法,用来确定样条曲线中连续拟合点之间的零部件曲线如何过渡。选择该选项时命令行提示:

输入节点参数化[弦(C)/平方根(S)/统一(U)]<弦>:

其中:

弦（C）：弦长方法，即均匀隔开连接每个部件曲线的节点，使每个关联的拟合点对之间的距离成正比。

平方根（S）：向心方法，即均匀隔开连接每个部件曲线的节点，使每个关联的拟合点对之间的距离的平方根成正比。此方法通常会产生更"柔和"的曲线。

统一（U）：等间距分布方法，即均匀隔开每个零部件曲线的节点，使其相等，而不管拟合点的间距如何。此方法通常可生成泛光化拟合点的曲线。

- 阶数（D）：设置生成的样条曲线的多项式阶数。使用此选项可以创建 1 阶（线性）、2 阶（二次）、3 阶（三次）直到最高 10 阶的样条曲线。选择该选项时命令行提示：

输入样条曲线阶数<3>：

- 对象（O）：将二维或三维的二次或三次样条曲线拟合多段线转换成等效的样条曲线。根据 DELOBJ 系统变量的设置，保留或放弃原多段线。另外，如果想取消刚画出的一段，则可以选取任何点后使用"撤销"命令。

注意：
样条曲线至少包括三个点。

7.12　绘制椭圆和椭圆弧

```
下拉菜单：[绘图]→[椭圆]
命令行：ELLIPSE
工具栏：⬭
功能区：[默认]→[绘图]→⬭
```

椭圆是工程图中常见的一种图形。在 AutoCAD 中，可以选择画椭圆的方法并能对其进行精确控制。在 AutoCAD R13 版之后增加了绘制椭圆弧命令，这使得 AutoCAD 的功能更完善，内容更丰富。

绘制椭圆的缺省方法是指定一个轴的端点和另一个轴的半轴长度。也可以通过指定椭圆的中心、轴的一个端点和另一个轴的半轴长度来画椭圆，第二个轴还可以通过定义长轴和短轴比值的旋转角来指定。在 AutoCAD 2024 中提供了 3 种绘制椭圆的方法，以满足不同的要求，下面分别介绍。

【实例 1】　用"圆心"方式创建椭圆的操作步骤如下：
① 单击下拉菜单 [绘图]→[椭圆]→[圆心]。
② 指定椭圆的中心点：（在屏幕上选取一点作为椭圆的中心点）
③ 指定轴的端点：（沿 X 轴或 Y 轴方向输入数值作为椭圆一条半轴的长度）Enter
④ 指定另一条半轴长度或[旋转（R）]：（输入数值作为椭圆另一条半轴的长度）Enter
创建的椭圆如图 7.27 所示。
步骤④选项的说明：
旋转（R）：通过绕第一条轴旋转定义椭圆的长轴与短轴比例。该值（0°~89.4°）越大，短轴相对于长轴的缩短就越大，如图 7.28 所示。输入 0 则定义了一个圆。

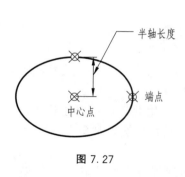

图 7.27

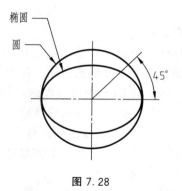

图 7.28

【实例2】 用"轴、端点"方式创建椭圆的操作步骤如下：

① 单击下拉菜单［绘图］→［椭圆］→［轴端点］。

② 指定椭圆轴的端点或［圆弧（A）/中心点（C）］：（在屏幕上选取一点作为椭圆轴的端点）

③ 指定轴的另一个端点：（输入数值作为椭圆一条轴的长度）Enter

④ 指定另一条半轴长度或［旋转（R）］：（输入数值作为椭圆另一条半轴的长度）Enter 创建的椭圆如图 7.29 所示。

【实例3】 用"椭圆弧"方式创建椭圆或椭圆弧的操作步骤如下：

① 单击下拉菜单［绘图］→［椭圆］→［椭圆弧］。

② 指定椭圆弧的轴端点或［中心点（C）］：（在屏幕上选取一点作为椭圆轴的端点）

③ 指定轴的另一个端点：（输入数值作为椭圆一条轴的长度）Enter

④ 指定另一条半轴长度或［旋转（R）］：（输入数值作为椭圆另一条半轴的长度）Enter

⑤ 指定起点角度或［参数（P）］：（指定椭圆弧的起点角度）

⑥ 指定端点角度或［参数（P）/夹角（I）］：（指定椭圆弧的端点角度）

图 7.30 所示为起点角度为 45°、端点角度为 270°的椭圆弧。

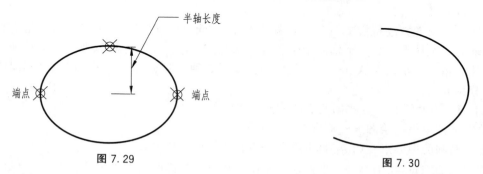

图 7.29   图 7.30

步骤⑥选项的说明：

• 参数（P）：AutoCAD 使用以下矢量参数方程式创建椭圆弧。

$$p(u) = c + a\cos u + b\sin u$$

式中，c 是椭圆的中心点；a 和 b 分别是椭圆的半长轴和半短轴；u 是输入的参数。

• 夹角（I）：指定从起点角度开始的夹角。

7.13　画点

下拉菜单：[绘图]→[点]
命令行：POINT
工具栏：⋰
功能区：[默认]→[绘图]→⋰

在执行画图或编辑命令时，系统会自动在画面上显现一些十字小交点来表示已经执行过多少次操作了。但是这些小交点并不是真正的"点"。当使用"重画"命令时，这些点就会被清除掉。在这里，我们要介绍一种真正的点，它是一种真实的图形，可以执行编辑操作，如移动、删除等。

点实体是非常有用的。例如，可将点实体用作捕捉和偏移实体的节点或参考点。可以根据屏幕大小或绝对单位来设置点样式及其大小。

下拉菜单 [绘图]→[点] 的下级菜单包含四个菜单项，即单点、多点、定数等分及定距等分。

(1) 点

- 单点：单个的点，即一次只能画一个点。
- 多点：多个点，即一次能连续不停地画多个点。
- 定数等分：等分割段，即如果一段线要分割成相等的几段，使用此命令可将各段用点分割开。
- 定距等分：测量段，即用一段距离来测量一段线。

(2) 点样式

下拉菜单：[格式]→[点样式…]
命令行：DDPTYPE

在 AutoCAD 中，点的大小和形状是可以设置的，一共有 20 种点。执行该命令时可弹出一个对话框，如图 7.31 所示。

在图 7.31 中，有 20 种点可供用户选择，只需用鼠标在图标上单击即可。对图 7.31 中有关项的含义说明如下：

- 点大小：它按百分数的方式来控制，具体尺寸取决于其下面的两项。
- 相对于屏幕设置大小：点的大小是由画面的比例来控制的。
- 按绝对单位设置大小：点的大小是按绝对单位的比例来控制的。

其中，"相对于屏幕设置大小"为缺省选项，只要单击"按绝对单位设置大小""点大小"栏中的百分数就以绝对单位显示。

(3) 绘制点的过程

【实例 1】　要将直线段用点分割开，可按如下步骤执行：

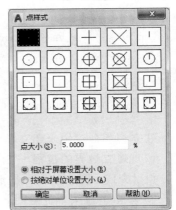

图 7.31

① 利用直线命令画出图 7.32 所示的线段。

② 设置点的类型为图 7.31 中第三行第三列的类型，按"确定"按钮确认。

③ 单击下拉菜单[绘图]→[点]→[定数等分]。

④ 选择要定数等分的对象：（选取屏幕上的线段，该线段以虚线显示）

⑤ 输入线段数目或[块(B)]：4 Enter （键入 4 表示将线段分割为 4 段）

这时屏幕如图 7.33 所示，可以看到线段被分割成相等的 4 段。

【实例 2】 要测量线段，可按如下步骤执行：

① 利用直线命令画出如图 7.32 所示的线段。

② 设置点的类型为图 7.31 中第三行第三列的类型，按"确定"按钮确认。

③ 单击下拉菜单[绘图]→[点]→[定距等分]。

④ 选择要定距等分的对象：（选取屏幕上的线段，该线段以虚线显示）

⑤ 指定线段长度或[块(B)]：30 Enter

这时屏幕如图 7.34 所示。

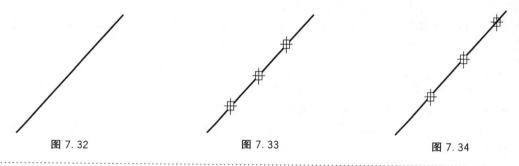

图 7.32   图 7.33   图 7.34

注意：

"指定线段长度"表示指定测量段的长度，键入"4"指测量段为 4 个单位长，绝非 4 段，这和上面的"定数等分"是不同的。

7.14 建立边界

下拉菜单:[绘图]→[边界...]

命令行:BOUNDARY

工具栏：☐

功能区:[默认]→[绘图]→☐

建立边界命令用来建立填充图案的边界和生成面域实体。

(1) 建立边界的过程

设已完成了图 7.35 所示图形，现在要建立图 7.36 所示的边界，可按如下操作过程进行：

① 单击下拉菜单 [绘图]→[边界...]，则弹出一个对话框，如图 7.37 所示。

② 在图 7.37 所示的对话框中单击"拾取点"项，则该对话框退出，命令行提示：

拾取内部点（根据边界形状在图中拾取内部点）：

正在选择所有对象...
正在选择所有可见对象...
正在分析所选数据...
正在分析内部孤岛...
拾取内部点：Enter
已创建 1 个多段线。

这时如果使用移动命令来移动该边界，则屏幕如图 7.36 所示，即图中右边的部分就是创建的边界。

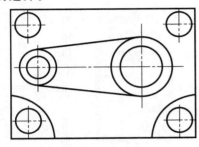

图 7.35

图 7.36

（2）图 7.37 所示对话框中各项的含义

• "拾取点"区域：根据围绕指定点构成封闭区域的现有对象来确定边界。

• "孤岛检测"区域：用于决定边界命令是否检测内部闭合边界（该边界称为孤岛）。

• "边界保留"区域：用于决定建立多段线边界还是面域边界。其中，对象类型可选为"多段线"边界和"面域"边界。面域的创建见三维绘图部分。

• "边界集"区域：决定用什么来确定边界。其中：

　■ 当前视口：使用当前视区的所有可见图形实体建立边界。

图 7.37

　■ 现有集合：根据用户指定的图形实体来建立边界。只有使用了"新建"选项，并在屏幕上选择了图形实体后，该项才被激活可用。

• 新建：从屏幕上选择图形实体来建立新的边界。当单击时，该对话框暂时退出；当在屏幕上选择了图形实体后，该对话框又弹出。

7.15　修订云线

下拉菜单：[绘图]→[修订云线]

命令行：REVCLOUD

工具栏：🗁

功能区：[默认]→[绘图]→🗁

　　修订云线是由连续圆弧组成的多段线。它们用于提醒用户注意图形的某些部分。在查看或用红线圈阅图形时，可以使用修订云线功能亮显标记以提高工作效率。

　　创建修订云线：通过移动鼠标，用户可以从头开始创建修订云线，也可以将对象（例如圆、椭圆、多段线或样条曲线）转换为修订云线。可以选择样式来使云线看起来像是用画笔绘制的，如图 7.38 所示。

　　修改修订云线：修订云线提供特定于夹点的选项，具体取决于夹点位置和 REVCLOUDGRIPS 系统变量的设置。

　　当 REVCLOUDGRIPS 系统变量处于关闭状态时，可使用夹点来编辑修订云线上的单个弧长和弦长；否则，夹点将显示添加或删除顶点，或者拉伸修订云线或其顶点的选项。

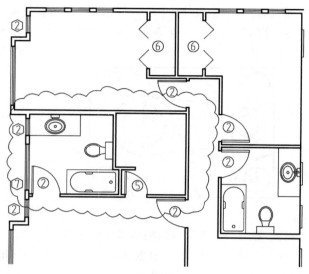

图 7.38

　　【实例】　创建修订云线的步骤如下：

　　① 单击功能区［默认］→［绘图］→［修订云线］→［矩形］。

　　② 指定第一个角点或［弧长（A）/对象（O）/矩形（R）/多边形（P）/徒手画（F）/样式（S）/修改（M）]＜对象＞：（在屏幕上选取一点作为第一个角点）

　　③ 指定对角点：（选取矩形的对角点）

　　步骤②选项的说明：

　　弧长（A）：指定修订云线的最小弧长和最大弧长。

　　对象（O）：将指定的对象转化为修订云线。

　　多边形（P）：绘制多边形形状的修订云线。

　　徒手画（F）：徒手绘制任意形状的修订云线。

　　样式（S）：指定云线圆弧的样式为普通或者手绘。

　　修改（M）：将指定的多段线修改为修订云线。

7.16　徒手画图命令

命令行：SKETCH	

　　可以使用"SKETCH"命令绘制"徒手画"，该命令对于创建不规则边界或使用数字化仪追踪非常有用。徒手画由许多条线段组成，每条线段都是独立的实体，可设置线段的最小长度或增量。使用较小的线段可提高精度，但会明显增加图形文件的大小。因此，使用这个工具时要慎重考虑。

　　SKETCH 命令在 AutoCAD 中被当作徒手画图工具或当作跟踪图形中的画图板。当移动光标时，该命令形成连续的直线段多段线，光标移到哪里，图形就画到哪里。

当执行 SKETCH 命令时，有关提示项的含义如下：

类型（T）：指定手画线的对象类型。可通过 SKPOLY 系统变量指定类型为"直线""多段线"或者"样条曲线"。

增量（I）：定义每条手画直线段的长度。定点设备所移动的距离必须大于增量值，才能生成一条直线。可通过 SKETCHINC 系统变量指定其值。

公差（L）：对于样条曲线，指定曲线布满手画线草图的紧密程度。可通过 SKTOLER-ANCE 系统变量指定其值。

注意：

徒手绘图之前，请检查系统变量 CELTYPE 以确保当前的线型为"Bylayer"。如果使用的是点画线型，同时将徒手画线段设置得比虚线或虚线间距短，那么将看不到虚线或虚线空间。

7.17　小结与练习

【小结】

本章重点介绍了 AutoCAD 2024 的二维绘图功能，并运用大量实例详细说明了各个命令的创建方法和步骤。二维绘图功能作为 AutoCAD 的基础功能，要求用户熟悉各个命令的菜单栏、功能区、工具栏以及命令行的执行方式，熟练掌握绘图技巧，并能够运用多种方式创建直线、圆、椭圆、圆弧、矩形、多边形、样条曲线等基本图形对象。

【练习】

① 绘制如图 7.39 所示的二维图形。

② 绘制如图 7.40 所示的二维图形。

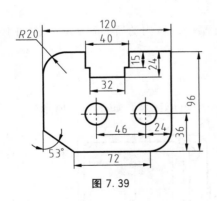

图 7.39

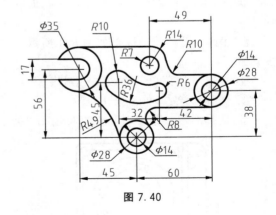

图 7.40

第8章

AutoCAD 2024的二维编辑功能

在本章中，主要介绍 AutoCAD 2024 的图形编辑命令，这正是 AutoCAD 在绘图方面所表现出来的优点。通过这类命令可以对图形进行删除、复制、镜像、偏移、阵列、移动、缩放、修剪等操作，从而达到改变图形的目的。

8.1 删除对象

下拉菜单：[修改]→[删除]
命令行：ERASE
工具栏：
功能区：[默认]→[修改]→[删除]

注意：
用 Oops 命令可恢复最近一次 ERASE 操作删除的对象。
执行 ERASE 命令除可删除一个或几个对象外，还可删除某一区域内的所有对象。

【实例】 设目前的屏幕如图 8.1 所示，若要删除某一区域内的所有对象，可按如下操作步骤进行：
① 单击下拉菜单 [修改]→[删除]。
② 选择对象：（单击第 1 点）
③ 选择对象：指定对角点（单击第 2 点，形成一个矩形区域，如图 8.2 所示）

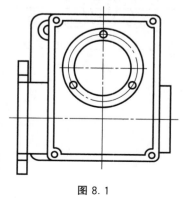

图 8.1

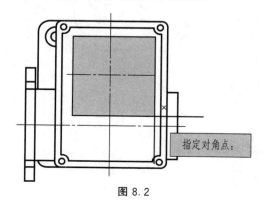

图 8.2

④ 选择对象：Enter

命令结束。这时该区域内的对象从屏幕上消失。

─────────────────────────────

注意：

对于从左上角开始到右下角形成的区域，只要对象全部在该区域内，就可删除该对象。对于从右下角开始到左上角形成的区域，则只要整个对象的一部分在此区域内就可删除该对象。参见第 6 章介绍的实体选取方式。

─────────────────────────────

8.2　复制对象

下拉菜单：[修改]→[复制]

命令行：COPY

工具栏：⬚

功能区：[默认]→[修改]→[复制]

【实例】　设目前的屏幕如图 8.3 所示，要复制其中的一个对象，可按如下操作步骤进行：

① 单击下拉菜单 [修改]→[复制]。

② 选择对象：（鼠标选择圆弧）Enter

③ 指定基点或[位移(D)/模式(O)]<位移>：（鼠标选择圆弧中心作为复制的基准点）

Enter

④ 指定第二个点或 [阵列 (A)] <使用第一个点作为位移>：（鼠标选择中心圆的象限点）

⑤ 指定第二个点或[阵列(A)/退出(E)/放弃(U)]<退出>：Enter

命令结束。此时屏幕如图 8.4 所示。

图 8.3

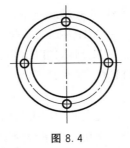

图 8.4

8.3　镜像对象

下拉菜单：[修改]→[镜像]

命令行：MIRROR

工具栏：⚠

功能区：[默认]→[修改]→[镜像]

【实例 1】 设目前的屏幕如图 8.5 所示，图中是已绘制好的对称图的一半，要绘制另一半，可按如下操作步骤进行：

① 单击下拉菜单［修改］→［镜像］。

② 选择对象：（鼠标选择中心线上侧的圆弧多线段）Enter

③ 指定镜像线的第一点：（鼠标选择中心线的左端点作为镜像线的第一点）

④ 指定镜像线的第二点：（鼠标选择中心线的右端点作为镜像线的第二点）

⑤ 要删除源对象吗？［是(Y)/否(N)]<否>：Enter

命令结束。这时屏幕上将显示出镜像后的图形，如图 8.6 所示。

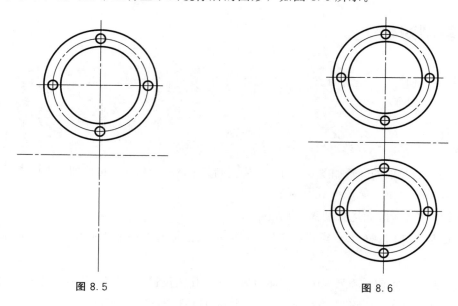

图 8.5   图 8.6

注意：

Mirror 命令用来创建一个对象的镜像拷贝。系统变量 MIRRTEXT 控制对象中文字的镜像方式，如果 MIRRTEXT 设置为 1（缺省值），则文字同样进行镜像变换（即出现所谓的"倒字"）。如果 MIRRTEXT 设置为 0，则文字只是平移而不进行镜像（如同 Copy 命令）。MIRRTEXT 默认设置为 0。

【实例 2】 设当前的屏幕如图 8.7 所示，图中是已绘制好的对称图的一半，若要用镜像命令绘制另一半及文字，在系统变量 MIRRTEXT 默认设置为 0 时，镜像后结果如图 8.8 所示。

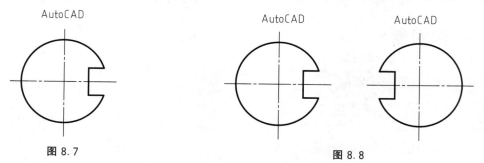

图 8.7   图 8.8

若将 MIRRTEXT 设置为 1，可按如下操作步骤进行：

① 命令：MIRRTEXT Enter

② 输入 MIRRTEXT 的新值<0>：1 Enter

设置结束。镜像后结果如图 8.9 所示。

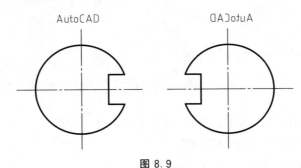

图 8.9

8.4　偏移对象

下拉菜单：[修改]→[偏移]

命令行：OFFSET

工具栏：◠

功能区：[默认]→[修改]→[偏移]

【实例】　设目前的屏幕如图 8.10 所示，要将屏幕上的图形外轮廓线进行偏移，可按如下操作步骤进行：

① 单击下拉菜单[修改]→[偏移]。

② 指定偏移距离或[通过(T)/删除(E)/图层(L)]<通过>：8 Enter

③ 选择要偏移的对象，或[退出(E)/放弃(U)]<退出>：（鼠标选择要偏移的外轮廓圆）

④ 指定要偏移的那一侧上的点，或[退出(E)/多个(M)/放弃(U)]<退出>：（鼠标选择圆外一点）

⑤ 选择要偏移的对象，或[退出(E)/放弃(U)]<退出>：Enter

命令结束。屏幕如图 8.11 所示。

图 8.10

图 8.11

8.5　阵列对象

> 下拉菜单：[修改]→[阵列]
> 命令行：ARRAYCLASSIC
> 工具栏：▯▯
> 功能区：[默认]→[修改]→[阵列]

阵列是多重拷贝的另一个类型，它按一定的规则方式（矩形或圆形或路径）来产生一个或一组对象的多重拷贝。

执行阵列命令 ARRAYCLASSIC 时弹出一个对话框，如图 8.12 所示。

(1) 图 8.12 所示对话框各选项的含义

- "矩形阵列"选项：矩形阵列方式。
- "环形阵列"选项：环形阵列方式。选取本项时图 8.12 变为图 8.13。
- 行数：阵列时行方向的复制数量（即行数）。
- 列数：阵列时列方向的复制数量（即列数）。
- 选择对象：选择要阵列的对象。
- "偏移距离和方向"区域：
  - ■ 行偏移：在行方向阵列对象时对象间的距离。
  - ■ 列偏移：在列方向阵列对象时对象间的距离。
- 阵列角度：阵列对象时阵列的角度。

图 8.12

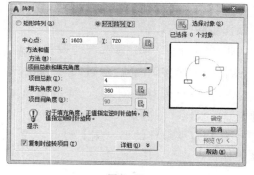

图 8.13

注意：

阵列时对象之间的距离可设置为正、负两种值，其中正、负值指沿 X、Y 轴的正、负方向阵列。

---

(2) 图 8.13 所示对话框各选项的含义

- "矩形阵列"选项：矩形阵列方式。选取本项时图 8.13 变为图 8.12。
- "环形阵列"选项：环形阵列方式。
- 选择对象：选择要阵列的对象。

- 中心点：圆形阵列时的中心点。
- "方法和值"区域：
  - 项目总数和填充角度：阵列时阵列的对象数量和对象分布的角度范围。
  - 项目总数和项目间的角度：阵列时阵列的对象数量和对象分布时对象之间的角度。
  - 填充角度和项目间的角度：阵列时阵列的对象分布的角度范围和对象分布时对象之间的角度。
- 项目总数：阵列时阵列的对象数量。
- 填充角度：阵列时阵列的对象分布的角度范围。
- 项目间角度：阵列的对象分布时对象之间的角度。
- 复制时旋转项目：环形阵列时对象的分布方向。利用本项可使环形阵列时对象的方向对准中心的方向。
- 对象基点：环形阵列时的基点。

注意：

对于对象在环形阵列上的环绕角度，如果用正角度表示逆时针方向，则用负角度表示顺时针方向。另外，如果用 Array 命令来执行阵列，则不弹出对话框，而是用命令行提示来执行阵列。

----

(3) 阵列的具体过程

【实例 1】　设目前的屏幕如图 8.14 所示，对其中的图形作矩形阵列如下：

① 单击下拉菜单 [修改]→[阵列]→[矩形阵列]。

② 选择对象：（选取要阵列的圆环）Enter

③ 选择夹点以编辑阵列或[关联(AS)/基点(B)/计数(COU)/间距(S)/列数(COL)/行数(R)/层数(L)/退出(X)]<退出>：Enter

命令结束。这时屏幕如图 8.15 所示。

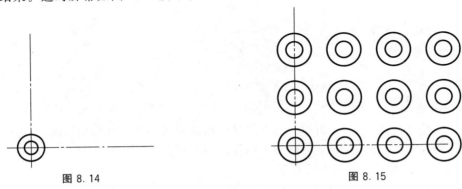

图 8.14　　　　　　　　　　　　　　图 8.15

【实例 2】　设目前的屏幕如图 8.16 所示，要对其中的图形作环形阵列，可按如下操作步骤进行：

① 单击下拉菜单 [修改]→[阵列]→[环形阵列]。

② 选择对象：（选取要阵列的小圆）Enter

③ 指定阵列的中心点或[基点(B)/旋转轴(A)]:(鼠标选择小圆所在中心圆圆心)

④ 选择夹点以编辑阵列或[关联(AS)/基点(B)/项目(I)/项目间角度(A)/填充角度(F)/行(ROW)/层(L)/旋转项目(ROT)/退出(X)]<退出>：Enter

命令结束。这时屏幕上显示出该图形的环形阵列，如图8.17所示。

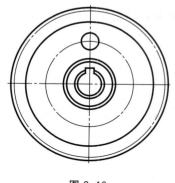

图 8.16

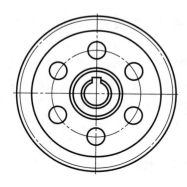

图 8.17

【实例3】 设目前的屏幕如图8.16所示，对其中的图形作路径阵列，可按如下操作步骤进行：

① 单击下拉菜单 [修改]→[阵列]→[路径阵列]。

② 选择对象：(选取图8.16中的小圆) Enter

③ 选择路径曲线：(选取图8.16中的中心圆作为阵列的路径)

④ 选择夹点以编辑阵列或[关联(AS)/方法(M)/基点(B)/切向(T)/项目(I)/行(R)/层(L)/对齐项目(A)/z方向(Z)/退出(X)]<退出>：Enter

命令结束。这时屏幕如图8.17所示。

8.6 移动对象

下拉菜单：[修改]→[移动]		
命令行：MOVE		
工具栏：✛		
功能区：[默认]→[修改]→[移动]		

设目前的屏幕如图8.18所示，现在要移动两圆使其不相交（移动两圆中的任一个即可，在这里我们移动右边的大圆），可按如下操作步骤进行：

① 单击下拉菜单 [修改]→[移动]。

② 选择对象：(选择右边的大圆) Enter

③ 指定基点或 [位移 (D)]<位移>：(鼠标选择大圆圆心)

④ 指定第二个点或 [使用第一个点作为位移]：(鼠标选择合适位置移开大圆)

这时屏幕如图8.19所示。

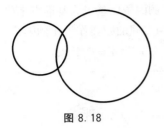

图 8.18

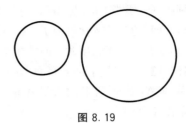

图 8.19

8.7　旋转对象

下拉菜单:［修改］→［旋转］

命令行:ROTATE

工具栏:

功能区:［默认］→［修改］→［旋转］

【实例】　设目前的屏幕如图 8.20 所示，若要把图中的对象绕 A 点旋转一个角度，可按如下操作步骤进行：

① 单击下拉菜单［修改］→［旋转］。

② 选择对象：（选取要旋转的对象）Enter

③ 指定基点：（鼠标选择中心线交点）

④ 指定旋转角度，或［复制(C)/参照(R)］<0>：30 Enter

命令结束。此时屏幕如图 8.21 所示。

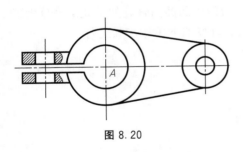

图 8.20

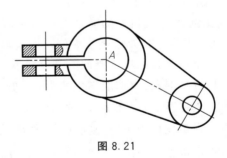

图 8.21

8.8　缩放对象

下拉菜单:［修改］→［缩放］

命令行:SCALE

工具栏:

功能区:［默认］→［修改］→［缩放］

SCALE 命令允许放大或缩小绘图文件中对象的大小。有时由于绘图符号文本选取的比例因子不合适，在绘图过程中不得不改变对象大小。当改变图形对象的大小时，需要给定基点和比例因子。选择的基点一般保持不变，所选的对象按比例因子以基点为基准点来放大或缩小。具体操作时可以直接键入比例因子，也可以单击两点，以这两点间的距离作为比例因子，还可以采用参考长度。使用参考长度时，通常在对象上定义一个长度，然后指定一个长度。

【实例1】 设目前的屏幕如图 8.22 所示，若用 SCALE 命令来放大其中的圆，可按如下操作步骤进行：

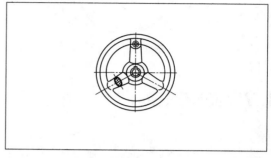

① 单击下拉菜单［修改］→［缩放］。

② 选择对象：（鼠标选择图中的手轮）Enter

③ 指定基点：（鼠标选择圆心）

④ 指定比例因子或［复制（C）/参照（R）］：1.5 Enter

图 8.22

命令结束。这时屏幕上的图形被放大，如图 8.23 所示。

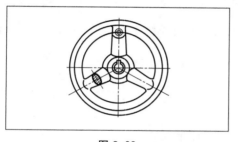

图 8.23

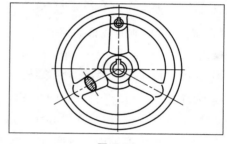

图 8.24

下面再举一个使用 SCALE 命令的"参照"选项的例子：

【实例2】 设目前的屏幕仍然如图 8.23 所示。对图中的圆而言，如果此前已放大了 1.5 倍，现在发现不是要放大 1.5 倍，而应当放大 2 倍，可按如下操作步骤进行：

① 单击下拉菜单［修改］→［缩放］。

② 选择对象：（选取图中的手轮）Enter

③ 指定基点：（在屏幕上选取一点）

④ 指定比例因子或［复制(C)/参照(R)］：Enter

⑤ 指定参照长度＜1.0000＞：1.5 Enter

⑥ 指定新的长度或［点(P)］＜1.0000＞：2 Enter

命令结束。这时屏幕上的图形被放大，如图 8.24 所示。

上文讲过，使用"参照"选项可以让用户参考已知的图形比例，再决定缩放后的图形比例，在进行图形的具体缩放时不必使用计算机去计算缩放的比例值。在图 8.24 的比例缩放过程中，当依次提示"指定比例因子或［复制（C）/参照（R）］："时，如果在此前已放大了1.5 倍，现在发现应该是 2 倍，如何更改呢？如果使用"参照"选项，则问题迎刃而解。如同上文所示，在依次提示"指定参照长度＜1.0000＞："时键入"1.5"，表示原来图形的比例值（已经放大了 1.5 倍），在提示"指定新的长度或［点（P）］＜1.0000＞："时再键入"2"，表示缩放图形的新比例值（为最原始值的 2 倍）。其实，相当多的初学者在学习 SCALE 命令时不了解"参照"的具体用法，但通过反复实践，读者定能从中悟出真谛来。

8.9　拉伸命令

> 下拉菜单:[修改]→[拉伸]
> 命令行:STRETCH
> 工具栏:⬚
> 功能区:[默认]→[修改]→[拉伸]

拉伸命令 STRETCH 可用来移动和伸展对象。利用该命令可以拉长或缩短对象，还可以改变其形状。使用 STRETCH 命令时，要使用包容窗口（Crossing Window）。在使用了一次包容窗口选取对象后，不能再用窗口（Window）或包容窗口（Crossing Window）来加入更多的对象。

【实例】　设目前的屏幕如图 8.25 所示，要对其中的图形进行伸展操作，可按如下操作步骤进行：

① 单击下拉菜单 [修改]→[拉伸]。

② 选择对象：（选择多线段） Enter

③ 指定基点或[位移(D)]＜位移＞：（鼠标指定 A 点）

④ 指定第二个点或 [使用第一个点作为位移]：（鼠标指定 B 点）

命令结束。这时屏幕如图 8.26 所示。

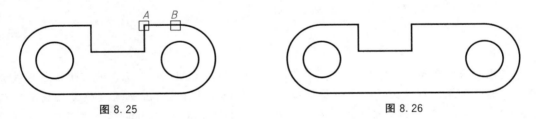

图 8.25　　　　　　　　　　　　　　　　图 8.26

8.10　拉长对象

> 下拉菜单:[修改]→[拉长]
> 命令行:LENGTHEN
> 工具栏:✎
> 功能区:[默认]→[修改]→[拉长]

设目前的屏幕如图 8.27 所示，要对水平中心线用拉长命令来拉长，可按如下操作步骤进行：

① 单击下拉菜单 [修改]→[拉长]。

② 选择要测量的对象或[增量(DE)/百分比(P)/总计(T)/动态(DY)]＜总计(T)＞：DE Enter

③ 输入长度增量或 [角度（A）]＜0.0000＞：30 Enter

④ 选择要修改的对象或 [放弃（U）]：（鼠标选择水平线的右端）

⑤ 选择要修改的对象或［放弃（U）］：Enter

命令结束。这时屏幕上的直线加长 30 个单位，如图 8.28 所示。

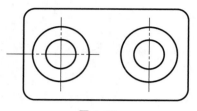

图 8.27

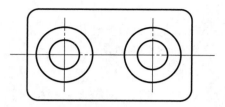

图 8.28

注意：

所拉长的位置是用选取小方框单击时靠近的那一端。

8.11　修剪对象

下拉菜单：［修改］→［修剪］

命令行：TRIM

工具栏：▼

功能区：［默认］→［修改］→［修剪］

注意：

使用"修剪"和"延伸"命令时，默认情况下，AutoCAD 2024 默认的"快速"模式会选择所有潜在边界，而不必先为"修剪"和"延伸"命令选择边界。如果要恢复之前的默认为"修剪"和"延伸"命令选择边界的行为，需将 TRIMEXTENDMODE 系统变量设置为 0（缺省值为 1）。为了使"修剪"和"延伸"命令符合人们的操作习惯，我们需在命令行输入"TRIMEXTENDMODE"并按下 Enter 键，然后弹出新的命令行"输入 TRIMEXTENDMODE 的新值＜1＞："，在新的命令行中输入"0"并按下 Enter 键，即可将 TRIMEXTENDMODE 系统变量设置为 0，恢复 AutoCAD 以前版本的"修剪"和"延伸"命令操作方法（后续的"修剪"和"延伸"命令均使用传统的操作方法）。

【实例 1】　设目前屏幕如图 8.29 所示。将竖直直线当作剪刀，修剪掉圆弧的中间部分，可按如下操作步骤进行：

① 单击下拉菜单［修改］→［修剪］。

② 选择对象或＜全部选择＞：（鼠标选择两条竖直短直线段）Enter

③ ［栏选（F）/窗交（C）/投影（P）/边（E）/删除（R）/放弃（U）］：（鼠标选择圆弧）

④ ［栏选（F）/窗交（C）/投影（P）/边（E）/删除（R）/放弃（U）］：Enter

命令结束。这时圆弧的中间段被修剪掉，如图 8.30 所示。

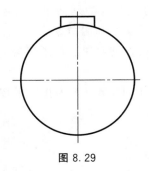

图 8.29

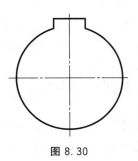

图 8.30

【实例 2】 设目前的屏幕如图 8.31 所示,将线段 $L1$ 当作剪刀,修剪线段 $L2$ 和线段 $L3$,可按如下操作步骤进行:

① 单击下拉菜单［修改］→［修剪］。

② 选择对象或＜全部选择＞:(鼠标选择线段 $L1$) Enter

③［栏选(F)/窗交(C)/投影(P)/边(E)/删除(R)/放弃(U)]:E Enter

④ 输入隐含边延伸模式[延伸(E)/不延伸(N)]＜不延伸＞:E Enter

⑤［栏选(F)/窗交(C)/投影(P)/边(E)/删除(R)/放弃(U)]:(鼠标选择线段 $L2$ 的上端)
这时线段 $L2$ 的上端被修剪掉,如图 8.32 所示。

⑥［栏选(F)/窗交(C)/投影(P)/边(E)/删除(R)/放弃(U)]:E Enter

⑦ 输入隐含边延伸模式[延伸(E)/不延伸(N)]＜延伸＞:N Enter

⑧［栏选(F)/窗交(C)/投影(P)/边(E)/删除(R)/放弃(U)]:(鼠标选择线段 $L3$ 的上端)

⑨［栏选(F)/窗交(C)/投影(P)/边(E)/删除(R)/放弃(U)]:E Enter

命令结束。这时线段 $L3$ 的上端未被剪去,这也说明了"延伸"和"不延伸"的区别。

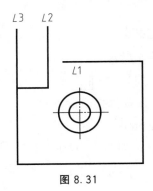

图 8.31

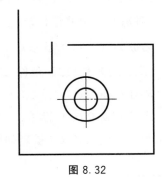

图 8.32

8.12 延伸对象

下拉菜单:［修改］→［延伸］
命令行:EXTEND
工具栏:
功能区:［默认］→［修改］→［延伸］

EXTEND 命令可延伸所选取的直线、圆弧、多义线等。有效的延伸边界对象包括多义线、圆、椭圆、浮动视区、直线、射线、区域、样条曲线、文本和用命令绘制的线。在延伸时所选取的对象既可以被看作边界边,也可以被看作有待延伸的对象。待延伸的对象上的拾取点确认了应延伸的一端。

【实例 1】 设屏幕如图 8.33 所示,要将两线段 $L2$ 延伸到线段 $L1$ 为止,可按如下操作步骤进行:

① 单击下拉菜单［修改］→［延伸］。

② 选择对象或＜全部选择＞:(鼠标选择线段 $L1$) Enter

③［栏选(F)/窗交(C)/投影(P)/边(E)/放弃(U)］:(鼠标选择两线段 $L2$)

④［栏选(F)/窗交(C)/投影(P)/边(E)/放弃(U)］: Enter

命令结束。这时线段 $L2$ 被延伸至线段 $L1$,如图 8.34 所示。

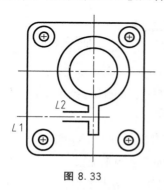

图 8.33

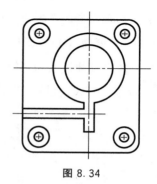

图 8.34

【实例 2】 设目前屏幕如图 8.35 所示,以线段 $L1$ 及其延长线为边界延伸线段 $L2$,可按如下操作步骤进行:

① 单击下拉菜单［修改］→［延伸］。

② 选择对象或＜全部选择＞:(鼠标选择线段 $L1$) Enter

③［栏选(F)/窗交(C)/投影(P)/边(E)/放弃(U)］:E Enter

④ 输入隐含边延伸模式［延伸(E)/不延伸(N)］＜不延伸＞:E Enter

⑤［栏选(F)/窗交(C)/投影(P)/边(E)/放弃(U)］:(鼠标选择线段 $L2$)

⑥［栏选(F)/窗交(C)/投影(P)/边(E)/放弃(U)］: Enter

命令结束。这时线段 $L2$ 被延伸至线段 $L1$ 的延长线上,如图 8.36 所示。

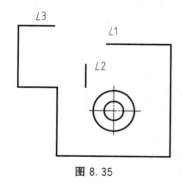

图 8.35

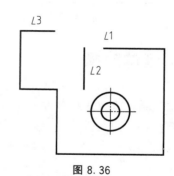

图 8.36

【实例 3】　仍以图 8.35 为例，若边界线不被延伸，可按如下操作步骤进行：

① 单击下拉菜单［修改］→［延伸］。

② 选择对象或＜全部选择＞：（鼠标选择线段 L2）Enter

③［栏选(F)/窗交(C)/投影(P)/边(E)/放弃(U)］：E Enter

④ 输入隐含边延伸模式［延伸(E)/不延伸(N)］＜延伸＞：N Enter

⑤［栏选(F)/窗交(C)/投影(P)/边(E)/放弃(U)］：（鼠标选择线段 L3）Enter

命令结束。此时线段 L3 未被延伸。

从上面的延伸操作中可以看出，延长边界线与不延长边界线所得结果是截然不同的。

8.13　打断对象

下拉菜单:［修改］→［打断］
命令行:BREAK
工具栏:
功能区:［默认］→［修改］→［打断］

在 AutoCAD 中，打断命令 BREAK 把已存在的对象切割成两部分或删除该对象的一部分。BREAK 命令可以删掉一个对象指定的两点间的部分，也可将一个对象打断成两个具有同一端点的对象。

注意:
在打断圆弧和圆时必须以递时针的顺序来拾取两点。

【实例】　设目前屏幕如图 8.37 所示。要将小圆右侧的直线段的 A、B 之间打断，并删除所打断的这一段，可按如下操作步骤进行：

① 单击下拉菜单［修改］→［打断］。

② 选择对象：（选取图 8.37 中的直线的 A 点）

③ 指定第二个打断点或［第一点(F)］：（选取 B 点）

命令结束。这时屏幕如图 8.38 所示。

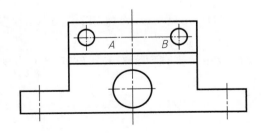

图 8.37

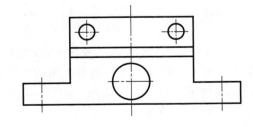

图 8.38

8.14　合并对象

下拉菜单:[修改]→[合并]
命令行:JOIN
工具栏:━┝━
功能区:[默认]→[修改]→[合并]

【实例】　设目前屏幕如图 8.38 所示。要将两小圆中的中心线合并成一条直线段，可按如下操作步骤进行:

① 单击下拉菜单 [修改]→[合并]。

② 选择源对象或要一次合并的多个对象:（鼠标选择一小圆中心线）

③ 选择要合并的对象:（鼠标选择另一小圆中心线）

④ 选择要合并的对象: Enter

命令结束。这时屏幕如图 8.37 所示。

8.15　倒角对象

下拉菜单:[修改]→[倒角]
命令行:CHAMFER
工具栏:╱
功能区:[默认]→[修改]→[倒角]

倒角在工程图中到处可见。倒角命令 CHAMFER 只对两条直线或一条单一多义线起作用。该命令可用来在两个对象间加一倒角。例如，可以用该命令很快地修剪掉两条线段相交所形成的角，从而在两条线段间按预定角度连接一条直线。倒角可由其两边的距离或者一条边的距离和一个角度来确定。

【实例 1】　利用画图命令分别画出图 8.39（a）、(b) 所示的两个外轮廓矩形。其中，图 8.39（a）的矩形是用 LINE 命令画四条线形成的，而图 8.39（b）的矩形是用 RECTAN-GLE 命令直接画出。要对图 8.39 所示的两个矩形进行倒角，可按如下操作步骤进行。

对左侧矩形倒角:

① 单击下拉菜单 [修改]→[倒角]。

② 选择第一条直线或[放弃(U)/多段线(P)/距离(D)/角度(A)/修剪(T)/方式(E)/多个(M)]:（鼠标选择左侧矩形的最左边的线段）

③ 选择第二条直线，或按住 Shift 键选择直线以应用角点或[距离(D)/角度(A)/方法(M)]:（鼠标选择左侧矩形的最上边的线段）

命令结束。这时屏幕如图 8.40 所示。

对右侧矩形倒角:

① 单击下拉菜单 [修改]→[倒角]。

② 选择第一条直线或[放弃(U)/多段线(P)/距离(D)/角度(A)/修剪(T)/方式(E)/多

个（M）］：P Enter

③ 选择二维多段线或［距离（D）/角度（A）/方法（M）］：（鼠标选择右侧的矩形）

4 条直线段已被倒角。

命令结束。这时屏幕如图 8.41 所示。

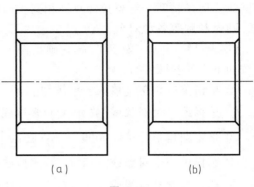

图 8.39

注意：

对比图 8.40 和图 8.41，同是对两个矩形倒角，结果却不同，请思考一下这是为什么。

【实例 2】　在图 8.39 中，再用设置两边距离的方法来完成一个倒角，操作步骤如下：

① 单击下拉菜单［修改］→［倒角］。

② 选择第一条直线或［放弃（U）/多段线（P）/距离（D）/角度（A）/修剪（T）/方式（E）/多个（M）］：D Enter

③ 指定第一个倒角距离＜3.0000＞：8 Enter

④ 指定第二个倒角距离＜3.0000＞：8 Enter

⑤ 选择第一条直线或［放弃（U）/多段线（P）/距离（D）/角度（A）/修剪（T）/方式（E）/多个（M）］：（鼠标选择图 8.40 中矩形的最上边的线段）

⑥ 选择第二条直线，或按住 Shift 键选择直线以应用角点或［距离（D）/角度（A）/方法（M）］：（鼠标选择图 8.40 中矩形的最右边的线段）

命令结束。这时屏幕如图 8.42 所示。

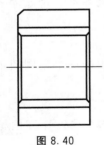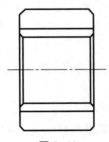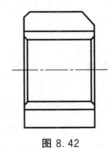

图 8.40　　　　　图 8.41　　　　　图 8.42

8.16　圆角对象

下拉菜单:［修改］→［圆角］

命令行:FILLET

工具栏:

功能区:［默认］→［修改］→［圆角］

在 AutoCAD 中，倒圆角命令 FILLET 用于在两个对象间加上一段圆弧。如果两个对象不相交的话，可用该命令来连接两个对象。如果将过渡圆弧半径设为 0，该命令将不产生过渡圆弧，而是将两个对象拉伸直到相交。FILLET 命令适合于直线、多义线顶点及整个多义线、圆弧和圆等各种对象。

【实例 1】 利用"矩形"命令画出图 8.43 所示的矩形。要对该矩形的四个角倒圆角，可按如下操作步骤进行：

① 单击下拉菜单 ［修改］→［圆角］。

② 选择第一个对象或［放弃(U)/多段线(P)/半径(R)/修剪(T)/多个(M)］：R Enter

③ 指定圆角半径＜0.0000＞：55 Enter

④ 选择第一个对象或［放弃(U)/多段线(P)/半径(R)/修剪(T)/多个(M)］：P Enter

⑤ 选择二维多段线或 ［半径(R)］：（在图 8.43 中随意选取矩形的任一条边）

4 条直线段已被圆角。

命令结束。这时屏幕如图 8.44 所示。

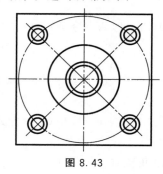

图 8.43

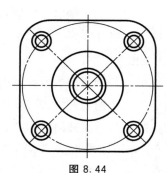

图 8.44

注意：

如果图 8.43 中的矩形是用直线命令画出来的，则不会得到本例的结果。请思考一下这是为什么。

【实例 2】 先利用 LINE 命令画出图 8.45 所示的图形，要对图中的一个角倒圆角，可按如下操作步骤进行：

① 单击下拉菜单 ［修改］→［圆角］。

② 选择第一个对象或［放弃(U)/多段线(P)/半径(R)/修剪(T)/多个(M)］：T Enter

③ 输入修剪模式选项［修剪(T)/不修剪(N)］＜修剪＞：N Enter

④ 选择第一个对象或［放弃(U)/多段线(P)/半径(R)/修剪(T)/多个(M)］：（鼠标选择线段 $L1$）

⑤ 选择第二个对象，或按住 Shift 键选择对象以应用角点或 ［半径(R)］：（鼠标选择线段 $L2$）

命令结束。这时屏幕如图 8.46 所示。

注意：

上述是不使用修剪模式的情况。如果使用修剪模式，情况又怎样呢？请自己动手操作一遍，看看结果如何。

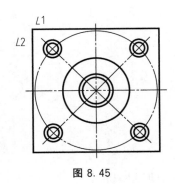

图 8.45

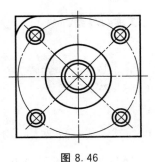

图 8.46

8.17　光顺曲线

下拉菜单：[修改]→[光顺曲线]

命令行：BLEND

工具栏：∿

功能区：[默认]→[修改]→[光顺曲线]

在 AutoCAD 中，在两条选定直线或曲线之间的间隙中创建样条曲线。选择端点附近的每个对象。生成的样条曲线的形状取决于指定的连续性。选定对象的长度保持不变。有效对象包括直线、圆弧、椭圆弧、螺旋、开放的多段线和开放的样条曲线。

执行该命令将显示以下提示：

- 选择第一个对象或连续性：选择样条曲线起点附近的直线或开放曲线。
- 第二个对象：选择样条曲线端点附近的另一条直线或开放的曲线。
- 连续性：在两种过渡类型中指定一种。
    - 相切：创建一条 3 阶样条曲线，在选定对象的端点处具有相切（G1）连续性。
    - 平滑：创建一条 5 阶样条曲线，在选定对象的端点处具有曲率（G2）连续性。

如果使用"平滑"选项，请勿将显示从控制点切换为拟合点。此操作将样条曲线更改为 3 阶，这会改变样条曲线的形状。

【实例】　利用曲线命令画出图 8.47 所示曲线的光顺曲线，可按如下操作步骤进行：

① 单击下拉菜单 [修改]→[光顺曲线]。

② 选择第一个对象或 [连续性（CON）]：（鼠标选择点 1）

③ 选择第二个点：（鼠标选择点 2）

命令结束。这时屏幕如图 8.48 所示。

图 8.47

图 8.48

8.18   分解对象

下拉菜单: [修改]→[分解]
命令行: EXPLODE
工具栏: 🔲
功能区: [默认]→[修改]→[分解]

在 AutoCAD 中，对于用"矩形"命令画出的矩形，有时想编辑其中的一个边，例如想更改颜色，怎么办呢？ AutoCAD 为用户提供了一个打碎命令 EXPLODE，该命令用于分解多义线和图块。

在 AutoCAD 中，EXPLODE 命令用于把多义线分解成各自独立的直线和圆弧，它把拟合曲线和拟合样条转为许多逼近曲线形状的多义线。执行该命令后，被分解的各段多义线将丢失宽度和切线信息。

8.19   小结与练习

【小结】

本章主要讲解了 AutoCAD 2024 的二维编辑功能。二维编辑功能在绘制图形中必不可少，通过使用编辑命令，可以完成各种复杂图形的绘制。编辑功能可以将有限的基本几何元素组合成各种复杂图形，以满足各种设计需求。本章主要对"修改"功能区的相关命令进行介绍，修改功能包括删除、复制、镜像、偏移、阵列、移动、缩放、修剪、延伸、倒角、圆角、拉伸、分解、合并等操作，通过这些编辑功能，可以编辑对象边角、更改对象位置、更改对象大小等。掌握本章内容，将有利于更方便快捷地绘制机械图形，大大节省时间、降低工作量。

【练习】

① 综合相关知识，根据图 8.49 所示的相关尺寸绘制零件图。

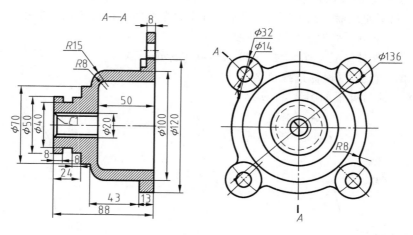

图 8.49

② 综合相关知识，根据图 8.50 所示的相关尺寸绘制零件图。

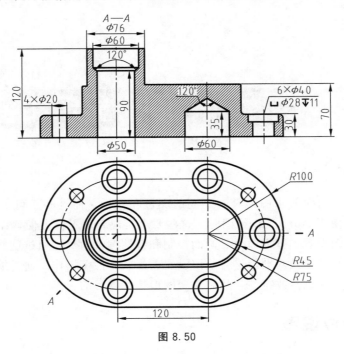

图 8.50

第9章

图形显示和特性编辑

在工程制图中，有时要求图形具有不同的颜色和线型，而且必不可少地要用到绘图单位、绘图比例等。使用 AutoCAD 绘图时，这些要求实现起来不仅方便，而且速度很快。本章将介绍有关的绘图设置、查询命令、画面控制和特性编辑命令。通过这些命令和功能可以对画面进行缩放、平移以及对图形进行绘图设置、修改特性等操作。通过缩放和平移，可以更详细地观察图形。通过修改特性，达到改变图形特性的目的。

9.1 绘图单位设置

下拉菜单：[格式]→[单位]	
命令行：UNITS	

在图形中绘制的所有实体都是根据单位进行测量的。绘图前首先应该确定 AutoCAD 的度量单位。例如，在一张图纸中，一个单位可能等于一毫米，而在另一张图中，一个单位可能等于一英寸❶。在绘制工程图时，单位设置是最基本的要求。在绘图之前可以先设置绘图单位。AutoCAD 提供了适合任何专业绘图的各种绘图单位，而且精度的选择范围较大。在这里，首先介绍在下拉菜单中通过直接单击菜单项来设置绘图单位的方法。

单击下拉菜单 [格式]→[单位...]，弹出一个对话框，如图 9.1 所示。

对图 9.1 中的有关内容作以下说明：

• 长度：该区域显示的是当前长度单位的类型。单击"类型"右侧的小箭头则弹出一个列表框，如图 9.2 所示。各列表项的含义如下：

　■ 科学：科学记数法，如 $2.01E+02$。

　■ 十进制：十进制法，如 12.21。

　■ 工程：工程表示法，如 $2'{\sim}4.30''$。

　■ 建筑：建筑表示法，如 $1'{\sim}41/2''$。

　■ 分数：分数表示法，如 41/3。

　■ 小数：小数表示法，如 0.12。

• 角度：该区域显示的是当前角度格式的类型。单击"类型"右侧的小箭头则弹出一个列表框，如图 9.3 所示。各列表项的含义如下：

---

　❶ 英寸（in）为英美制长度单位。1in＝2.54cm。

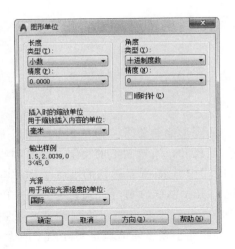

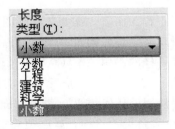

图 9.1　　　　　　　　　　　　　　图 9.2

■ 十进度数：以十进位法表示的角度，如 30.01。

■ 度/分/秒：以度/分/秒表示角度，如 25°32′28″。

■ 百分度：百分度法，如 30.0g。

■ 弧度：弧度法，如 3.14r″W。

■ 勘测单位：勘测单位如 S48d2′0″W。

若选取"顺时针"项则计算角度为顺时针方向，否则为逆时针方向。

在设置"长度"和"角度"选项时，"类型"栏下侧的"精度"栏表示精度位数的类型，可单击右侧的小箭头弹出下拉项来设置精度位数，如图 9.4 所示。

• 插入时的缩放单位：从外部文件和设计中心插入图块时的图形单位。单击"无单位"右边的小箭头弹出下拉项设置单位，如图 9.5 所示。

• 输出样例：当前长度和角度显示的格式。

• 方向（D）...：当单击该按钮时弹出一个对话框（如图 9.6 所示），其中"东""北""西"和"南"分别表示东、北、西、南四个方向，角度分别为 0.0、90.0、180.0、270.0。选中"其他"项，则角度可由用户定义。下侧的小箭头表示可在屏幕上拾取一个物体当作角度设置的参照物。

图 9.3　　　　图 9.4　　　　图 9.5　　　　图 9.6

9.2 绘图极限设置

下拉菜单:[格式]→[图形界限]	
命令行:LIMITS	

对于工程图而言，需要选择画图工具来满足特殊的图形绘制要求。当在一个绘图板上手工画图时，必须预先确定一个绘图比例来适应某一图纸尺寸，所有图纸的文字、符号和线宽一般都是一样的。用 AutoCAD 来绘图的准备工作和用手工绘图所需进行的准备工作非常相似。在 AutoCAD 中，图形元素由实际的单位存储。AutoCAD 以英寸、英尺❶、毫米以及用户需要使用的任何测量单位来存储尺寸数据。但是，由于图形可能要绘制到某些形式的"硬"输出设备上，这样，就必须确定全比例图形扩大或缩小多少才能满足实际图纸的大小，于是便有了比例因子。

如果按 $1:K$ 的比例变换图形，那么比例因子就是 K。例如，假定最后的输出比例为 1mm：50mm，则此比例因子就是 50。又如，假定我们要绘制一个 50cm×80cm 的机件，并且使用的图纸为 A3 幅面（297mm×420mm），此外，考虑到绘图时还要留出边界（约 25mm），标题栏区域为 56mm×180mm，则图纸上实际可用的区域为 190mm×215mm。由于 $500/190 \approx 2.63$，$800/215 \approx 3.72$，取这两者之中的较大者（即 3.72），最接近国家标准规定的比例因子为 4。

在 AutoCAD 中，图纸大小的计算和手工绘图是一样的，由此得出一个相对于图纸大小的比例值，使得能够等比例画图。然后，在用绘图仪绘制图形时，用比例因子放回比例值。图形界限（简称图限）就是世界坐标系中的几个二维点，表示图形范围的左下基线和右上基线。不能在 Z 方向上定义界限。

如果设置了图形界限，AutoCAD 将把可输入的坐标限制在矩形区域范围内。图形界限还限制显示网格点的图形范围、"缩放"命令的比例选项显示的区域和"缩放"命令的"All"选项显示的最小区域。另外，还可以指定图形界限作为打印区域。

如果激活了图纸空间并且显示了图纸背景或页边距，就不能使用图形界限命令设置图形界限。这种情况下，图形界限由布局根据选定的图纸尺寸进行计算和设置。可以在"选项"对话框的"显示"选项卡中控制图纸背景和页边距的显示。

在确定了比例因子和设置好绘图单位之后，就可以使用图形界限命令来设置画面的大小了。图限定义了绘图区域，这对于查看和绘制图形都很有用。

单击下拉菜单［格式］→［图形界限］，命令行的显示包括如下内容：

• 开（ON）：打开图限检查以防止拾取点超出图限。当图形界限命令为"开（ON）"时，如果所绘制的图形超出设置范围，则在信息栏中会出现"＊＊超出图形界限"的警告语，且无法执行该画图操作。

• 关（OFF）：关闭图限检查（缺省设置），用户可以在图限之外拾取点。当图形界限命令被设置为"关（OFF）"时，即使所绘制图形超出设置范围，AutoCAD 仍然可以执行该命令，只是在使用查询（MEASUREGEOM）命令查询图形文件资料时会列出目前图形

---

❶ 英尺（ft）为英美制长度单位。1ft＝30.48cm。

已超出图限的信息。

- 指定左下角点：指定图限左下角的坐标（缺省设置为"0，0"）。直接键入坐标值即可。
- 指定右上角点：指定图限右上角的坐标（缺省设置为"420，297"）。直接键入坐标值即可。

前面讲过，极限值设置完成后不会立即更新，必须使用"缩放"命令来放大或缩小极限值，但使用该命令会造成重生成操作。因此，若要改变图形界限的值，最好一进入 Auto-CAD 工作环境中就执行。

以上较详细地说明了图形界限命令的含义及操作，这里就不再举例了。

9.3　图层设置

下拉菜单：[格式]→[图层...]
命令行：LAYER 或（-LAYER），其中-LAYER 为命令行形式
工具栏：按钮
功能区：[默认]→[图层]→[图层特性]

(1) 图层的概念和性质

在实际工作中，我们可能要多次接触到层的含义，如建筑物是分层的。这是物理层，一层压在一层上面。AutoCAD 中的图层不是物理层而是逻辑层，不是一层压在一层上面的，而是用来编号的，就像学校的班级一班、二班仅仅是排序关系而已。所以，AutoCAD 中的图层是透明的电子纸，一层挨一层地放置。可以根据需要增加和删除层，每层均可以拥有任意的颜色和线型。图层是用来组织图形的最为有效的工具之一。

在用 AutoCAD 进行实际绘图时，图上各种实体可以放在一个层上，也可以放在多个层上。通过层技术，可以很方便地把图上的有关实体分门别类。一层图上可以含有与图的某一方面相关的实体，这样就可以对所有这些实体的可见性、颜色和线型进行全面的控制（如把同一颜色放在同一个层内）。

在三维图中，层相对比较抽象，较难用实际的物体比拟。每一层均可包括一组实体，它们可以在空间重叠，也可以和其他层的物体共存。在三维图中，应该想象每一层各包括一类物体，可以把它们放在一起观察，也可以把它们任意组合起来观察。

每一层都可以有与之相对应的颜色或线型。当建立 AutoCAD 的层时，需要决定哪一部分设在哪一层上，每一层要用哪种颜色和线型。在进行准备工作时，极其重要的决定是绘图时把哪些实体分成一组，同时采用什么颜色和线型。这里推荐一种最简单，在大多数情况下也是最好用的一种方法，就是用层来控制实体的属性。

(2) 图层设置的对话框中有关选项的含义

单击下拉菜单 [格式]→[图层...]，则出现图层特性管理器对话框，如图 9.7 所示。图 9.7 中有关显示项的含义如下：

- 当前图层：显示当前层名。如这里是 0 表示当前层是 0 层。
- 过滤器：对已命名的层进行过滤。其中：

　■ 全部：显示全部的层。

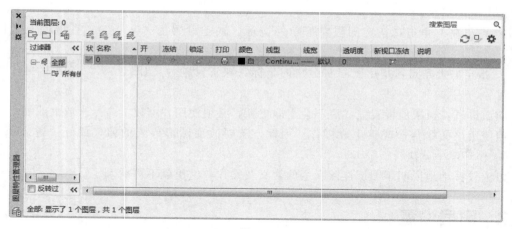

图 9.7

■ 反转过滤器：反向过滤。

图 9.7 从左到右的图标依次为：

• 新建特性过滤器：显示"图层过滤器特性"对话框，从中可以根据图层的一个或多个特性创建图层过滤器。点击此图标时弹出图 9.8 所示的对话框。

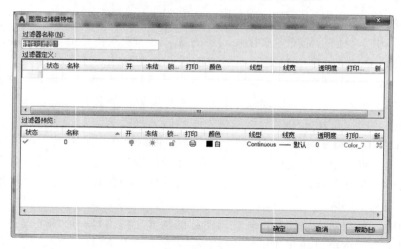

图 9.8

• 新建组过滤器：创建图层过滤器。其中包含选择并添加到该过滤器的图层。

• 图层状态管理器：显示图层状态管理器。从中可以将图层的当前特性设置保存到一个命名图层状态中，以后可以再恢复这些设置。点击此图标时弹出图 9.9 所示的对话框。

• 新建图层：创建新图层，列表将显示名为"图层 1"的图层。该名称处于选定状态，因此可以立即输入新图层名。新图层将继承图层列表中当前选定图层的特性（颜色、开或关状态等）。

• 在所有视口中都被冻结的新图层视口：创建新图层，然后在所有现有布局视口中将其冻结。可以在"模型"选项卡或"布局"选项卡上访问此按钮。

• 删除图层：删除选定图层。只能删除未被参照的图层，参照的图层包括图层 0 和DEFPOINTS、包含对象（包括块定义中的对象）的图层、当前图层以及依赖外部参照的图层。

- 置为当前：将选定图层设定为当前图层，将在当前图层上绘制对象。也可以由系统变量 CLAYER 来设定。
- 刷新：通过扫描图形中的所有图元来刷新图层使用信息。
- 设置：显示"图层设置"对话框。从中可以设置新图层通知、是否将图层过滤器更改应用于"图层"工具栏，以及更改图层特性替代的背景色。

图 9.7 中图层列表从左侧开始的含义解释如下：

- 状态：显示图层状态。
- 名称：显示所建立的图层名，也可全局更改整个图形中的图层名。
- 开：显示图层的开关状态，也可打开或关闭整个图形中的图层。单击之打开层，再次单击则关闭本层，即它是一个双向开关。
- 冻结：显示图层的冻结或解冻状态，也可冻结或解冻整个图形中的图层。单击之冻结层，再次单击则解冻该层，即它是一个双向开关。
- 锁定：显示图层的锁定或解锁状态，也可锁定或解锁整个图形中的图层。该功能可改变指定层的特性，使得该层虽然可见，但不能对其上的实体进行替换或删除操作。
- 单击之锁住层，再次单击则取消锁住，即它是一个双向开关。
- 打印：确定整个图层中的图层是否均可打印。
- 颜色：显示该图层的颜色，也可点击并通过对话框更改整个图形的颜色。这里可定义一个层的颜色，双击之则弹出一个对话框，通过该对话框可以设置多种颜色。
- 线型：显示线型（缺省设置为"Continuous"）。双击之则弹出一个对话框，如图 9.10 所示，通过该对话框可设置层的线型。

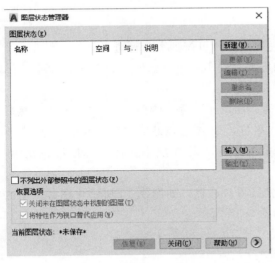

图 9.9

图 9.10

- 线宽：显示线宽。双击之则弹出一个对话框，如图 9.11 所示，通过该对话框可设置层的线宽。
- 透明度：显示图层的透明度值。输入一个 0 到 90 之间的值，以指定用于选定图层的透明度百分比。双击之则弹出一个对话框，如图 9.12 所示。
- 新视口冻结：冻结新创建视口中的图层。

• 说明：更改整个图形中的说明。

图层的操作比前面的基本命令复杂，需反复实践来掌握它。在这里，我们只举一些简单的例子，至于更深入的图层的操作，必须通过反复实践来掌握。

在图 9.7 中，按右键则弹出如图 9.13 所示的列表。其中，"全部选择"表示选取所有层，"全部清除"表示删除所有层。

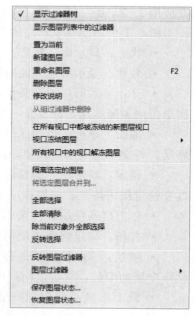

图 9.11

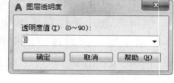

图 9.12

图 9.13

（3）建立新图层及其设置过程

【实例】　如果想建立新图层并设置层的颜色和线型，可按如下步骤进行：

① 单击下拉菜单［格式］→［图层...］，则屏幕上弹出一个对话框，如图 9.7 所示。

② 点击"新建图层"按钮，则图 9.7 变为图 9.14。

③ 在"名称"栏中显示缺省的新图层名称为"图层 1"。移动光标到此并单击之，然后用 Backspace 键清除掉字符"图层 1"，重新键入名称，如 A 层，键入"A"即可。

④ 单击"颜色"则弹出一个颜色对话框，单击红色，则 A 层中实体全部以红色显示。同样，图 9.14 中的颜色图符也改变。

⑤ 在"线型"栏中按左键，则弹出一个线型设置对话框，如图 9.10 所示，在其中单击"加载（L）..."按钮，又弹出一个对话框，如图 9.15 所示。

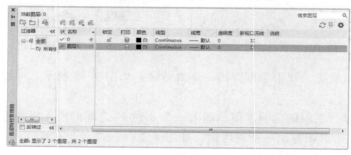

图 9.14

⑥ 在图 9.15 中单击"ACAD_ISO07
W100"（即点线），然后点击"确定"按
钮，则图 9.15 的对话框关闭。同时图 9.14
中的相应线型图符也会改变。

⑦ 这时在图 9.14 中单击"A"，然后
移动光标到"置为当前"按钮并单击之，
则 A 层为当前层。

同样，"当前图层"后面的"0"变为
"A"。按左上角的"×"按钮后，则图
9.14 中的线型设置对话框关闭。这时用户
在屏幕上作图就是位于 A 层，以红色显示，线型为点线型。

图 9.15

上面所列举的只是一个最简单的例子。而层的冻结、关闭、过滤等操作实例还有很多。
冻结和关闭层的操作相对较简单，读者可以自己练习。

9.4 颜色设置

下拉菜单:[格式]→[颜色...]
命令行:COLOR 或(-COLOR),其中-COLOR 为命令行形式

单击下拉菜单［格式］→[颜色...]，则弹出"选择颜色"对话框，如图 9.16 所示（在
"命令:"提示符下键入 COLOR 并按 Enter 键亦可）。图 9.16 的有关选项的含义较简单，这
里略去不讲。

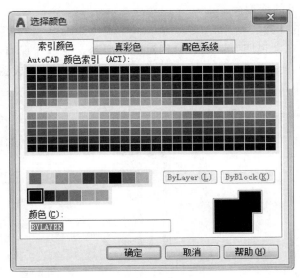

图 9.16

在"命令:"提示符下键入-COLOR 并按 Enter 键，将不出现对话框，而是在命令行出
现提示语言来帮助用户完成颜色的设置。用户可键入颜色的英文名称或数字，然后屏幕上的
绘图颜色就随之改变，同时上面的图示符号也就变成相应的颜色。

9.5　线型及线型比例设置

> 下拉菜单：[格式]→[线型...]
> 命令行：LINETYPE 或(-LINETYPE)，其中-LINETYPE 为命令行形式

众所周知，绘图时除了使用不同颜色外，还可能用到不同线型及不同比例的同一线型，如实线、点画线、点线、虚线等。即使是使用同一虚线，间隔距离也可能不同。在上面的层设置中，已对此做了一些必要的解释。这里对此再做进一步说明，以便读者对线型及线型的比例设置能运用自如。通过层来设置线型的方法在 9.3 节中已做了详细介绍，这里只介绍通过线型命令和下拉菜单来设置线型。

单击下拉菜单［格式]→[线型...]，则弹出一个对话框，如图 9.17 所示。

图 9.17 中一些功能和图 9.7 有相似之处。

(1) 图 9.17 中各选项的含义

• 线型过滤器：线型过滤。

• 反转过滤器：反向过滤。

在图 9.17 的右边有"加载（L)..."" 删除"" 当前（C)"和"显示细节（D)"等按钮，其中：

"加载（L)...":装入线型。单击时弹出如图 9.15 所示的对话框，其中：

■ 文件（F)...:显示所选线型的文件名称。

■ 可用线型：可选线型。其中"线型"和"说明"分别表示线型名和对线型的具体描述。

• 删除：删除设定的线型。

• 当前（C):当前的线型，如"Continuous"表示当前线型为实线。在下面的矩形框中有"线型""外观"和"说明"三项，分别对应线型名、线型外观和对线型的描述。

• 显示细节（D):显示更详细的内容。单击之，则图 9.17 变成图 9.18。

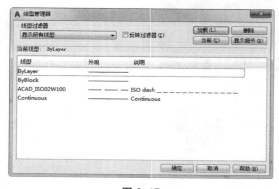

图 9.17

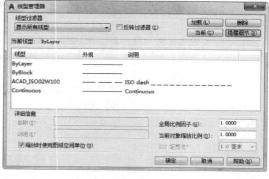

图 9.18

(2) 图 9.18 中各选项的含义

• 名称：线型名。

• 说明：对线型的描述。

• 全局比例因子：通过它可以设置线型的比例。

- 当前对象缩放比例：当前目标的比例。
- ISO 笔宽：可以设置笔宽。单击右侧小箭头可弹出一个下拉列表来选择笔宽。
- 缩放时使用图纸空间单位：使用图纸空间的单位。

注意：

"全局比例因子"选项的设置亦可通过在"命令："提示符下键入"Ltscale"并按 Enter 键，状态栏显示"新的比例因子＜1.0000＞："，再键入新的比例值来实现。同时，对话框中"全局比例因子"的值也会更改为所键入的值。

9.6 线宽设置

下拉菜单：[格式]→[线宽...]
命令行：LINEWEIGHT(或 LWEIGHT)

可以用线宽给实体添加宽度。线宽对于图形化表示不同的实体和信息很有用，但不能表示特定实体的宽度。线宽可以应用于除 TrueType 字体、光栅图像（图像边界除外）、点和实体填充（二维实体）之外的所有图形实体。当多段线的厚度大于零并且在非平面视图中浏览时，线宽只能以多段线的非零宽度显示。不能应用线宽的实体以缺省线宽 0（打印机或出图仪能打印的最细的直线）打印。可以应用线宽的实体以"Bylayer"线宽值打印，图层的缺省线宽值是"缺省"（缺省宽度为 0.01 英寸或 0.25 毫米）。也可以用"打印样式表编辑器"定制所需的任意线宽。

线宽设置的具体操作是单击下拉菜单 [格式]→[线宽...]，这时将弹出一个对话框，如图 9.19 所示。

图 9.19 中有关选项的含义说明如下：

- 线宽：可利用下方的滑动块在其下面的栏里重新选择线宽。

- 列出单位：线宽的单位。其中有毫米（mm）和英寸（in）两种表示方法。

- 显示线宽：可选择是否在模型空间显示线宽。

- 默认：默认线宽。可用右侧下拉菜单重新设置。

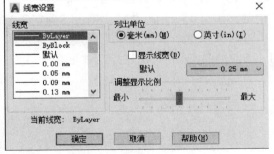

图 9.19

- 调整显示比例：线宽的显示比例可利用下方的滑动块进行调整。
- 当前线宽：表明当前线宽是依据什么显示的。

9.7 厚度设置

下拉菜单：[格式]→[厚度...]
命令行：THICKNESS

　　无论何种物体，都是由各种实体组合而成的。作为实体，它总是三维的。厚度设置命令实际上是绘制三维图时才使用的。

9.8　重命名设置

下拉菜单：[格式]→[重命名…]
命令行：RENAME 或（-RENAME），其中-RENAME 为命令行形式

　　【实例】　假设已设置了图层1、图层 2 两个图层，如果要改变层名，可按如下操作步骤进行：

　　① 单击下拉菜单［格式］→［重命名…］，则弹出一个对话框，如图 9.20 所示。
　　② 在图 9.20 中，各选项的含义说明如下：

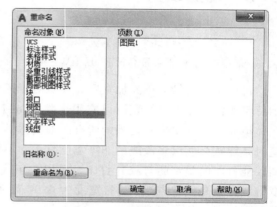

命名对象：要重命名的实物的类型。
项数：列出类型中具体要更改的项目。
旧名称：可点击项数列表中的"图层 1"等旧项数。
重命名为：要改成的名称。
如果单击"命名对象"中的"图层"，则"项数"中显示"图层 1"和"图层 2"两个层名。
　　③ 单击"项数"中的"图层 1"，此时"旧名称"中显示"图层 1"。移动光标到

图 9.20

"重命名为"栏中，键入新层名（如 A 层，键入"A"），单击"重命名为"按钮，则"项数"栏中的"图层 1"变成"A"，单击"确定"按钮。

　　这时如果单击下拉菜单［格式］→［图层…］，则弹出一个对话框，如图 9.21 所示。从图 9.21 中可以看到，图层 1 已被更名为 A。

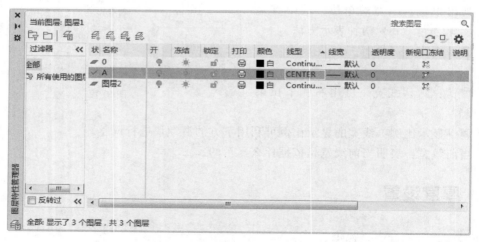

图 9.21

9.9　刷新命令

下拉菜单:[视图]→[重画]
命令行:REDRAW

使用 AutoCAD 绘图时，不论执行哪个命令，如果使用鼠标左键，总会在屏幕上留下一个十字形光标的标记。这个标记实际上并不是图形，可以说这并不是我们需要的标记。这些标记主要是提醒用户执行了多少次操作。如果感觉到目前图形有一些乱，标记太多，使用"删除"命令又不能擦去这些标记，怎么办？AutoCAD 提供了一个刷新命令，来清理杂乱无章的标记。

刷新命令的具体操作很简单：单击下拉菜单 [视图]→[重画]，或者在"命令:"下键入 R 后按 Enter 键，两者都可执行刷新命令。执行刷新命令后屏幕会变得更工整，图面更清晰和干净了。

注意:
如果把系统变量 Blipmode 的值设为 OFF，则图面不显示十字形光标的标记。

9.10　重生成命令

下拉菜单:[视图]→[重生成]或者[全部重生成]
命令行:REGEN/REGENALL

在计算机上用 AutoCAD 绘图时，如果将很小的圆放到很大，可以看到曲线不再光滑，而是由多边形组成的，这时就需要用"重生成"命令或"全部重生成"命令来使曲线恢复光滑。此外，当利用滚轮不断放大或缩小一张图时，到一定时候就会提示已经缩放到极限，此时执行一下"重生成"命令，就可以继续缩放了。不论是"重生成"命令还是"全部重生成"命令，其操作都很简单。两者的区别主要在于："重生成"仅仅重生成当前视区，而"全部重生成"则对当前屏幕上的所有视区都有效。如图 9.22 和图 9.23 所示，前者是使用"重生成"命令前的图形，后者是执行"重生成"命令后的图形。

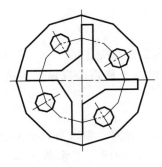

图 9.22

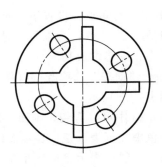

图 9.23

> **注意：**
>
> "重生成"命令与"重画"命令有本质的区别。利用"重生成"命令可重生成屏幕，此时系统从磁盘中调用当前图形的数据，比"重画"命令执行速度慢，更新屏幕花费时间较长。在 AutoCAD 中，某些操作只有在使用"重生成"命令后才生效，如改变点的格式。如果一直使用某个命令编辑图形，但该图形似乎看不出发生什么变化，此时可使用"重生成"命令更新屏幕显示。

9.11　缩放命令

下拉菜单：[视图]→[缩放]	
命令行：ZOOM	
工具栏：±	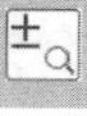

手工绘图时，图板较大，画到哪里，绘图员就可以看到哪里。而在计算机上绘图时，屏幕较小，如果所绘的图形较为复杂，那么可能会遇到图形的线条、文字等较密，进行具体绘图操作时交叉到一起的情况。另外，用 AutoCAD 绘图时，经常需要对所画的图形进行局部观察或全局观察。AutoCAD 提供的图像缩放命令就好比摄影镜头：焦距缩短时，可看到局部的景象；焦距拉长时，景物缩小，但看到的范围增大。这样的显示控制使作图变得更容易。在 AutoCAD 的绘图过程中，有时还需要从图形的一个局部切换到另一个局部，但最好是在屏幕上打开多个视区，每一视区反映图形的不同方面。这就是 AutoCAD 对图形的显示控制问题。

在画面控制中，缩放命令是最典型的一个命令，其下级菜单如图 9.24 所示。

(1) 图 9.24 中各项的含义

- 实时：在作图的过程中同时缩放。在具体操作时会看到屏幕上有一个如同放大镜一样的光标符号。
- 上一个：回到上一次的画面。不论该图形是用缩放还是平移命令生成的，这一选项都用于恢复当前视区内上一次的显示图形。AutoCAD 为每一个视窗保存前 10 次显示的视图，可以重复执行该命令来进一步恢复前次视图。
- 窗口：用矩形窗口的方式来进行画面的缩放，即缩放一个由两个对角点所确定的矩形区域内的图形实体。其中：
  - 第一对角点：设置第一对角点。
  - 另一对角点：设置另一对角点。
- 动态：动态缩放功能。这一选项集成了平移命令与缩放命令中的"全部"和"窗口"选项的功能。"动态"选项既可以移近，也可以拉远，还可以平移当前视窗。当执行该命令时屏幕如图 9.25 所示。

从图 9.25 中可以看到，画面上出现三个方框，其中：
- 蓝色虚线框表示该框显示图纸范围。若图形已经超出界限，则以最大范围显示。
- 绿色虚线框表示目前图形显示的范围大小。如果目前的图形显示范围与界限相同，则本框与蓝色虚线框重叠。

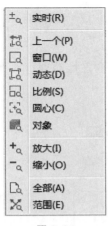

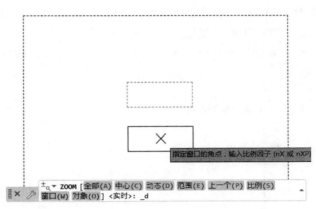

图 9.24　　　　　　　　　　　　　　　　　　　图 9.25

■ 中间有交叉斜十字线的黑色框表示使用本项来选择所需显示画面的大小。当按下左键时，交叉斜十字线会变成一个箭头，移动鼠标指针可以改变方框的大小，从而决定画面的显示位置及大小。

• 比例：在下拉菜单中仅以"比例"表示，该选项要求直接输入一个比例因子来对图形进行缩放。它将当前视区中心作为中心点，并且依据输入的相关参数值进行缩放。如果输入一个数字，比如 2，则创建了显示极限 2 倍的缩放因子。如果在比例因子后加 X，比如 0.5X，则会创建显示为当前视图 0.5 倍的视图。XP 选项是相对于图纸空间的一个比例。

• 圆心：以中心位置来缩放图形。该项要求确定一个中心点，然后给出缩放系数（后跟字母 X）和一个高度值。若要保持显示中心不变，而改变显示高度或比例因子，只要在新的提示符下按 Enter 键即可。然后，AutoCAD 就缩放中心点区域的图形，并按缩放系数或高度值显示图形。再选一个中心点，并按 Enter 键进入到视图平移方式，所选的中心点变成视图的中心点。如要保持中心点不变，而改变缩放系数或高度值，则在新的"圆心点"提示下按 Enter 键。

其中：

■ 圆心点：设置缩放时的中心点。

■ 输入比例或高度<->：缩放的比例值。

• 放大：本项在下拉菜单［视图］→［缩放］下级菜单中，当单击时可以看到屏幕闪动一下，表示增加了当前视区的视在尺寸（为原来的 2 倍，即 2X）。

• 缩小：本项在下拉菜单［视图］→［缩放］下级菜单中，当单击时也可以看到屏幕闪动一下，表示减小了当前视区的视在尺寸（为原来的 0.5 倍，即 0.5X）。

• 全部：将图形视区放大到极限。在二维平面视图中，该项显示图形极限，当图形超出极限时，则显示全部图形。在三维视图中，则总是显示全部图形。当使用"全部"选项时，AutoCAD 会选用重生成操作，来刷新视图。

• 范围：以最大的图形显示，即表示在整个当前视窗尽可能大地显示全部图形。当使用"范围"时，同"全部"项一样，会引用重生成操作。

以上说明了缩放命令各选项的含义，其实缩放命令是 AutoCAD 最重要也是最有效的显示控制命令。下面我们举例说明该命令的使用。

（2）图形缩放的具体过程

【实例】 对图形进行实时缩放，可按如下操作步骤进行：

① 单击下拉菜单 ［视图］→［缩放］→［实时］。

② 这时屏幕上的光标变成像放大镜一样的符号，按住鼠标左键并垂直拖动即可对图形进行缩放，如图 9.26、图 9.27 所示。

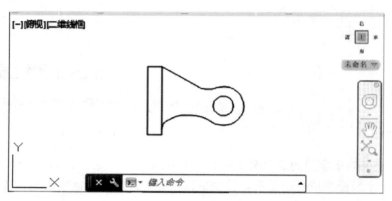

图 9.26

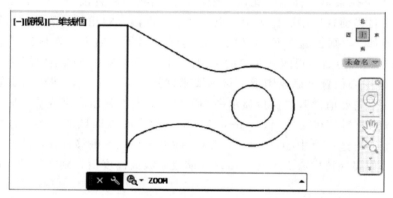

图 9.27

注意：

图形缩放命令和缩放命令都对图形进行缩放，但两者根本不同。请思考一下这是为什么。

9.12 画面平移命令

下拉菜单:［视图］→［平移］	
命令行:PAN	
工具栏:🖐	

画面平移命令，简称平移命令，是 AutoCAD 画面控制中最重要的命令之一，它通过在当前视窗移动图形来显示图形的其他区域。平移命令和移动命令有类似之处，二者的区别在

于：移动命令是移动画面中的某个图形，好像将该图形擦掉之后换一个地方刷新一样；平移命令则是将整个画面移动，就像我们原本在左上角画面画图，现在把目光移动到右上角继续画图一样。

平移命令的工作原理就像平移望远镜来观察其他景物一样，它使用当前比例因子在图形文件上移动。当使用平移命令时，要给 AutoCAD 一个位移量。位移量由两点定义，它确定了位移的距离和方向。当指定两点确定位移量时，AutoCAD 根据指定的第一点来拾取图像，然后把它平移放到指定的第二点。十字光标拖动一条从起点到第二点的直线来表示平移路径。画面平移命令的下级菜单如图 9.28 所示。

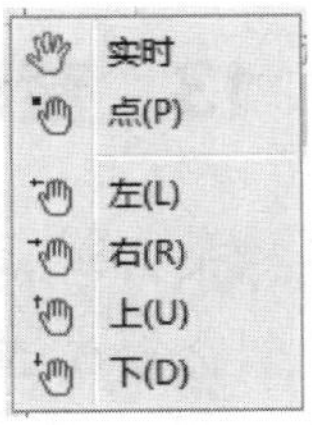

(1) 图 9.28 中各项的含义

• 实时：含义和缩放命令中的"实时"一样。具体操作时会看到屏幕上有一个如同手一样的光标符号，抓住整个画面移动，这时按 Esc 键或 Enter 键退出平移命令。

• 点：通过设置点的方法使画面平移。

• 左、右、上、下：分别表示向左、右、上、下四个方向平移画面，平移的距离是上次设定的（即取缺省值）。

图 9.28

(2) 画面平移的具体过程

【实例】 若要移动整个画面（即执行平移命令），可按如下操作步骤进行：

① 单击下拉菜单 ［视图］→［平移］→［点］。

② 指定基点或位移：（在屏幕上单击一点）

③ 指定第二点：（单击另一点）

图 9.29 和图 9.30 所示分别是平移前后的图形（注意坐标系图标）。

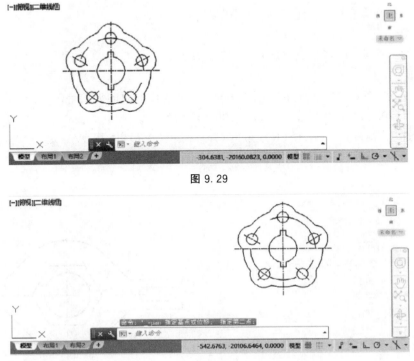

图 9.29

图 9.30

注意：

平移命令不同于移动命令，它是整个画面的平移。

至于平移命令中的"实时"提示项，和缩放命令中的"实时"大同小异，这里不再重复。要强调的是，平移和缩放命令若结合起来使用，则可以满足多种要求。左、右等四个提示项在上面已做了解释说明。

9.13　查询命令

下拉菜单：［工具］→［查询］
命令行：MEASUREGEOM

在绘图过程中，绘图者往往会一边绘图一边想知道所绘图形的一些相关信息。Auto-CAD 的查询命令对提供图形文件的信息很有用。当线段被绘制到图形文件中时，它们往往代表着实物的位置及其相互之间的位置关系。本节要介绍的就是这样一些命令。在 Auto-CAD 中，有很多命令可用于获取当前绘图环境的数据。如时间命令可显示时间信息，状态命令用于描述当前图形的图限、捕捉及栅格间距、当前层、线型、颜色、磁盘及内存空间使用情况等，设置变量命令可用于观察及更改系统变量等。

单击下拉菜单［工具］→［查询］，它包含如图 9.31 所示的几个查询命令。

（1）距离命令

【实例】　测量图 9.32 中 A、B 两点间距离的操作步骤如下：

① 单击下拉菜单［工具］→［查询］→［距离］。

② 指定第一点：（选取 A 点）

③ 指定第二个点或［多个点（M）］：（选取 B 点）

屏幕上显示：

距离＝143.8367，XY 平面中的倾角＝347，与 XY 平面的夹角＝0

X 增量＝140.0000，Y 增量＝－33.0000，Z 增量＝0.0000

④ 输入选项［距离（D）/半径（R）/角度（A）/面积（AR）/体积（V）/退出（X）］＜距离＞：

X Enter

图 9.31

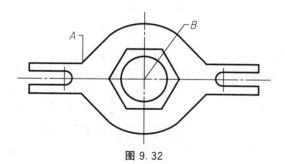

图 9.32

(2) 半径命令

它用于查询圆或圆弧的半径。

【实例】　查询图 9.33 圆弧的半径，操作步骤如下：

① 单击下拉菜单[工具]→[查询]→[半径]。

② 选择圆弧或圆：（选择图中的圆弧）

屏幕上显示：

半径＝79.8362

直径＝159.6704

③ 输入选项[距离（D）/半径（R）/角度（A）/面积（AR）/体积（V）/退出（X）]＜半径＞：

X Enter

(3) 角度命令

【实例】　查询图 9.34∠BAC 的操作步骤如下：

① 单击下拉菜单 [工具]→[查询]→[角度]。

② 选择圆弧、圆、直线或＜指定顶点＞： Enter

③ 指定角的顶点：（选取角的顶点 A）

④ 指定角的第一个端点：（选取角的第一个端点 B）

⑤ 指定角的第二个端点：（选取角的第二个端点 C）

⑥ 屏幕上显示：

角度＝46°

输入选项[距离（D）/半径（R）/角度（A）/面积（AR）/体积（V）/退出（X）]＜角度＞：

X Enter

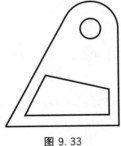

图 9.33

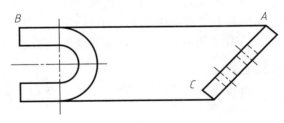

图 9.34

(4) 面积命令

通过该命令可计算出一块区域内的面积，该区域可由所选的几个点构成的多边形确定，即这几个点作为多边形的顶点，两点间的距离作为多边形的边。该区域还可由图形实体确定，如多义线、圆等。

【实例】　查询图 9.35 中 A、B、C、D、E、F 六点所围成图形面积的操作步骤如下：

① 单击下拉菜单[工具]→[查询]→[面积]。

② 指定第一个角点或[对象（O）/增加面积（A）/减少面积（S）/退出（X）]＜对象（O）＞：（选取 A 点）

③ 指定下一个点或[圆弧（A）/长度（L）/放弃（U）]：（选取 B 点）

④ 指定下一个点或[圆弧（A）/长度（L）/放弃（U）/总计（T）]：（选取 C 点）

⑤ 重复该步骤直至 F 点后按 Enter 键，则屏幕上显示：

区域＝1130.0000，周长＝178.1388

⑥ 输入选项［距离（D）/半径（R）/角度（A）/面积（AR）/体积（V）/退出（X）］＜面积＞：X Enter

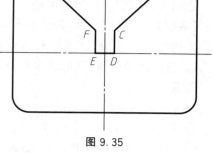

图 9.35

步骤②选项说明：

• 对象（O）：列出基本图形的面积。本选项让用户选择一个图形实体来确定区域。

• 增加面积（A）：相加选取的图形面积，即对面积进行累积，只要不退出面积命令，面积的值总是处于累积状态。

• 减少面积（S）：相减选取的图形面积，即对面积进行减法运算，只要不退出面积命令，前后面积是相减的。

注意：

执行面积命令后，除了给出面积的值外，还给出周长。这两个值被分别放在系统变量 AREA 与 PERIMETER 中。

（5）体积命令

【实例】 查询图 9.36 锥齿轮体积的操作步骤如下：

① 单击下拉菜单［工具］→［查询］→［体积］。

② 指定第一个角点或［对象（O）/增加体积（A）/减去体积（S）/退出（X）］＜对象（O）＞：O Enter

③ 选择对象：（选取锥齿轮整体）

屏幕上显示：体积＝15976.0694。

④ 输入选项［距离（D）/半径（R）/角度（A）/面积（AR）/体积（V）/退出（X）］＜体积＞：X Enter

在上例中，当选择"体积（V）"项时，依次提示的选项和面积类似。这里不一一解释。

图 9.36

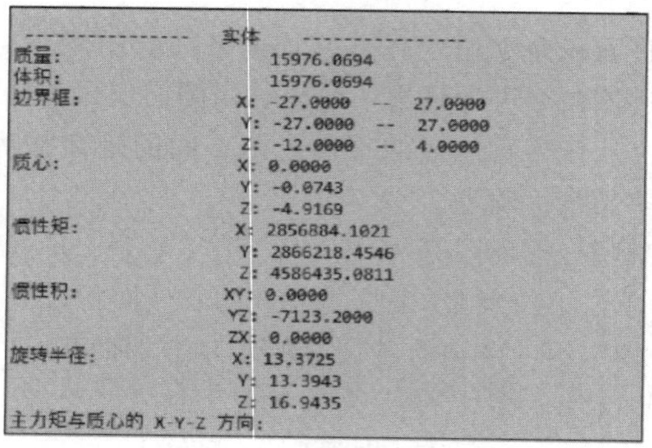

图 9.37

(6) 面域/质量特性命令

面域/质量特性命令给出实体的质量特性，如体积、重心、转动惯量等。图 9.37 是用该命令列出的图 9.36 锥齿轮的信息。

(7) 列表命令

"列表"命令表示给出一个列表。表中可列出用户所选择的图形实体的位置、类型，并给出一个封闭的多义线或曲线的面积与周长。列表命令经常被用来检查块名、坐标类型、颜色、层或者特殊的坐标。应用该命令查询图 9.38 所获得的信息如图 9.39 所示。

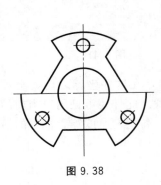

图 9.38

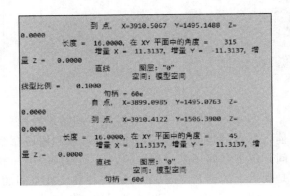

图 9.39

(8) 点坐标命令

点坐标命令表示列出点的坐标。本项命令可直接选取所需的点，这样在信息栏上会立即列出该点的坐标。

本命令常和捕捉等辅助功能配合使用。

(9) 时间命令

时间命令可以显示当前时间、图形创建时间以及最近一次更新时间，此外，还提供了图形在编辑器中的累计时间。"时间"命令还包含以下选项：

* 显示：重新提示有关时间信息。
* 开：打开停表。
* 关：关闭停表。
* 重置：复位停表。

在具体显示的时间信息中，提供下列内容：

* 当前时间。
* 图形文件的创建时间。
* 上次修改图形文件的时间。
* 总的编辑时间。
* 计时器的时间。
* 下一次自动存储时间。

典型的信息窗口如图 9.40 所示。

(10) 状态命令

状态命令表示列出一些关于图形文件的资料，主要包括文件名、图形数量、使用极限大小、各种辅助功能的设置值及剩余磁盘空间的大小等。

执行本命令后，系统会自动打开 AutoCAD 文本窗口，并显示该图形文件的信息，如图 9.41 所示。

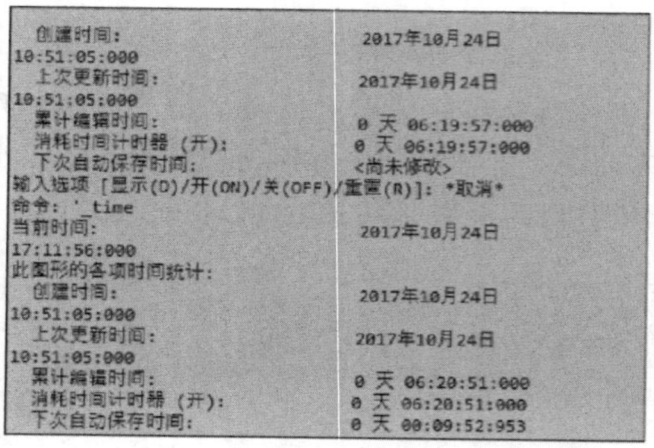

图 9.40

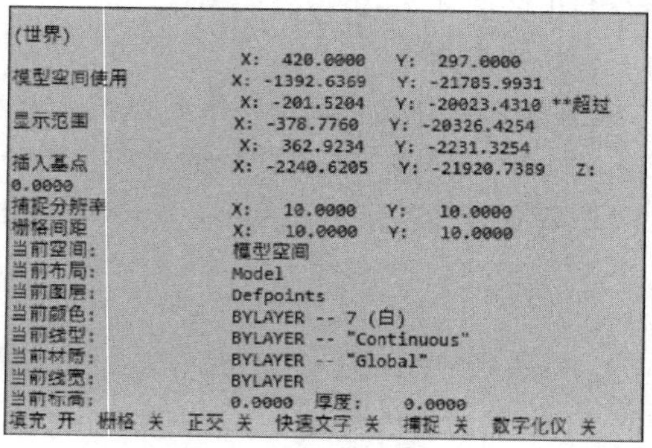

图 9.41

在图 9.41 中，可以看到模型空间图形界限及显示范围等，在这些坐标之后，会看到图形插入基点的当前设置以及捕捉分辨率和栅格命令的间隔设置。此外还可见用户当前的工作空间是图纸空间还是模型空间，以及当前的层、颜色、线型、高度、厚度等。报告的最后一项是硬盘上的剩余空间、RAM 内存和交换空间的大小。

在图 9.41 中，按 F2 键可回到工作屏幕。

(11) 设置变量命令

设置变量命令用于列出系统变量和设置系统变量的值。在 AutoCAD 中，系统变量可实现许多功能。例如，系统变量 FILEDIA 可控制文件对话框在用户被提示文件名时是否出现（不出现时由命令行输入）。另一些系统变量用于保存命令的结果。例如，面积命令记录了最后一个区域面积。还有一些变量，既用于保存命令结果，又用于控制命令行为。例如，SNAPMODE 既记录了捕捉的状态，同时它的改变也会打开或关闭捕捉。此外，AutoCAD 中也有一些变量用于保存某些环境设置。例如，DWGNAME 保存了当前文件的名字。

在实际应用中有三种方法可以使用"设置变量"命令，即：

① 查阅系统变量。

② 浏览系统变量。

③ 设置系统变量。

初学 AutoCAD 时，有些用户可能对此感到很困惑。建议先跳过这一命令，等到对 AutoCAD 非常熟悉之后再来学习，体会会更深。

【实例】 设置某个系统变量的值（本例是设置自动存储文件的时间间隔），可按如下操作步骤进行：

① 单击下拉菜单[工具]→[查询]→[设置变量]。

② 输入变量名或[?]：SAVETIME Enter

③ 输入 SAVETIME 的新值＜120＞：20 Enter

则系统变量 SAVETIME 设置结束。该系统变量表示 AutoCAD 自动存储文件的时间间隔。原来的设置值为 120 分钟，重新设置后改变为 20 分钟。

(12) ? 命令

在 AutoCAD 里，可以使用"?"命令来获得帮助信息。单击右上角的"?"，则可弹出 AutoCAD "帮助"对话框，如图 9.42 所示。

图 9.42

由此可获得多项帮助，这里不再详述。

9.14　控制特性命令

下拉菜单：[修改]→[特性]

命令行：PROPERTIES

用 AutoCAD 作图时，有时需要一次改变实体的几项内容，这时采用 AutoCAD 的控制特性命令较合适。该命令对不同类型的实体弹出不同的对话框，但使用该命令时每次只能修改一个实体的特性。

(1) 控制特性命令的基本操作

【实例】　对图 9.43 中的圆 A 进行特性修改。

选取该圆，然后单击下拉菜单［修改］→［特性］，则弹出一个对话框，如图 9.44 所示。

在图 9.44 中以字母顺序列出了圆的各种特性，如颜色、图层、线型、厚度、线型比例等。可在对应栏对这些项进行修改。

(2) 具体的应用过程

【实例】　设屏幕如图 9.43 所示，要将图中圆的位置变动并更改颜色及大小，可按如下操作步骤进行：

① 单击图 9.43 中的圆，该圆变虚。

② 单击下拉菜单［修改］→［特性］，则弹出一个对话框，如图 9.44 所示。

③ 单击图 9.44 中的常规栏中的"颜色"，则打开颜色列表，如图 9.45 所示，选取红色。

④ 修改图 9.44 中"几何图形"栏中的圆心、半径等值。

⑤ 关闭图 9.44 所示的对话框，结束命令。

由图 9.46 可以看到该圆以红色显示并改变了位置及大小。

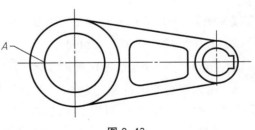

图 9.43

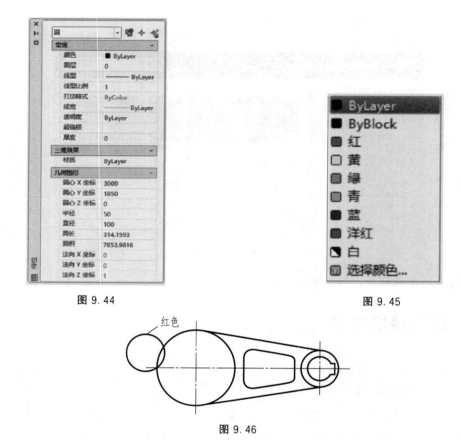

图 9.44

图 9.45

图 9.46

9.15 修改特性命令

命令:CHPROP

利用修改特性命令可修改实体的颜色、图层、线型、线型比例因子、线宽、厚度和打印样式。

【实例】 利用修改特性命令修改实体特性的具体操作如下：

① 命令行：CHPROP [Enter]

② 选择对象：（在绘图区选取实体）[右键]

③ 输入要更改的特性［颜色（C）/图层（LA）/线型（LT）/线型比例（S）/线宽（LW）/厚度（T）/透明度（TR）/材质（M）/注释性（A）］：

这是修改特性命令的相关选项的命令行形式，选取时用户可以从命令行上改变颜色等特性，这里不再一一介绍。

9.16 变更命令

命令:CHANGE

在 AutoCAD 的早期版本中，变更命令是用来修改实体特性的命令。在 AutoCAD 2024 中，该命令同样可以用来修改实体的几何属性和实体属性。除了线宽为零的直线外，所选实体必须与当前用户坐标系（UCS）平行。

（1）变更命令的执行过程

【实例】　利用画图命令画圆，使屏幕如图 9.47 所示。要用变更命令来调整圆的大小，可按如下操作步骤进行：

① 命令行：CHANGE Enter

② 选择对象：（选取图 9.47 中的圆）Enter

③ 指定修改点或［特性(P)］：（这时利用十字光标选取 A 点）

命令结束。这时可以看到该圆半径变大，圆周通过 A 点，如图 9.48 所示。

注意：

若视图与 UCS 不平行，命令结果可能不明显。

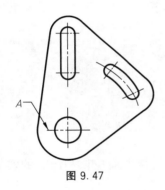

图 9.47

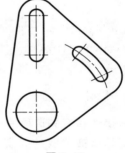

图 9.48

（2）变更命令的有关提示项的含义

• 指定修改点：改变点的方式，即在选取图形后，以定义新点的方式来改变图形的大小或位置。其中：

■ 对于圆：本设置将调整圆的半径，并使圆周通过更改点，如按 Enter 键，则命令行提示输入新的半径。

■ 对于直线：本设置把离更改点最近的直线端点移到更改点。

■ 对于块：本设置将插入块移到更改点，并且提示输入新的旋转角。

■ 对于属性：本设置将属性定义移到更改点，并提示输入属性定义的类型、高度、旋转角度、标签、提示以及缺省值等。

■ 对于文本：本设置将文本移动到更改点，并提示文本类型、高度、旋转角度和内容。

如果用户选择了多个实体，而且只拾取了一个更改点，则变更命令会循环提示更改点。如果选择了多条直线，则所有直线均把离更改点最近的端点移到更改点。

• 特性（P）：改变实体的特性。选取时将显示多个选项，其中：

■ 颜色（C）：改变颜色。

■ 标高（E）：改变标高。

■ 图层（LA）：改变图层。

- 线型（LT）：改变线型。
- 线型比例（S）：更改线型比例。
- 线宽（LW）：更改线宽。
- 厚度（T）：更改厚度。
- 透明度（TR）：更改透明度。
- 材质（M）：更改材质。
- 注释性（A）：更改注释性。

注意：

CHRPOP 命令和 PROPERTIES 命令具有修改特性方面的功能，但没有限制所选的实体必须与当前 UCS（即坐标系）平行。但执行变更命令所选实体必须与当前用户坐标系（UCS）平行。

9.17 特性匹配命令

下拉菜单：[修改]→[特性匹配]	
命令行：MATCHPROP（或 PAINTER）	
工具栏：📋	
功能区：[默认]→[特性]→[特性匹配]	

（1）基本操作和有关选项的含义

特性匹配是指被选取的新实体（目标实体）在某些特性方面应该和已有的实体（源实体）相同。

【实例】 特性匹配命令的操作过程如下：

① 单击下拉菜单[修改]→[特性匹配]。

② 选择源对象：（选取屏幕上的一个实体）

③ 选择目标对象或[设置(S)]：

②、③ 两行提示中，上面的一行是当前设置，包括颜色、图层、线型、线型比例、线宽、厚度、出图类型、文字、尺寸和剖面线，下面一行提示中的"选择目标对象"项表示选取要匹配的目标实体，设置（S）项表示要设置有关特性。如果此时键入"S"则弹出一个对话框，如图 9.49 所示。

在图 9.49 中有两个区域，其中：

基本特性区域：基本特性包括颜色（C）、图层（L）、线型（I）、线型比例（Y）、线宽（W）、透明度（R）、厚度（T）和打印样式（S）。

特殊特性区域：特殊特性包括标注（D）、文字（X）、图案填充（H）等。

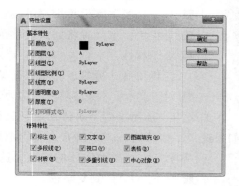

图 9.49

（2）**具体的操作过程**

先利用画图命令画圆，使屏幕如图 9.50 所示，其中小圆选用实线型，大圆选用虚线型。以小圆作为源实体，要用特性匹配命令将大圆的线型（线型也是一种特性）匹配成小圆的线型，可按如下操作步骤进行：

① 单击下拉菜单［修改］→［特性匹配］。

② 选择源对象：（选取图 9.50 中的小圆，则小圆变虚）

③ 选择目标对象或［设置(S)］：（这时再选取图 9.50 中的大圆，大圆变虚）

④ 选择目标对象或［设置(S)］：Enter

这时屏幕上的大圆也变成实线，这就是线型匹配功能，如图 9.51 所示。

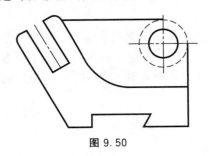

图 9.50

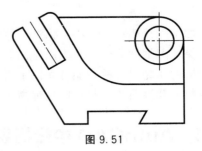

图 9.51

9.18　小结与练习

【小结】

本章介绍了 AutoCAD 2024 的画面控制和特性编辑功能，包括图层的设置，距离、面积、体积、质量等的查询，画面的平移和缩放以及特性的控制、变更、修改、匹配等功能，如果能够巧妙而灵活地利用这些功能，同时和前面介绍的绘图与编辑命令相结合，则会大大提高设计效率。除此之外，AutoCAD 2024 还有很多其他的实用辅助功能，用户可自行多加操作和总结。

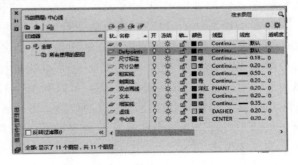

图 9.52

【练习】

① 创建如图 9.52 所示的图层。

② 利用特性匹配命令，根据图 9.53 修改图 9.54 的特性。

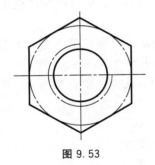

图 9.53

图 9.54

第10章

绘图工具和辅助功能

正如手工绘图一样，必须借助一些绘图工具，如三角尺、丁字尺、圆规、直尺等绘图仪器，以保证图纸的质量，并提高绘图效率。使用 AutoCAD 绘图时，其本身设置了很多绘图工具和辅助功能，这些功能就如同手工绘图的工具一样。不仅如此，使用 AutoCAD 的这些功能绘图，其绘图速度和精度远远高于手工绘图。

10.1 AutoCAD 中坐标系的应用

绘图时通过坐标系在图形中确定点的位置，可设置和使用自己的可移动的用户坐标系（UCS），从而更好地在角度、等轴测或正交（三维）视图中画图。

10.1.1 笛卡儿坐标系和极坐标系

在解析几何中，笛卡儿坐标系有三个坐标轴：X、Y 和 Z。输入 X、Y、Z 坐标值时，需要指定它们与坐标系原点$(0,0,0)$或前一点的相应坐标值之间的距离（带单位）和方向（＋或－）。通常，AutoCAD 构造新图形时，自动使用世界坐标系（WCS）。世界坐标系的 X 轴是水平的，Y 轴是竖直的，Z 轴则垂直于 XY 平面。

除了 WCS 以外，还可以定义一个原点和坐标轴方向均与之不同的可移动用户坐标系（UCS）。可以依据 WCS 定义 UCS。可以利用带 UCS 的样板构造一个不使用 WCS 的图形。

极坐标系用距离和角度确定点的位置。要输入极坐标值，必须给出该点相对于原点或其前一点的距离，以及与当前坐标系的 XY 平面所成的角度。

(1) 定位点

以图 10.1 所示 XY 平面上点的位置为例。坐标$(4,2)$表示该点在 X 正向与原点相距 4 个单位，在 Y 正向与原点相距 2 个单位。坐标$(-5,4)$表示该点在 X 负向与原点相距 5 个单位、Y 正向与原点相距 4 个单位的位置。

在 AutoCAD 中，可以用科学、小数、工程、建筑或分数的格式输入坐标；用百分度、弧度、勘测单位或度、分、秒的格式输入角度。这里使用小数格式和度。

如果工作中用到三维建模，可以在坐标系中加入 Z 轴，这样一个点要用 X、Y、Z 三个值确定。三维坐标系中原点的 X、Y 和 Z 值都为零。

(2) 显示当前光标位置的坐标

AutoCAD 在窗口底部的状态栏中显示当前光标所在位置的坐标。

有三种显示坐标的方式：

① 动态显示：移动光标的同时不断更新坐标值。

② 静态显示：只在指定一点时才更新坐标值。

③ 距离和角度：以"距离＜角度"形式显示坐标值，并在移动光标的同时不断更新。这一选项只有在绘制直线或提示输入多个点的实体时才用得到。

编辑实体时，可以按 Ctrl＋I 键在这三种坐标显示方式之间循环切换。也可以按鼠标右键单击状态栏上的坐标显示，从快捷菜单中选择显示选项。

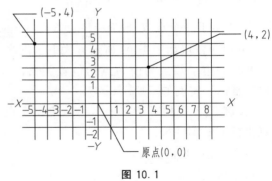

图 10.1

将系统变量"COORDS"设置为 0 表示静态显示（显示绝对坐标；坐标显示仅在指定某个点后更新）。

将系统变量"COORDS"设置为 1 表示动态绝对显示（显示绝对坐标；坐标显示将实时持续更新）。

将系统变量"COORDS"设置为 2 表示距离和角度显示（当命令处于活动状态并指定点、距离或角度时，显示相对极坐标；坐标显示将实时持续更新。当命令未处于活动状态时，显示绝对坐标值。注意：Z 值始终为绝对坐标）。

将系统变量"COORDS"设置为 3，显示地理（纬度和经度）坐标，坐标显示将实时持续更新（坐标格式受 GEOLATLONGFORMAT 系统变量控制。注意：当图形文件包含地理位置信息时，不显示 Z 值）。

用 ID 命令可查看现有实体上给定点的坐标（如中点或交点）。用实体捕捉可以精确地选择实体上的点。要查找现有实体上所有关键点的坐标，可以使用 List 命令或使用夹点选择实体。夹点是出现在实体关键位置（如端点或中点）上的一些小框。当光标捕捉到夹点时，状态栏会显示其坐标。

(3) 指定坐标

在二维空间中，点位于 XY 平面（也叫构造平面）上。构造平面与平铺的坐标纸相似。笛卡儿坐标的 X 值表示水平距离，Y 值表示竖直距离。原点（0，0）表示两轴相交的位置。图 10.2 表示用角度和距离来定义点。

可以用笛卡儿（X，Y）坐标或极坐标输入二维坐标。这两种方法都可以使用绝对值或相对值。绝对坐标值是相对于原点（0，0）的坐标值。相对坐标值是相对于前一个输入点的坐标值。相对坐标值在定位一系列已知间隔距离的点时非常有用。

1）输入绝对坐标和相对坐标

输入 X、Y 的绝对坐标时，应以"X，Y"格式输入其 X 和 Y 坐标值。如果知道了某个点精确的 X 和 Y 坐标值，可使用 X、Y 的绝对坐标。

【实例 1】　画一条起点为（－2，1）的直线，绘制步骤如下：

① 单击下拉菜单[绘图]→[直线]。

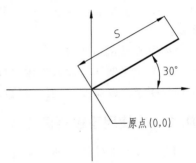

图 10.2

② 指定第一个点：−2,1 Enter

③ 指定下一个点或[放弃(U)]：3，4 Enter

AutoCAD 以如图 10.3 所示方式来定位该直线。

如果知道了某点与前一点的位置关系，可用 X、Y 相对坐标。实例如下所示。

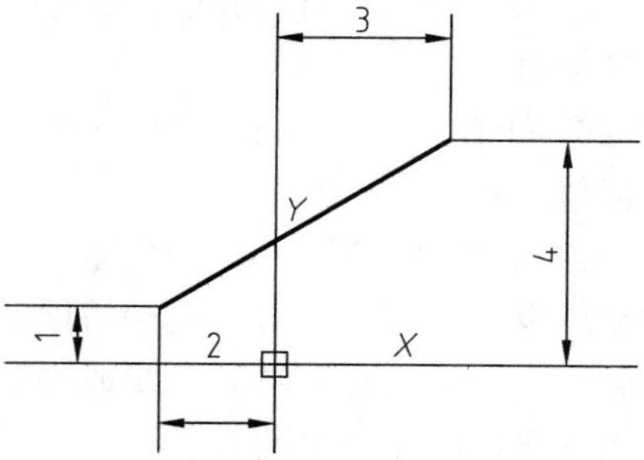

【实例 2】 要相对于（−2，1）定位一点，应在该点坐标前面加@符：

命令：LINE Enter

指定第一个点：−2,1 Enter

指定下一个点或[放弃(U)]：@5，3 Enter

这等价于输入绝对坐标（3,4）。

2）输入极坐标

图 10.4 表示极坐标的方位。

输入极坐标就是输入距离和角度，用尖括号"＜"分开。例如，要指定相对于前一点距离为 1、角度为 45°的点，输入@1＜45。

在缺省情况下，角度按逆时针方向增大而按顺时针方向减小。要向顺时针方向移动，应输入负的角度值。例如，输入 1＜−45 等价于输入 1＜315。可以在"单位控制"对话框中修改当前图形的角度方向并设置基准角度。

还可使用直接距离输入功能。通过直接距离输入，移动光标即可指定方向，然后输入距离指定相对坐标。请参见使用直接距离输入。

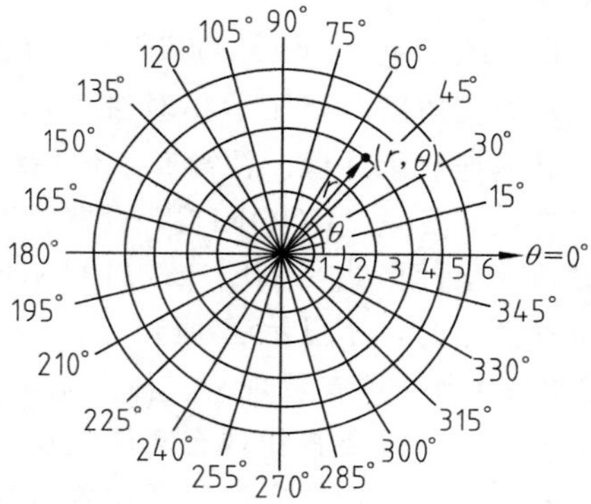

3）指定单位类型和角度

可以根据绘图的需要指定单位类型：建筑、小数、科学、工程或分数。依据所指定的单位类型，可以用小数、英尺、英寸、度或其他格式输入坐标。如果输入的数值是建筑单位制的英尺和英寸，英尺要用单撇号（'）表示，例如 72'3 或 34'4；英寸不需要用双撇号（"）表示。

如果在指定极坐标时使用勘测角度，应指明勘测角度的方向是东、西、南还是北。例如，要相对于当前位置绘制一条长度为 72 英尺 8 英寸、方位为北 45°偏东 20'6"的直线，应输入：

@72'8"＜n45d20'6"e

输入三维坐标与输入二维坐标的格式相同：科学、小数、工程、建筑或分数。输入角度也可用百分度、弧度、勘测单位或度/分/秒。

10.1.2 使用直接距离输入

除了输入坐标值以外，还可用直接距离输入方法定位点。执行任何绘图命令时都可使用这一功能。开始执行命令并指定了第一个点之后，移动光标即可指定方向，然后输入相对于

图 10.3

图 10.4

第一点的距离即可确定一个点。这是一种快速确定直线长度的好方法，特别是与正交和极轴追踪一起使用时更为方便。

　　除了那些提示输入单个实型值的命令（例如 Array、Measure 和 Divide）以外，其他所有命令都可以通过直接距离输入指定点。当正交打开时，这是绘制垂线的一种有效方法。

　　下例用直接距离输入绘制一条直线。

　　【实例】　用直接距离输入绘制直线的步骤：

　　① 单击下拉菜单[绘图]→[直线]。

　　② 指定第一点：（鼠标选择点 1）

　　③ 指定下一个点或[放弃（U）]：（移动定点设备，直到拖引线达到所需的方向。不要按 Enter 键）25 Enter

　　绘制结果如图 10.5 所示。

　　此时直线就以指定的长度和方向绘制出来，如图 10.6 所示。

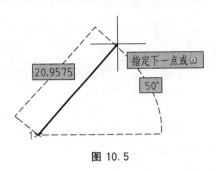

图 10.5

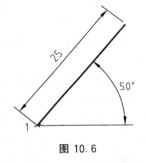

图 10.6

10.2　坐标系图标的显示

(1) 控制视窗 UCS 图标的可见性和位置

命令行：UCSICON

　　UCS 图标表示 UCS 坐标的方向和当前 UCS 原点的位置，也表示相对于 UCSXY 平面的当前视图方向。如果视窗的 UCSVP 系统变量设置为 1，则不同视窗中可能有不同的 UCS。

　　AutoCAD 在模型空间和图纸空间中分别显示不同的 UCS 图标，如图 10.7 所示。

　　俯视 UCS（沿 Z 轴正方向）时，在图标的底部画出一个方框，仰视 UCS 时方框消失。如果视图方向与当前 UCS 的 XY 平面平行，则 UCS 图标被断口画笔图标代替。

　　执行此命令时提示：

　　输入选项[开（ON）/关（OFF）/全部（A）/非原点（N）/原点（OR）/可选（S）/特性（P）]<开>：

　　命令行中各选项的含义如下。

　　开（ON）：显示 UCS 图标。

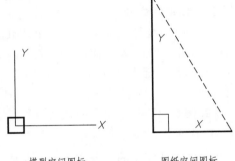

模型空间图标　　　　　　图纸空间图标

图 10.7

关（OFF）：关闭 UCS 图标显示（即不显示 UCS 图标）。

全部（A）：在所有活动视窗中反映图标的变动，否则 UCSICON 只影响当前视窗。

非原点（N）：不管 UCS 原点在何处，在视窗的左下角显示图标。

原点（OR）：强制图标显示于当前坐标系的原点（0，0，0）处。如果原点不在屏幕上，或者如果把图标显示在原点处，会导致图标与视窗边界线相交时图标将出现在视窗的左下角。

可选（S）：控制 UCS 图标是否可选并且可以通过夹点操作。

特性（P）：弹出一个对话框，如图 10.8 所示。在该对话框中可以设置图标的类型、可见性和位置。

（2）图 10.8 所示各项的含义

① UCS 图标样式：指定使用二维（2D）还是三维（3D）的 UCS 图标及其类型。其中：

二维：显示二维图标。

三维：显示三维图标。

线宽：当选择 3D 的 UCS 图标时，控制 UCS 图标的线宽。

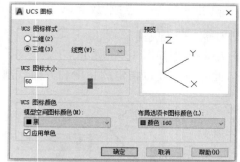

图 10.8

预览：显示 UCS 图标在模型空间的预演。

② UCS 图标大小：控制 UCS 图标的大小（相对视窗大小的百分率）。缺省值是 12，有效范围是 5～95。在视窗中显示的大小和其值成正比。

③ UCS 图标颜色：控制 UCS 图标在模型空间和布局中的颜色。其中：

模型空间图标颜色：控制模型空间中 UCS 图标的颜色。

布局选项卡图标颜色：控制布局中 UCS 图标的颜色。

10.3 UNDO 功能和 REDO 功能

关于编辑功能，本书介绍了 ERASE 等命令。如果发现操作有误，可采用 Oops 功能等补救，但只一次有效。如果想要多次恢复被删实体，必须用 UNDO 命令等。下面将这些命令一一加以介绍和比较。

（1）Oops 命令

Oops 命令用于恢复最后一次由 ERASE、BLOCK 或 WBLOCK 命令从图形中移去的实体。它不取消命令，这和下面要讲的 UNDO 命令是不一样的。

（2）UNDO 命令

UNDO 命令用于取消前面一个或几个命令的影响，把图形恢复到执行这些命令之前的状态。单击下拉菜单［编辑］→［放弃］，或按 Ctrl＋Z 键都可执行 UNDO 命令，也可在"命令："提示符下键入"UNDO"或"U"。其中 U 命令是 UNDO 命令的简化版，U 命令每次只能恢复一次，标准工具的 UNDO 工具发出的就是 U 命令。

【实例】 UNDO 命令的执行过程如下：

① 命令：UNDO Enter

② 输入要放弃的操作数目或［自动（A）/控制（C）/开始（BE）/结束（E）/标记（M）/后退（B）］：

步骤②各项含义如下。

输入要放弃的操作数目：执行 UNDO 的次数。（缺省方式）

自动（A）：自动执行。它是一个开关设置。单击后有 ON/OFF 选项。ON 设置为自动执行，选 OFF 将执行关闭操作。

控制（C）：控制 UNDO 的使用方式，单击后有 All/None/One 三个选项。其中，All 是缺省选项，表示使用全部的 UNDO 功能；None 表示不使用 UNDO 功能；One 表示限制 UNDO 的还原功能，只保留一次机会。

开始（BE）、结束（E）：开始、结束群组设置，即将一群命令设置为一个群组，使用这项（begin、end）来作为开始、结束的标志，当执行 UNDO 命令时可以一次作用一群命令。

标记（M）：设置标记，即设置命令操作时的标记，配合 Back 功能可快速地执行一连串的 UNDO 功能直到有标记的地方。

后退（B）：还原图形，回到标记处。

Number 提示项可使系统执行 UNDO 功能数次，其执行次数等于 Number 的数值。

(3) REDO 命令

REDO 命令是 UNDO 命令的相反命令。它仅在刚使用过 UNDO 或 U 命令时才可用。如果在 UNDO 命令之后立即执行 REDO 命令则恢复 UNDO 命令取消的操作。REDO 和 UNDO 命令都可在下拉菜单［编辑］中选择，也可按 Ctrl＋Y 键来执行 REDO 命令。

注意：

REDO 命令恢复执行 UNDO 或 U 命令后放弃的效果。REDO 命令必须紧跟着 U 或 UNDO 命令执行。

10.4　正交模式

手工绘图时，如果要画一条竖直线或水平线，必须借助有关的工具。在 AutoCAD 中，竖直或水平的直线，可以在"命令："提示符下采用输入坐标的方法来完成，但这样必须实时计算坐标值。有时对具体的坐标并不要求十分精确，只要求所画的线水平或竖直，这时使用鼠标则效率更高，避免了计算坐标的麻烦。要真正将直线控制于水平或竖直状态并不容易，怎么办呢？AutoCAD 提供了一个辅助命令，即正交模式 ORTHO。在具体操作时，可以作出竖直或水平的线段，而绝不会有所偏差。

采用下列三种操作中的任一种都可进入正交模式：

① 单击用户界面下部状态条上的"正交"按钮使其颜色变深。

② 命令：ORTHO Enter 。

③ 在任何时候按 Ctrl＋L 键。

此时下部状态条上的"正交"按钮颜色变深。

注意：

正交模式不仅用于画图操作，就是在编辑状态下进行平移等操作时也同样适用。您可以自己画个图，然后用 Move 命令来试试。

如果要退出正交模式，亦可按照上面的操作步骤再做一次，也就是单击下部的状态条"正交"按钮，或者在"命令："提示符下键入"正交"并按 Enter 键，设置 ON/OFF 为 OFF 状态，或者再按一次 Ctrl+L 键。同时，下部状态条上的"正交"按钮以灰色显示。

10.5 栅格及定量位移

在手工绘图中，常常使用坐标纸来绘图，这样做较为准确而且十分方便。AutoCAD 不仅有这样的功能，而且还可以设置方格的间隔，以点的方式来表现（称为栅格 GRID）。有了这些栅格后，可以参考这些栅格来画图，但还是不太方便，所以在 AutoCAD 中，提供了另外一种功能：可以设置十字光标的位移量，使之每次位移时都依照用户设置的数值操作，以达到绘制精确图形的目的，这种方法称为定量位移 SNAP。

假设目前刚进入 AutoCAD 状态，采用下列四种操作中的任一种都可设置栅格：

① 双击下部状态条上的 GRID 按钮使其颜色变深。

② 命令：GRID Enter。

③ 直接按 F7 键。

④ 在任何时候按 Ctrl+G 键。

不论采用上述哪一种方法，设置完后按 Enter 键，依次提示：

指定栅格间距(X)或[开(ON)/关(OFF)/捕捉(S)/主(M)/自适应(D)/界限(L)/跟随(F)/纵横向间距(A)]<10.0000>

这时屏幕如图 10.9 所示。命令行中各选项的含义如下：

① <10.0000>：缺省选项"指定栅格间距（X）"的值。

② 指定栅格间距（X）：缺省选项，用于设置栅格间距，如其后跟 X，则用捕捉增量的倍数来设置栅格。

③ 开（ON）：打开栅格显示。

④ 关（OFF）：关闭栅格显示。

⑤ 捕捉（S）：设置显示栅格水平及垂直间距，用于设定不规则的栅格。

⑥ 主（M）：指定主栅格线相对于次栅格线的频率。在以下情况下显示栅格线而不显示栅格点（GRIDMAJOR 系统变量）：

在基于 AutoCAD 的产品中，使用除二维线框之外的任何视觉样式时；

在 AutoCAD LT 中，SHADEMODE 设置为"隐藏"时。

⑦ 自适应（D）：控制放大或缩小时栅格线的密度。

自适应行为：限制缩小时栅格线或栅格点的密度。该设置也由 GRIDDISPLAY 系统变量控制。

允许以小于栅格间距的间距再拆分：如果打开，则放大时将生成其他间距更小的栅格线或栅格点。这些栅格线的频率由主栅格线的频率确定。

⑧ 界限（L）：显示超出 LIMITS 命令指定区域的栅格。

⑨ 跟随（F）：更改栅格平面以跟随动态 UCS 的 XY 平面。该设置也由 GRIDDISPLAY 系统变量控制。

⑩ 纵横向间距（A）。在选取该项后还要显示：

指定水平间距(X)<10.0000>：设置水平间距。

指定垂直间距(Y)<10.0000>：设置垂直间距。

此外，还可用 Dsettings 命令来提供用于栅格显示控制之外的更多控制。在"命令："提示符下键入"Dsettings"后按 Enter 键，或单击下拉菜单［工具］→［绘图设置 ...］，则弹出一个对话框，如图 10.10 所示。

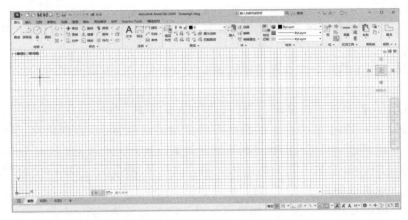

图 10.9

从图 10.10 中的对话框可以看到，"启用捕捉（F9）""启用栅格（F7）"分别相当于按 F9 键和 F7 键（即设置 SNAP 和 GRID 模式）。此外，对话框中还包含六个对话栏，分别说明如下：

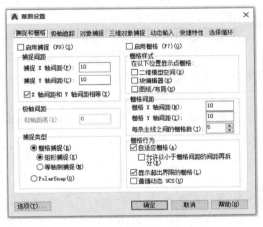

图 10.10

① 捕捉间距：设置十字光标的定量位移。其中：

捕捉 X 轴间距：设置十字光标在 X 方向的位移量。在此栏里键入数值即可。

捕捉 Y 轴间距：设置十字光标在 Y 方向的位移量。在此栏里键入数值即可。

② 极轴间距：极坐标方向的位移量。如果"极轴间距"的值为 0，则极坐标方向的位移量和 X 方向的位移量相同。

③ 捕捉类型：设定捕捉样式和捕捉类型。其中：

栅格捕捉：设定栅格捕捉类型。如果指定点，光标将沿垂直或水平栅格点进行捕捉（也可以使用 SNAPTYPE 系统变量来设置）。

矩形捕捉：将捕捉样式设定为标准"矩形"捕捉模式。当捕捉类型设定为"栅格"并且打开"捕捉"模式时，光标将捕捉矩形捕捉栅格（也可以使用 SNAPSTYL 系统变量来设置）。

等轴测捕捉：将捕捉样式设定为"等轴测"捕捉模式。当捕捉类型设定为"栅格"并且打开"捕捉"模式时，光标将捕捉等轴测捕捉栅格（也可以使用 SNAPSTYL 系统变量来设置）。

极坐标捕捉：极坐标捕捉模式。将捕捉类型设定为"PolarSnap"。如果启用了"捕捉"模式并在极轴追踪打开的情况下指定点，光标将沿在"极轴追踪"选项卡上相对于极轴追踪起点设置的极轴对齐角度进行捕捉（也可以使用 SNAPTYPE 系统变量来设置）。

④ 栅格样式：在二维上下文中设定栅格样式（也可以使用 GRIDSTYLE 系统变量来设置）。

二维模型空间：将二维模型空间的栅格样式设定为点栅格（也可以使用 GRIDSTYLE 系统变量来设置）。

块编辑器：将块编辑器的栅格样式设定为点栅格（也可以使用 GRIDSTYLE 系统变量来设置）。

图纸/布局：将图纸和布局的栅格样式设定为点栅格（也可以使用 GRIDSTYLE 系统变量来设置）。

⑤ 栅格间距：控制栅格的显示，有助于直观显示距离。

栅格 X 轴间距：指定 X 方向上的栅格间距。如果该值为 0，则栅格采用"捕捉 X 轴间距"的数值集（也可以使用 GRIDUNIT 系统变量来设置）。

栅格 Y 轴间距：指定 Y 方向上的栅格间距。如果该值为 0，则栅格采用"捕捉 Y 轴间距"的数值集（也可以使用 GRIDUNIT 系统变量来设置）。

每条主线之间的栅格数：指定主栅格线相对于次栅格线的频率。

⑥ 栅格行为：在以下情况下显示栅格线而不显示栅格点，即"AutoCAD：GRIDSTYLE"设置为 0（零）。

自适应栅格：缩小时，限制栅格密度。

允许以小于栅格间距的间距再拆分：放大时，生成更多间距更小的栅格线。主栅格线的频率确定这些栅格线的频率。

显示超出界限的栅格：显示超出 LIMITS 命令指定区域的栅格。

遵循动态 UCS：更改栅格平面以跟随动态 UCS 的 XY 平面。

注意：

缺省情况下，完成 X 方向的位移量设置后，Y 方向的位移量自动和其相等。但如果 Y 方向要设置成不同于 X 方向，当然也可以。

LIMITS 命令和 GRIDDISPLAY 系统变量控制栅格的界限。

和 Snap 中相同的是，完成 X 方向的栅格间距设置后，Y 方向自动和其相等。但如果 Y 方向要设置成不同于 X 方向，当然也可以。

10.6　捕捉功能

不论手工绘图还是计算机绘图，都会经常碰到要从一条线段的末端开始画出图形，或从两条线的交点处画出另外一条直线，也可能要从圆心处开始画出其他图形，或画出两个圆间的切线。遇到这类图形时如何处置呢？使用手工绘图或其他绘图软件绘图时都是采用取近似值的方式，根据经验画出图形。

在 AutoCAD 中，精确地作出这样的图来并不困难，因为有辅助功能帮用户找点。实际上这就是基本的 Snap 功能。如果要通过已经绘制的实体上的几何点来定位新的点、直线或其他实体，那么就需要利用目标捕捉功能了。

利用 AutoCAD 的追踪和实体捕捉工具能够快速、精确地绘图。利用这些工具，无须输入坐标或进行烦琐的计算就可以绘制精确的图形。还可以用 AutoCAD 查询方法快速显示图形和图形实体的信息。

(1) 捕捉功能（OsnapSettings）

鼠标单击在屏幕下方的状态条"对象捕捉"按钮或按 F3 键，可打开或关闭捕捉模式。此外，利用下列两种方法中的任一种，均可设定捕捉模式。

① 单击下拉菜单[工具]→[绘图设置...]，屏幕弹出一个对话框，如图 10.10 所示。单击图 10.10 上部的"对象捕捉"选项卡，则屏幕如图 10.11 所示。

② 命令：OSNAP Enter，则屏幕如图 10.11 所示。

图 10.11 中有关选项的含义说明如下：

端点：捕捉端点，即捕捉直线或圆弧离拾取点最近的端点。

中点：捕捉中间点。当使用中点选项的时候，AutoCAD 捕捉直线或圆弧的中点。

圆心：捕捉圆心。本功能可捕捉圆或圆弧的中心，但使用时要选取圆线处而非圆心处。

节点：捕捉节点，包括尺寸的定义点。

象限点：捕捉圆的四分之一处的点。本功能可以捕捉圆或圆弧上的 0°、90°、180°、270°处的点。

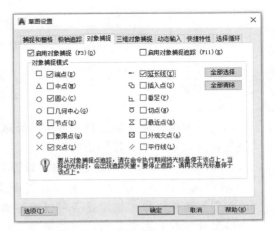

图 10.11

交点：捕捉相交点，使用此功能可以捕捉两直线、圆弧或圆的任何组合的最近交点。

延长线：延伸捕捉一点，即如果所画的图已通过一个实体，还可捕捉该实体上的点。

插入点：捕捉插入点。可捕捉插入图形文件中的文本、属性和符号（块或形）的原点。

垂足：捕捉垂直点。可捕捉直线、圆弧或圆上一点（对于用户拾取的实体而言），该点从最后一点到拾取的实体形成一正交线。结果点不一定在实体上。

切点：捕捉圆的切线点。本设置可捕捉实体上最近的点，一般是端点、垂点或交点。

最近点：捕捉最近点，一般是端点、垂点或交点。

外观交点：该选项与交点相同，同时还可捕捉三维空间中两个实体的视图交点（这两个实体实际上不一定相交，但投影相交）。在二维空间中，"外观交点"与"交点"模式是等效的。

平行线：捕捉平行点。

另外，"全部清除"表示清除全部设置，"全部选择"表示选择全部设置。

在图 10.11 中，若单击下面的"选项（T）..."按钮，则弹出一个对话框，如图 10.12 所示。

下面将图 10.12"绘图"选项卡中有关选项的含义说明如下：

① 自动捕捉设置：设置自动捕捉。其中：

标记：自动捕捉标记。

磁吸：自动捕捉磁性标记，选中时只要光标靠近捕捉点时就显示捕捉标记。

显示自动捕捉工具提示：用文字脚注来显示自动捕捉标记。

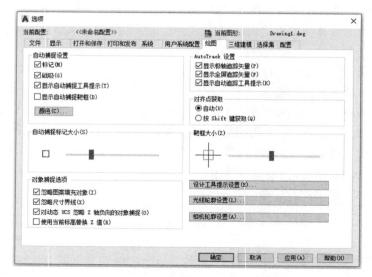

图 10.12

显示自动捕捉靶框：显示自动捕捉的靶区矩形框。

颜色：可设置自动捕捉标记的颜色。

② 自动捕捉标记大小：通过滑块可设置自动捕捉标记的大小。

③ 对象捕捉选项：设置执行对象捕捉模式。其中：

忽略图案填充对象：指定是否可以捕捉到图案填充对象。

忽略尺寸界线：指定是否可以捕捉到尺寸界线。

对动态 UCS 忽略 Z 轴负向的对象捕捉：指定使用动态 UCS 期间对象捕捉忽略具有负 Z 值的几何体。

使用当前标高替换 Z 值：指定对象捕捉忽略对象捕捉位置的 Z 值，并使用为当前 UCS 设置的标高的 Z 值。

④ Auto Track 设置：自动跟踪的设置。其中：

显示极轴追踪矢量：当极轴追踪打开时，将沿指定角度显示一个矢量。使用极轴追踪，可以沿角度绘制直线。极轴角是 90°的约数，如 45°、30°和 15°（TRACKPATH 系统变量＝2）。在三维视图中，也显示平行于 UCS 的 Z 轴的极轴追踪矢量，并且工具提示基于沿 Z 轴的方向显示角度的＋Z 或－Z。

显示全屏追踪矢量：追踪矢量是辅助用户按特定角度或按与其他对象的特定关系绘制对象的线。如果选择此选项，对齐矢量将显示为无限长的线（TRACKPATH 系统变量＝1）。

显示自动追踪工具提示：控制自动捕捉标记、工具提示和磁吸的显示（也可使用 AU-TOSNAP 系统变量来设置）。

⑤ 对齐点获取：本区域有以下两项。

自动：当靶框移到对象捕捉上时，自动显示追踪矢量。

按 Shift 键获取：按 Shift 键并将靶框移到对象捕捉上时，将显示追踪矢量。

⑥ 靶框大小：设置对象捕捉靶框的显示尺寸（以设备独立像素为单位）。对于 4K 或更高分辨率的监视器，像素和设备独立像素（DIP）之间的比率为：像素＝DIP×DPI/96。对于分辨率较低的监视器（100％缩放或 96DPI），此设置以像素为单位。

如果选择"显示自动捕捉靶框"（或 APBOX 设置为 1），则当捕捉到对象时靶框显示在十字光标的中心。靶框的大小用于确定在磁吸将靶框锁定到捕捉点之前，光标应到达与捕捉点多近的位置。取值范围：1～50 像素。

⑦ 设计工具提示设置：显示"工具提示外观"对话框。控制绘图工具提示的颜色、大小和透明度。

⑧ 光线轮廓设置：在 AutoCAD LT 中不可用，显示"光线轮廓外观"对话框。

⑨ 相机轮廓设置：在 AutoCAD LT 中不可用，显示"相机轮廓外观"对话框。

（2）Shift 键＋鼠标右键的捕捉功能

当十字光标显示在图形区时，在按下 Shift 键的同时按下鼠标右键，则弹出一个对话框，如图 10.13 所示。

图 10.13 的各项含义和图 10.11 的相应项相同，下面只对几个不同的选项加以解释：

自：提示输入使用的基点，它建立一个临时参考点，这与通过输入前缀"@"使用最后一个点作为参考点类似。

点过滤器：在三维空间的讨论中再作解释。

无：不设置，即可以删除或覆盖任何运行的目标捕捉。

对象捕捉设置：单击时弹出一个对话框，和图 10.12 相同，这里不再重复。

图 10.13

（3）极坐标跟踪功能

在屏幕下方的状态条中有 POLAR 和 OTRACK 两项。其中，POLAR 代表极坐标跟踪（polar tracking），OTRACK 代表实体捕捉跟踪（object snap tracking），后者已在上面简单介绍过，这里重点介绍极坐标跟踪。在屏幕下方的状态条 POLAR 上双击鼠标左键（或者按 F10 键），可打开或关闭跟踪模式。

单击下拉菜单［工具］→［绘图设置 ...］，屏幕弹出对话框如图 10.11 所示。单击图 10.11 上部的"极轴追踪"选项卡，弹出对话框如图 10.14 所示。

图 10.14 中有关选项的含义说明如下。

① 启用极轴追踪：设定极坐标跟踪的开和关。

② 极轴角设置：为极坐标跟踪设定角度。其中：

增量角：设定附加角。

附加角：设定以列表形式提供的附加角。

新建：设定额外附加的极坐标跟踪角度。

删除：删除所选取的附加角度。

③ 对象捕捉追踪设置：实体捕捉跟踪的设置。其中：

仅正交追踪：当打开实体捕捉跟踪时，为获得实体捕捉点，只有正交的实体捕捉跟踪路径被显示。

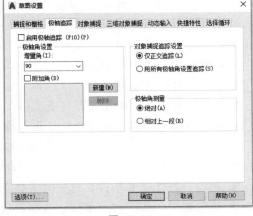

图 10.14

用所有极轴角设置追踪：指定点的同时打开实体捕捉跟踪，为获得捕捉点，允许光标沿着任何极坐标角度的跟踪路径去跟踪。

④ 极轴角测量：设置极坐标跟踪对齐角测量的基准。

绝对：基于当前用户坐标系的极坐标跟踪角。

相对上一段：基于用户所创建的最近实体的极坐标跟踪角。

⑤ 选项：单击时弹出一个对话框，如图 10.12 所示。

10.7 过滤功能

在一张较为复杂的图形中，要选取有相同特征的图形实体，如具有相同颜色、线型或尺寸等的图形实体，如果手工去选，不仅工作量大，操作烦琐，而且可能漏选或错选。若将这一任务交给计算机来完成，不仅效率很高，而且相当准确。AutoCAD 为我们提供了这一功能，这就是过滤命令 FILTER。

在"命令："提示符后键入"FILTER"并按"Enter"键，弹出一个对话框如图 10.15 所示。

在图 10.15 中，有如下几个区域：

① 实体选择过滤栏：本栏在对话框的最上面，在对话栏里列出用户所设置的过滤条件。当其中的选项较多时，可单击右边的滑动条来显示其中的有关信息。

② 选择过滤器：选取过滤项区域。这里能应用设置项来设置过滤条件。其中：

DWF 参考底图：当选取本项时会弹出一下拉列表，列出各种过滤名称供选取。

选择：选取过滤条件，如在"DWF 参考底图"栏里选取"颜色"，则"选择 E..."颜色变深，单击"选择（E）..."时弹出颜色对话框。

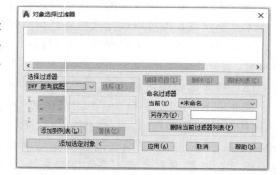

图 10.15

X、Y、Z：过滤实体的坐标位置。如在"DWF 参考底图"栏里选取"圆心"，则 X、Y、Z 三栏的颜色变深，同时按 X 栏可弹出一个对话栏（＝,！＝,＜,…），亦可在右边的数值栏键入坐标的具体值。

添加到列表：添加过滤条件。

替换：代替过滤条件。

添加选定对象＜：添加选取过滤实体。单击本项时，对话框暂时消失，选取屏幕上的图形，被选取的图形实体的各种特性当作过滤条件显示在过滤条件对话栏中，再显示对话框。

③ 编辑项目：编辑过滤条件。当选好过滤条件，然后选取"编辑项目"项时，被选取的过滤条件显示在"选择过滤器"栏中，这时就可对其进行编辑、修改等操作了。

④ 删除：删除过滤条件。选取时将删除高亮显示在过滤条件对话框中的过滤项。

⑤ 清除列表：清除过滤条件。选取本项将清除过滤条件栏中的所有过滤项。

⑥ 命名过滤器：命名过滤条件，主要是将目前的过滤条件存储成文件，有几个过滤条件则存成几个文件，需要哪个则将哪个设置成当前文件。其中：

当前：当前使用的过滤条件的文件名称。

另存为：赋名存储，即将当前的过滤条件以一个有名称的文件存储。

删除当前过滤器列表：删除当前的过滤条件文件。

⑦ 应用：应用过滤操作。

10.8 计算器功能

用 AutoCAD 绘图时，有时要进行一些加、减、乘、除等算术运算。如今的 AutoCAD 不仅有计算器的一般功能，而且使用起来非常方便。下面详细介绍 AutoCAD 的计算功能。

(1) 将 CAL 命令用作桌面计算器

用户可以在命令行执行 CAL 命令。例如，当执行 CIRCLE 命令时会被提示输入半径，可以向 CAL 命令求助，用它来计算半径的值，而不必中断 CIRCLE 命令的执行。

【实例 1】 一个简单的算术运算，其操作过程如下：

① 命令：CAL Enter

② ＞＞表达式：9/8 Enter （即计算 9÷8 的值）

1.125

命令结束。9/8 的结果是 1.125。

【实例 2】 在屏幕上画以 10/3 为半径的圆，其操作过程如下：

① 命令：CIRCLE Enter

② 指定圆的圆心或[三点(3P)/两点(2P)/切点、切点、半径(T)]：（用鼠标选择一点作为圆心）

③ 指定圆的半径或[直径(D)]：CAL Enter

④ ＞＞＞＞表达式：10/3 Enter （其中"10/3"表示以 10÷3 的值为半径画圆）

命令结束。这时屏幕上显示一个以 10/3 为半径的圆。

另外，还可以在表达式后输入诸如 sin、cos 之类的标准函数，如表 10.1 所示。

表 10.1　在表达式中可输入的标准函数

函数	说明	函数	说明
sin(角度)	返回角度的正弦值	exp10(实数)	返回 10 的幂值
cos(角度)	返回角度的余弦值	sqr(实数)	返回实数的平方值
tang(角度)	返回角度的正切值	sqrt(实数)	返回实数的平方根值
asin(实数)	返回实数的反正弦值	abs(实数)	返回实数的绝对值
acos(实数)	返回实数的反余弦值	round(实数)	返回实数的整数值
atan(实数)	返回实数的反正切值	trunc(实数)	返回实数的整数部分
ln(实数)	返回实数的自然对数值	r2d(角度)	将角度值从弧度制转化为角度制
lg(实数)	返回实数的以 10 为底的对数值	d2r(角度)	将角度值从角度制转化为弧度制
exp(实数)	返回 e 的幂值	pi(角度)	引用常量 π

(2) 将 CAL 命令的计算结果存储给变量

可以把用 CAL 命令计算出的结果存储到内存的某一位置（变量）中，以便在需要时重新得到它们。可以使用数字、字母和除 ()、'、"、空格之外的任何符号的组合来命名变量。

当在 CAL 命令提示下通过键入变量名来输入一个表达式时，其后跟上一个等号，然后是计算表达式，就建立了一个已命名的内存变量，并在其中存入了一个值。例如，在"＞＞

表达式："中键入"F＝4"并按"Enter"键，则表示已将 4 赋给变量 F。这时如果在"命令："提示符下键入"C"并按"Enter"键（表示画圆），然后按照命令行的显示，用鼠标选取一点作为圆心。当命令行提示输入圆的半径（或直径）时，可键入 F 并按"Enter"键，则屏幕上显示出一个半径为 4 的圆。

如果想在 AutoCAD 命令提示下或某个 AutoCAD 命令的某一项提示下给出变量值，则可以用感叹号作为前缀直接键入变量名。

就像在程序中一样，也可以用一个新的变量值去代替原来的值。

任何出现在等式左边的变量，其值会参照存于变量中的当前值。用此方法写出表达式是程序所用的标准方法，这样可使用户重复使用变量，并可将一个变量用作运行计数器。

注意：

变量仅在创建它们的绘图过程中存在。一旦打开另外一个图形文件，则原来的变量及变量值就不再存在了，即变量和其本身存储的信息不会和图形一起被存储。当用 Quit 或 End 命令退出绘图状态时，变量将丢失。

（3）用 CAL 命令作为点计算器

可以计算包含点坐标的表达式，即用任何一种标准的 AutoCAD 格式来指定一个点，其中最普遍应用的是笛卡儿坐标和极坐标。各坐标的表达式如下：

笛卡儿：[X,Y,Z]。

极坐标：[距离＜角度]。

相对坐标用"@"作为前缀，如[@距离＜角度]。

在用 CAL 命令时，必须把坐标用"[]"括起来，CAL 命令可以按如下格式对点进行标准的算术运算。

乘：数字＊点坐标，或点坐标＊点坐标。

除：点坐标/数字，或点坐标/点坐标。

加：点坐标＋点坐标。

减：点坐标－点坐标。

包含点坐标的表达式可以称为矢量表达式。

【实例 1】　假定想找出点（2,3）和点（3,4）的连线的中点坐标，可通过求 X、Y 坐标的平均值得出中点。如：

① 命令：CAL `Enter`

② ＞＞表达式：（[2,3]＋[3,4]）/2 `Enter`

（2.5, 3.5, 0.0）

命令结束。其中（2.5,3.5,0.0）即是点（2,3）和点（3,4）的连线中点坐标。

当然，也许您并无兴趣用这种孤立的点来完成运算，但是如果能用任何 AutoCAD 允许的方法选取点，例如以拾取、键入坐标值和目标捕捉等方法选取点，从而用来计算表达式的值，那又将如何呢？函数 Cur 通知 CAL 命令拾取一个点，上例可以按如下形式生成：

【实例 2】

① 命令：CAL `Enter`

② ＞＞表达式：（Cur＋Cur）/2 Enter

③ 输入点：（鼠标选择一点）

④ 输入点：（鼠标选择另一点）

此外，可以通过输入表 10.2 的 CAL 函数而不是 Cur 来把目标捕捉包含到用户的表达式之中。

表 10.2　CAL 函数

CAL 函数	等价的目标捕捉模式	CAL 函数	等价的目标捕捉模式
end	endpoint(端点)	nea	nearest(最近点)
ins	insert(插入)	nod	node(节点)
int	intersection(交点)	qua	quadrant(象限)
mid	midpoint(中点)	per	perpendicalar(垂直)
cen	center(圆心)	tan	tangent(切线)

【实例 3】　为使前面的例子更深一步，可以计算一条直线的端点与圆心之间连线的中点坐标（参看图 10.16，即图中的 A 点）。其具体操作是：

① 命令：CAL Enter

② ＞＞表达式：（end＋cen）/2 Enter

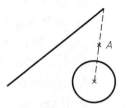

图 10.16

按提示选 "CEN" 和 "END" 的实体（即线段和圆）。这时图 10.17 中的提示行是中心坐标，其值为（2999.34063，1347.40143，0）。

注意：

选取线段时，所用的选取小方框靠近哪端，则线段的 END 指的是哪端。

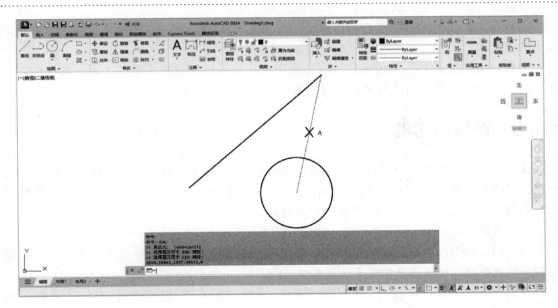

图 10.17

另外，CAL 还提供了一系列函数用于计算笛卡儿坐标点，如：

ill(p1,p2,p3,p4)：返回由(p1,p2)和(p3,p4)生成的两直线的交点。

ille：返回由四个端点定义的两条直线的交点。此函数是 ill（Cen，End，Cen，End）的简化形式。

mee：返回两个端点间的中点。

pld(p1,p2,DIST)：返回直线(p1,p2)上距离 p1 为 Dist 的点。当 Dist＝0 时，返回 p1；当 Dist 为负值时，返回的点将位于 p1 之前；如果 Dist 等于 p1、p2 间的距离，则返回 p2；如果 Dist 大于 p1、p2 间的距离，则返回点落在 p2 之后。

plt(p1,p2,T)：返回直线(p1,p2)上距离 p1 为一个 T 的点。T 是从 p1 到所求点的距离与 p1、p2 之间距离的比值。当 $T＝0$ 时，返回 p1；当 $T＝1$ 时，返回 p2。如果 T 为负值，则返回点位于 p1 之前；如果 T 大于 1，则返回点位于 p2 之后。

（4）用 CAL 命令作为距离计算器

CAL 命令可以用下列函数计算点间的距离：

dee：测量两端点间的距离，它是 dist(End,End)的省略格式。

dist(p1,p2)：测量点 p1、p2 间的距离。

dpl(p,p1,p2)：测量点 p 到直线(p1,p2)的垂直距离。

rad：测量所选实体的半径。

可以用 Dist 命令测量距离，但是用前面所讲述的函数，可以把所测距离直接集成至 CAL 表达式中去。

（5）用 CAL 命令进行角度测量

虽然可用 Dist 命令测量距离并且用 Area 命令测量面积，但没有一个等价的命令用以测量角度。虽然可以用标注命令 Dimangular 测量角度，但是仍没有专门测量角度的命令。CAL 命令提供了测量角度的功能，主要有：

ang(p1,p2)：测量直线(p1,p2)与 X 轴之间的角度。

ang(APEX,p1,p2)：测量直线(APEX,p1)和直线(APEX,p2)之间的夹角投影到 XY 平面上的角度。

另外，CAL 还有许多其他函数可以帮助用户计算单位矢量、法矢、过滤点的坐标，并在 UCS 和 WCS 之间对点进行转换。限于篇幅，这里不一一介绍。

10.9　选择集功能

除了基本的绘图命令和编辑命令之外，AutoCAD2024 还可以对图形实体进行更复杂的处理。当用户希望一次操作一组实体时，应该如何做呢？AutoCAD2024 提供了众多的方法，如利用拾取窗口建立一个选择集和实体组等。

（1）选择实体

当我们进行图形编辑时，最常看到的提示是"选择对象"，并且屏幕上原来的十字光标也会变成选取框，可使用选取框来选取要编辑的图形。

在"命令："提示符下键入"DDSelect"并按"Enter"键，弹出一个对话框，如图 10.18 所示。

图 10.18 中有关选项的含义如下：

① 拾取框大小：选取方框的尺寸设置。可用鼠标指针直接拖动水平滑块设置选取方框的大小，同时可以看到在下边方框中显示的实际示意图。

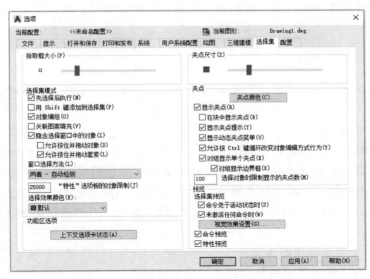

图 10.18

② 选择集模式：选取模式。其中：

先选择后执行：操作次序，即选取了本项设置后，就可以先选择实体，再对其进行编辑。

用 Shift 键添加到选择集：单一的选取功能，即选取了本设置后，在执行编辑操作时，只能选取一次为有效，当选取第二个实体时会自动放弃前次所选取的实体。若要使选取的图形都可用，必须在按住 Shift 键的同时选取实体。

对象编组：选择编组中的一个对象就选择了编组中的所有对象。使用 GROUP 命令，可以创建和命名一组选择对象。

关联图案填充：确定选择关联图案填充时将选定哪些对象。如果选择该选项，那么选择关联图案填充时也选定边界对象。

隐含选择窗口中的对象：自动框选取功能，即选取了本设置后，在"选择对象："提示符下自动用窗口方式选取实体。如果不设置本项，则用窗口方式选取实体不起作用。

允许按住并拖动对象：压住拖动功能，即选取了本设置后，在用方框选取实体时，必须按住鼠标左键不放，拖动出一方框后再松开鼠标才可执行选取操作。如果不设置该项，则只要设置两对角点即可产生方框，然后进行相应的操作。

允许按住并拖动套索：控制窗口选择方法。如果未选择此选项，则可以用定点设备单击并拖动来绘制选择套索。

③ 功能区选项：

"上下文选项卡状态"按钮：将显示"功能区上下文选项卡状态选项"对话框，从中可以为功能区上下文选项卡的显示设置对象选择设置。

④ 预览：当拾取框光标滚动过对象时，亮显对象。

命令处于活动状态时：仅当某个命令处于活动状态并显示"选择对象"提示时，才会显示选择预览。

未激活任何命令时：即使未激活任何命令，也可显示选择预览。

视觉效果设置：显示"视觉效果设置"对话框。

命令预览：控制是否可以预览激活的命令的结果。

特性预览：控制在将鼠标悬停在控制特性的下拉列表和库上时，是否可以预览对当前选定对象的更改。

注意：

特性预览仅在功能区和"特性"选项板中显示，在其他选项板中不可用。

---

(2) 建立实体组

当进行图形编辑时，最常看到的提示是"选择对象："，并且画面上原来的十字光标也会变成选取框，使用选取框来选取要编辑的实体。有时要处理的实体较多，可将多个实体分为一组，若选取了组中的一个实体即选择了该组。那么，如何建立实体组呢？在"命令："提示符下键入"CLASSICGROUP"后按"Enter"键，弹出"对象编组"对话框，如图 10.19 所示。

图 10.19

1) 图 10.19 中有关选项的含义

① 编组名：在下面的方框中显示当前图形中已经存在的组名。

② 可选择的：显示可以被选择的组名。当一个组可选择时，若选取了组中的一个实体，即表示选择了该组内的所有实体。否则，若选取了组中的一个实体，仅选择该实体。

③ 编组标识：实体组的识别。其中：

编组名：可指定一个实体组名。

说明：对实体组的描述，最大长度不得超过 64 个字符。

查找名称<：该项列出用户在屏幕上所选取的实体属于哪个组。当选取该项时，依次提示"拾取编组的成员"来让用户在屏幕上选择实体，然后将弹出"编组成员列表"对话框来列出用户在屏幕上所选取的实体属于哪个组。

亮显<：该项将高亮显示实体组内的实体。

包含未命名的：当选取该项时，也在本对话框中列出未命名的实体组。否则，只有命名的实体组才在本对话框中列出。

④ 创建编组：建立实体组。其中：

新建<：在屏幕上选择实体，建立一个新的实体组。

可选择的：决定新的实体组是否可以被选择。

未命名的：决定新的实体组是否可以命名。当不命名时，系统将自动添加一个名字（*An）给未命名的新的实体组，其中 n 代表新增加的组的数目。

⑤ 修改编组：修改实体组。其中：

删除<：在屏幕上选择实体组内的实体，并将该实体从组内删除。

添加<：在屏幕上选择实体，并将该实体加入实体组内。

重命名：更改实体组的名字。

重排...：修改实体组内实体的顺序。当单击该项时弹出对话框，如图 10.20 所示。

说明：更改对实体组的描述（在"编组标识"区域的"说明"栏内），最大长度不得超过 64 个字符。

分解：解散实体组，各实体单个存在。

可选择的：决定新的实体组是否可以被选择。

2）图 10.20 中各项的含义

编组名：在下面框内显示当前图形中已经存在的组名。

说明：显示对实体组的描述。

删除的位置：将当前实体从指定位置上移走。

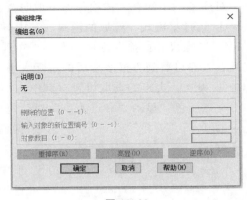

图 10.20

输入对象的新位置编号：为实体指定一个新的位置。

对象数目：指定实体数或者重排序数的范围。

重排序：修改实体顺序为指定顺序。

亮显：同前面的 Highlight 项。

逆序：实体组内的实体全部按反序排列。

10.10 夹点编辑功能

本节介绍一种夹点编辑命令 GRIP，它可以用实体上的夹点来编辑目标。激活夹点后，十字光标的交叉处将会出现拾取框，此时可对已选目标进行编辑操作。可以用夹点编辑命令来拉伸、移动、旋转、比例缩放或镜像已选目标，也可以将其中一种操作和多重复制方式联合使用。只需选定目标，移动图形光标，键入关键字，便能对其进行操作。

10.10.1 GRIP 命令的选项设置

单击下拉菜单[工具]→[选项...]，则弹出一个对话框，在该框的上方单击"选择集"选项卡，屏幕如图 10.21 所示。

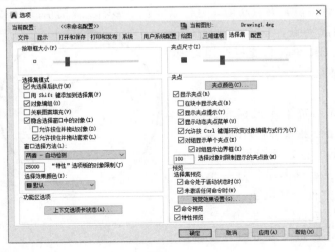

图 10.21

对图 10.21 的有关选项作如下说明：

① 选择集模式：选取的模式。其中各项的含义已在 10.9 节解释过。

② 夹点尺寸：拾取方框的大小。在其下方直接拖动水平滑动块，即可改变方框的大小。在其右方亦可看到方框改变后的实际大小。

③ 夹点：夹点的选取设置。其中：

夹点颜色：显示"夹点颜色"对话框（图 10.22），可以在其中指定不同夹点状态和元素的颜色。

图 10.22

显示夹点：控制夹点在选定对象上的显示。在图形中显示夹点会明显降低性能。清除此选项可优化性能。

在块中显示夹点：控制块中夹点的显示。

显示夹点提示：当光标悬停在支持夹点提示的自定义对象的夹点上时，显示夹点的特定提示。此选项对标准对象无效。

显示动态夹点菜单：控制在将鼠标悬停在多功能夹点上时动态菜单的显示。

允许按 Ctrl 键循环改变对象编辑方式行为：允许对多功能夹点按 Ctrl 键循环改变对象编辑方式行为。

对组显示单个夹点：显示对象组的单个夹点。

对组显示边界框：围绕编组对象的范围显示边界框。

选择对象时限制显示的夹点数：选择集包括的对象多于指定数量时，不显示夹点。有效值的范围从 1 到 32767。默认设置是 100。

10.10.2 夹点编辑

(1) 夹点捕捉和消除

当用十字光标在一个图形上单击一下时，即可出现夹点；当把图形光标移到一个夹点上时，它会自动地锁住夹点。这种方法可以不必采用栅格捕捉、目标捕捉或坐标点输入方式，就可以在图形上设定准确的位置。启动夹点命令之后，一旦从选择集中移出图形实体，就不再高亮显示，但依然保留其夹点功能。这样就能在不影响实体的情况下，继续将夹点当作基点使用。如果想消除夹点，只需按两次 Esc 键。如果仅按一次 Esc 键，只能将选择集中的目标移出，但不能移去夹点。

(2) 夹点编辑

在"命令："提示符下用鼠标左键单击一个图形实体（图 10.23），则该图形实体上会出现一些蓝色小方框，这就是前面讲的"夹点"，将十字光标移到其中任意一个小方框并单击之，则小方框变成红色。其中，蓝色小方框和红色小方框即为图 10.22 中的"未选"和"悬停"，通过对其进行设置可以改变夹点的颜色。

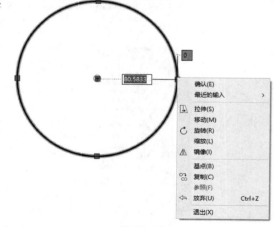

图 10.23

在图 10.23 中，将十字光标移至蓝色小方框，单击后变成红色小方框，表示以此红色小方框为夹点进行编辑，具体编辑时有以下两种方法。

【实例 1】　依次提示法。当把蓝色小方框单击成红色后，依次提示：

① 指定拉伸点或［基点(B)/复制(C)/放弃(U)/退出(X)］：Enter

② 指定移动点或［基点(B)/复制(C)/放弃(U)/退出(X)］：Enter

③ 指定旋转角度或［基点(B)/复制(C)/放弃(U)/参照(R)/退出(X)］：Enter

继续按 Enter 键，则依次提示：比例缩放、镜像等。继续按 Enter 键，则命令行又重复显示拉伸等，如此循环往复。

以上命令行包含的有关选项的含义如下：

拉伸：表示伸展功能。伸展方式通过移动一个或多个夹点到其他位置来改变实体，实体的其他部分保留在原来的位置，这样就可以容易地改变一个或一组实体的尺寸或形状。在某些情况下，可以利用伸展方式移动整个实体。其中：

指定拉伸点：指定伸展后的新位置点。

基点：设置基准点，即伸展的起点。

复制：执行复制实体的操作。

放弃：取消最近一次操作。

退出：退出夹点编辑功能。

移动：进行移动操作。

指定移动点：指定移动后的新位置点。

这种方法将实体从一个基准点移动到一个指定点，实体的大小和方向均不变。其中：

旋转：旋转功能。这种方式使实体围绕一个指定的基准点旋转，旋转角度可以采用键盘输入或拖动滑动块方式指定。其中：

指定旋转角度：设置旋转的角度。

缩放：缩放功能。这种比例缩放方式使实体以一个指定的基本点按给定的比例因子来放大或缩小。比例因子可以采用键盘直接输入，也可以拖动滑动块或用参考选项给定。其中：

指定比例因子：设置缩放的比例因子。

镜像：镜像功能。这种方法以一条由夹点描述的直线或者由两个给定点确定的直线为基准，仅镜像被选中的实体。其中：

指定第二点：镜像线的第二点位置。

【实例 2】　弹出菜单法。在图 10.23 中，当将蓝色小方框变成红色后，单击鼠标右键，则在当前光标处弹出一个菜单，如图 10.24 所示。其中：

确认：等同按 Enter 键。

移动、镜像、旋转、缩放等各菜单项分别和依次提示法中所介绍的选项含义相同，这里不再重复。

图 10.24

注意：

不论采用依次提示法还是弹出菜单法，在拉伸、移动、旋转、缩放和镜像等五种功能中，如果选择了复制，则有复制功能。如在拉伸时选择复制，依次提示"＊＊拉伸＊＊"；在移动时选择复制，依次提示"＊＊移动＊＊"等。

（3）具体的操作过程

【**实例 1**】 设目前屏幕如图 10.25 所示，要利用夹点编辑功能来移动和旋转图中的圆，可按如下操作步骤进行。

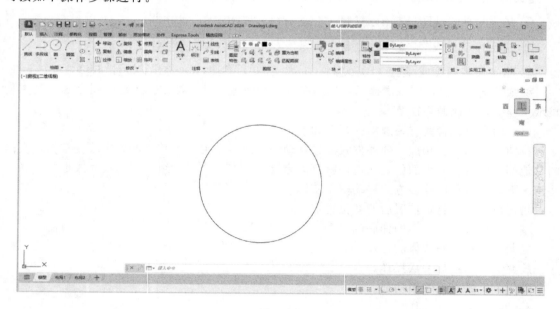

图 10.25

① 在图 10.25 中，移动十字光标到圆上，单击之，则图 10.25 变成图 10.26，即有五个蓝色小方框（夹点）。

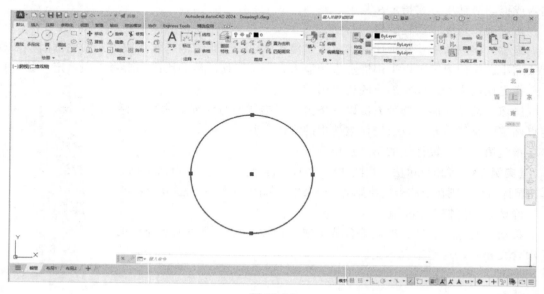

图 10.26

② 移动十字光标到其中的一个蓝色小方框（这里选取最右边的小方框），单击之，该蓝色小方框变成红色，依次提示：

指定拉伸点或［基点(B)/复制(C)/放弃(U)/退出(X)］:Enter

这时命令行的提示在＊＊拉伸＊＊、＊＊移动＊＊、＊＊旋转＊＊、＊＊缩放＊＊和
＊＊镜像＊＊之间循环。

③ 若只按一次 Enter 键，依次提示：

＊＊移动＊＊

指定移动点或［基点(B)/复制(C)/放弃(U)/退出(X)］: Enter

④ 这时可选夹点功能的任意一项，如直接拖动十字光标到图 10.26 中的右边一点，按
鼠标左键则圆移动到右边，如图 10.27 所示。

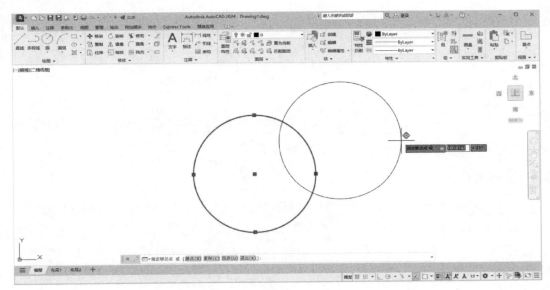

图 10.27

⑤ 如再选圆上部的蓝色小方框，把十字光标移到其中并单击之，该蓝色小方框变成红
色，依次提示：

＊＊拉伸＊＊

指定拉伸点或［基点(B)/复制(C)/放弃(U)/退出(X)］:

⑥ 这时按两次 Enter 键，依次提示：

＊＊移动＊＊

指定移动点或［基点(B)/复制(C)/放弃(U)/退出(X)］:

＊＊旋转＊＊

指定旋转角度或［基点(B)/复制(C)/放弃(U)/参照(R)/退出(X)］: C Enter (图 10.28)

＊＊旋转＊＊

指定旋转角度或［基点(B)/复制(C)/放弃(U)/参照(R)/退出(X)］:

⑦ 通过拖动鼠标指针来指定一个角度，则圆按该角度旋转，同时复制该圆，如
图 10.28 所示，命令行继续显示：

＊＊旋转＊＊

指定旋转角度或［基点(B)/复制(C)/放弃(U)/参照(R)/退出(X)］: X Enter

【实例 2】 设目前屏幕如图 10.29 所示，要利用夹点编辑来对其中的圆进行编辑，可按

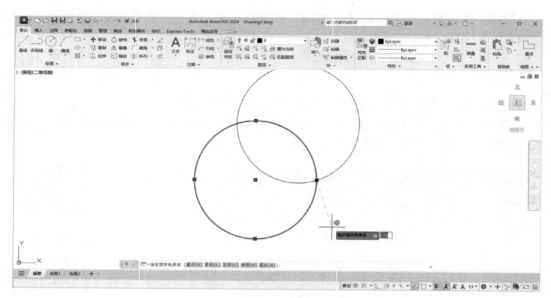

图 10.28

如下操作步骤进行。

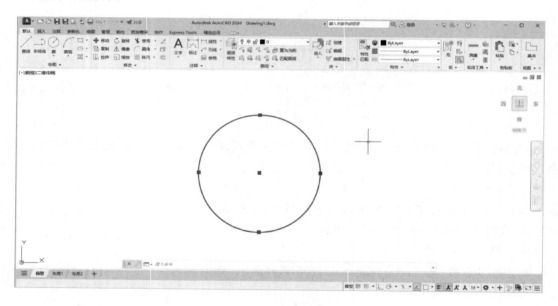

图 10.29

　　① 在图 10.29 中，移动十字光标到圆上，单击之，则图 10.29 上将有四个蓝色小方框（夹点）。

　　② 移动十字光标到其中的一个蓝色小方框（如右上角的蓝色小方框），单击之，则该蓝色小方框变成红色，依次提示：

　　＊＊拉伸＊＊

　　指定拉伸点或［基点（B）/复制（C）/放弃（U）/退出（X）]：

　　③ 单击鼠标右键，弹出一个菜单，如图 10.24 所示。

④ 在图 10.24 中如单击菜单项"缩放",依次提示:

＊＊比例缩放＊＊

指定比例因子或[基点(B)/复制(C)/放弃(U)/参照(R)/退出(X)]：0.5 `Enter`

命令结束。则图 10.29 变成图 10.30(图形尺寸只有原来的一半)。

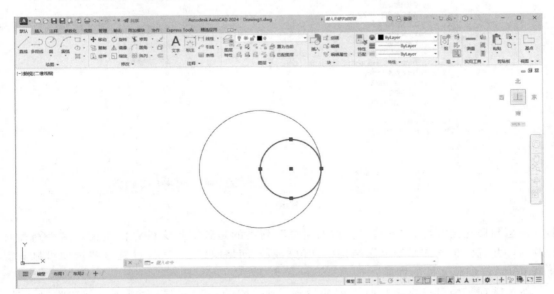

图 10.30

在图 10.24 的菜单中,可选取任意一项,AutoCAD 将执行相应的功能。

10.11 AutoCAD 2024 的环境配置

在 AutoCAD 2024 中,由于使用者的使用情况不同,有时需要对 AutoCAD 2024 的工作环境进行配置。如何配置呢? 在"选项"对话框中有许多可修改的 AutoCAD 窗口和绘图环境设置。例如,调整 AutoCAD 自动保存图形临时文件的时间间隔,指定各类常用文件所在的目录,控制 AutoCAD 选择工具和实体的方法,调整 AutoCAD 拾取框的尺寸,指定绘图时使用的选择方法,也可以改变屏幕背景颜色等。总之,可以尝试在 AutoCAD 的不同环境下操作,直至找到一种最适合自己习惯的配置。

10.11.1 选项对话框

利用 AutoCAD 2024 的选项对话框,可方便地对工作环境进行配置。

下拉菜单:[工具]→[选项]
命令行:OPTIONS

执行该命令时弹出如图 10.31 所示的对话框。

在图 10.31 所示的对话框中,有文件、显示、打开和保存等多个选项卡,下面分别介绍。

(1)"文件"选项卡

该选项卡用于设置 AutoCAD 查找支持文件的搜索路径。这些支持文件包括字体、图

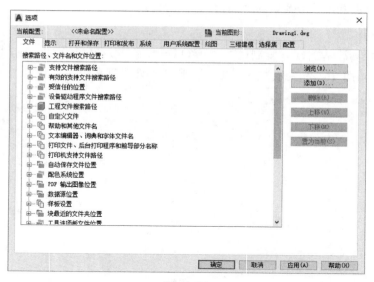

图 10.31

形、线型和填充图案等。"支持文件搜索路径"列出的是各支持文件存储路径，这些路径是有效的，并且位于当前系统目录结构中（包括系统网络映射）。适当设置这些选项可显著提高 AutoCAD 加载文件的性能。

在该选项卡中可以指定临时文件的位置。AutoCAD 运行期间在磁盘上创建临时文件，结束运行后将其删除。AutoCAD 的临时目录是 Microsoft Windows 使用的临时目录。如果要从一个写保护的目录（例如，从一个网络驱动器或光盘驱动器上）运行 AutoCAD，应为临时文件指定其他位置。所指定的目录不能是写保护的，并且该目录所在的磁盘必须拥有足够的磁盘空间供临时文件使用。

如果要使用自定义菜单，在"CUIS，CUI，MNU，MNS"中指定。缺省的菜单是 acad. mnu。该选项卡中的其他搜索路径、文件名和文件位置包括支持文件搜索路径、有效的支持文件搜索路径、受信任的位置等。

(2) "显示"选项卡

该选项卡中可设置 AutoCAD 的显示性能。使用该选项卡的设置可以使 AutoCAD 产生完全不同的显示，其中滑动条、字体、颜色都可改变。点取该选项卡时弹出对话框，如图 10.32 所示。

在图 10.32 所示的对话框中，对话框被分成以下六个区域。

1）窗口元素区域

绘图窗口参数，它控制 AutoCAD 窗口的一般设置，有如下八个选项：

① 在图形窗口中显示滚动条：在绘图窗口中显示滚动条。该选项用于打开或关上滚动条。在使用低分辨率的小显示器时，对于很大的绘图区可能需要把滚动条关上。

② 在工具栏中使用大按钮：以 32×32（像素）的更大格式显示按钮。

③ 将功能区图标调整为标准大小：当它们不符合标准图标大小时，将功能区小图标缩放为 16×16（像素），将功能区大图标缩放为 32×32（像素）。

④ 显示工具提示：控制工具提示在功能区、工具栏及其他用户界面元素中的显示。

⑤ 显示鼠标悬停工具提示：控制当光标悬停在对象上时鼠标悬停工具提示的显示。

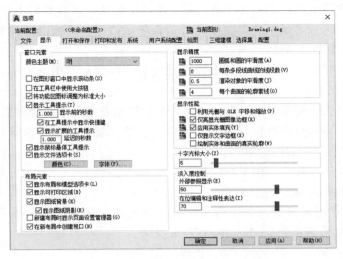

图 10.32

⑥ 显示文件选项卡：勾选后，将显示用户界面中的"文件"选项卡。

⑦ 颜色：点取按钮，可打开一个对话框，如图 10.33 所示。在对话框中可以对 Auto-CAD 窗口的背景、命令行、命令行文字、自动跟踪矢量等各个部分进行设置或改变颜色。例如，若觉得黑色背景不好，则可以改变背景的颜色。

⑧ 字体：当点取时可弹出一个对话框，如图 10.34 所示。在对话框中可以设置 Auto-CAD 的窗口中使用的字体、字形及字号。

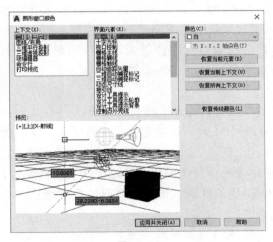

图 10.33

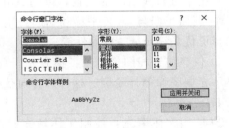

图 10.34

注意：

要使用的字体可以选用系统中 Windows 的标准设置，屏幕菜单的字体只能使用 Windows 的标准来进行设置。

2）布局元素区域

它控制现有布局或新布局。在布局中为绘图机设置图样时，有以下六个列表框：

① 显示布局和模型选项卡：用于决定在绘图区域的底部是否要显示布局和模型标签。

② 显示可打印区域：用于决定在布局时是否显示边缘。边缘以虚线显示，边缘外的实体图在绘图时将被剪裁或省略。

③ 显示图纸背景：这里将指定在布局中是否显示所指定的图纸大小，图纸大小和绘图机的比例可决定图纸背景。

④ 显示图纸阴影：用于决定在布局中是否围绕图纸背景显示一个阴影。

⑤ 新建布局时显示页面设置管理器：用于决定是否显示设置管理器对话框，用该对话框可对图纸和绘图机进行有关设置。

⑥ 在新布局中创建视口：用于决定创建新布局时是否创建一个视窗。

3）十字光标大小区域

用该区域下方的滑尺或键入一个值来设置绘图时的十字光标的大小。有效范围是 1 ～ 100。该设置也可用系统变量 CURSORSIZE 来控制。

4）显示精度区域

显示分辨率，控制显示实体的质量。它有四个选项：

① 圆弧和圆的平滑度：选择该项可控制圆弧和圆的显示状况。例如，使用 ZOOM 命令时，圆弧和圆以八边形的形状出现，但是在绘制时，它们还依旧是光滑的圆弧和圆。如果希望圆弧和圆在显示时也是光滑的，则可以加大这个设置的值。但是随数据的增大，所用内存也将增加。该设置也可由系统变量 VIEWRES 来控制。

② 每条多线段曲线的线段数：控制弯曲多义线的光滑性。数值越大，多义线显示得越光滑。设置也可由系统变量 SPLINESEGS 来控制。

③ 渲染对象的平滑度：控制着色或渲染曲面实体的光滑性。数值越大，实体显示得越光滑。数值的有效范围是 0.01～10。该设置也可通过系统变量 FACETRES 控制。

④ 每个曲面的轮廓素线：设置实体表面的轮廓线数目。数值越大，渲染的时间越长。数值的有效范围是 0～2047。该设置也可通过系统变量 ISOLINES 来控制。

5）显示性能区域

它用于进行显示时的设置，影响 AutoCAD 的性能。它有五个列表框选项：

① 利用光栅与 OLE 平移和缩放：用 PAN 和 ZOOM 时，控制光栅图像的显示。取消这种选择可优化 AutoCAD 的性能。

② 仅亮显光栅图像边框：控制光栅图像的显示情况。当该项被打开，选择光栅图像时，仅显示光栅图像的外轮廓。这种选择可优化 AutoCAD 的性能。该项也可通过系统变量 IM-AGEHLT 控制。

③ 应用实体填充：控制实体填充时的显示。实体的填充包含多重线、轨迹线、实体、所有域内填充和有宽度的多义线。要取得实体填充时的显示效果，必须用 REGEN 或 RE-GENALL 命令重生成图形。该设置被存储在图形中，关闭这种设置将优化 AutoCAD 的性能。该项也可通过系统变量 FILLMODE 控制。

④ 仅显示文字边框：仅显示文字边界的轮廓，这样可节约绘图操作时间。该设置被存储在图形中。关闭这种设置将优化 AutoCAD 的性能。该项也可通过系统变量 QTEXT-MODE 控制。

⑤ 绘制实体和曲面的真实轮廓：用于决定三维实体的轮廓线是否作为线框来显示。该选项也控制三维实体消隐时的网格是否画出。该设置被存储在图形中，关闭这种设置将优化

AutoCAD 的性能。该项也可通过系统变量 DISPSILH 控制。

6）淡入度控制区域

它用于在外部编辑时为实体指定一个衰减强度值。该项也可通过系统变量 XFADECTL 控制。

（3）"打开和保存"选项卡

该选项卡表示打开和存储文件。点取该选项卡时对话框如图 10.35 所示。

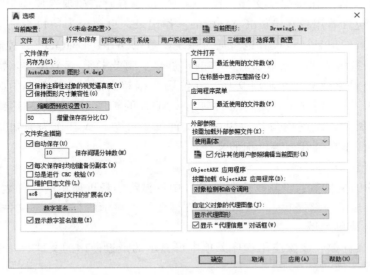

图 10.35

在图 10.35 所示的对话框中，共有以下六个区域。

1）文件保存区域

在 AutoCAD 中控制有关文件的存储，它有三种选项：

① 另存为：当用保存或另存为命令存储文件时要用的文件格式。

② 缩略图预览设置：打开文件时，可以在预显示窗口中看到预显示的文件。这个预显示文件是与 AutoCAD 文件一起存储的很小的点阵文件。这个设置确定是否要建立 thumbnail 文件。假如关掉这个功能，则从此将看不到存储文件的预显示图像。该设置也可通过系统变量 RASTERPREVIEW 控制。

③ 增量保存百分比：增加文件存盘的百分比。在发出存盘命令时，AutoCAD 将执行逐步增加的存储过程，一直到文件中存放了 50% 的消耗空间为止。达到这个水平之后，AutoCAD 执行全部存储，这将使用更多的时间。可以修改在执行全部存储之前的消耗空间的大小。一般来说，应该让它保持为 50%，除非受到硬盘空间的限制。该设置也可通过系统变量 ISAVEPERCENT 来控制。

2）文件安全措施区域

它可检测文件存储的错误或在一定程度上防止数据丢失。这组设置关心的是文件的完整性。以下选项中最基本的是打开或关上 Automatic Save 自动存储功能、设置自动存储的时间间隔。

① 自动保存：自动存储，用于开/关自动存储功能。建议将该功能保持打开状态。

② 保存间隔分钟数：存盘的时间间隔。该项可控制 AutoCAD 执行自动存储绘图文件的

时间间隔。该设置也可通过系统变量 SAVETIME 来控制。

③ 每次保存时均创建备份副本：文件存盘时建立副本拷贝。该项用于决定在每一次执行存储命令时是否要建立＊.BAK 后援文件。该设置也可通过系统变量 SAVEBAK 控制。

④ 总是进行 CRC 校验：全时的 CRC 检查，即检查每一个实体在 AutoCAD 中生成时的完整性（CRC 的含义是 cyclic redundancy check——循环冗余度检查）。它在进行错误查找时会有所帮助。在怀疑硬件或者 AutoCAD 有问题时把它打开。

⑤ 维护日志文件：保持记录文件。在 AutoCAD 中有时需要保存操作记录。记录文件是一个文本文件，包含着用户在 AutoCAD 中的操作记录，也包含为用户自己或其他人员而记录的有关图形设置的信息。该设置也可通过系统变量 LOGFILEMODE 来控制。

⑥ 显示数字签名信息：显示临时文件的扩展名。每当打开一个文件，特别是一个大文件时，AutoCAD 都会建立一个临时文件。在绘图数据超出 RAM 处理能力时，用该临时文件存放绘图数据。一般情况下，这些文件带有 .AC＄的扩展名。假如在网络上工作，可能希望修改这个扩展名，以避免与其他用户的文件发生冲突，或者作为通知其他用户一种手段。使用它时也许正在打开一组特别的文件。

3）文件打开区域

① 最近使用的文件数：设置"文件打开"中可显示的最近使用的文件数。

② 在标题中显示完整路径：勾选后，即在标题栏中显示所打开图形文件的完整路径。

4）应用程序菜单区域

最近使用的文件数：设置应用程序菜单中可显示的最近使用的文件数。

5）外部参照区域

它用于控制外部文件的请求装载功能。该设置也可通过系统变量 XLOADCTL 来设置。它有以下选项：

① 按需加载外部参照文件：按照需要，在下拉菜单中选择禁用、启用、使用副本中的选项。

② 允许其他用户参照编辑当前图形：确定一个文件被一个或多个图形作为外部参照请求装置时，它是否正在被用户编辑。该设置也可通过系统变量 XEDIT 来设置。

6）ObjectARX 应用程序区域

它用于控制涉及 AutoCAD Runtime 扩充应用程序和 Proxy 图像的设置，它有三个选项：

① 按需加载 ObjectARX 应用程序：即时装载 ARX 程序，即在 AutoCAD 中备份扩展应用程序。例如对于 ARX 应用程序，只在与这个应用程序有关的命令被调用，或检测到与这个应用程序有关的用户实体存在时才称为 Demand Loading（请求装载）。Render 与 Solids 为 AutoCAD 的两种功能，就是 ARX 扩展应用程序的例子。使用这个设置，可以在调用 Demand Loading 时进行控制。一般说来，不必修改这个设置，因为它们是按 AutoCAD 优化运行的要求设置的。该设置也可通过系统变量 DEMANDLOAD 来控制。

② 自定义对象的代理图像：用户实体的 Proxy 图像。Custom Objects 是由第三方建立的程序插入到 AutoCAD 中的实体。可以通过本组选项来控制这类实体的可见性。用户的实体称作 Proxy Objects，它在缺省情况下插入时是不显示的（只显示外框）。可以选择完全不显示它们或显示一个称作"边界框"的矩形。该设置也可通过系统变量 PROXYSHOW 控制。

③ 显示"代理信息"对话框：用于决定打开一个包含定制实体的图形文件时，Auto-CAD 是否显示一个警告。该设置也可通过系统变量 PROXYNOTICE 控制。

（4）"打印和发布"选项卡

该选项卡表示配置绘图机，它在 AutoCAD 中控制绘图机的有关配置。点取该选项卡时对话框如图 10.36 所示。在图 10.36 所示的对话框中可以添加、修改或删除系统中的打印机或绘图仪，也可以有多个打印机与屏幕文件的格式。

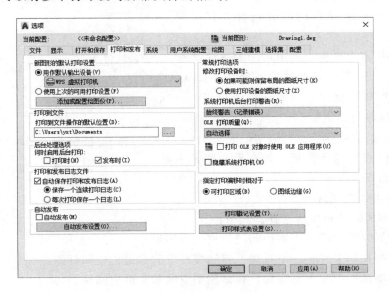

图 10.36

（5）"系统"选项卡

该选项卡表示配置 AutoCAD 系统。点取该选项卡时对话框如图 10.37 所示。

在图 10.37 所示的对话框中，共有以下九个区域。

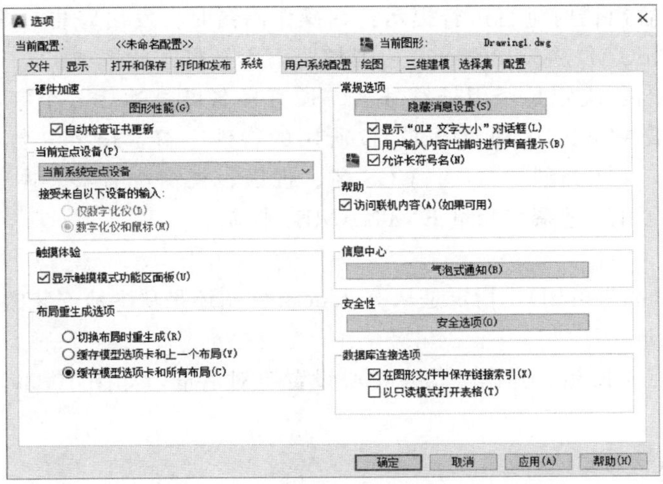

图 10.37

1）硬件加速区域

① 图形性能：点取时弹出一个对话框，如图 10.38 所示。

② 自动检查证书更新：勾选后，系统将自动检查证书更新。

2）当前定点设备区域

用于控制所指示设备的各种选择，它有两个选项：

① 当前系统定点设备：列出可用的指示设备。

② 接受来自以下设备的输入：指明 AutoCAD 是否使用鼠标和数字化仪，两者均可进行输入，或者当用数字化仪时忽略鼠标。

3）触摸体验区域

显示触摸模式功能区面板：勾选后，即显示触摸模式功能区面板。

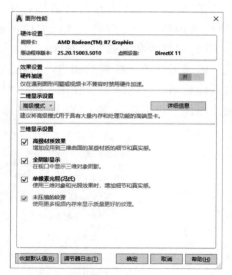

图 10.38

4）布局重生成选项区域

用于表示布局时的重生成选择。其中：

① 切换布局时重生成：当切换布局时重生成图形。

② 缓存模型选项卡和上一个布局：存储模型空间和最近空间标签。

③ 缓存模型选项卡和所有布局：存储模型空间和全部空间标签。

5）常规选项区域

控制 AutoCAD 的各种常用的设置，它有四个选项：

① 隐藏消息设置：点击按钮，弹出"隐藏消息设置"对话框，如消息被隐藏，可以从弹出的对话框中查看消息或重新激活消息。

② 显示"OLE 文字大小"对话框：当在 AutoCAD 图形中插入 OLE 实体时，控制 OLE 特性对话框的显示。

③ 用户输入内容出错时进行声音提示：在操作出错时会发出警告。假如出现 AutoCAD 不理解的命令，AutoCAD 将发出声音。一般情况下不必打开此选项。

④ 允许长符号名：决定是否用长符号名。长符号名可长达 255 个字符，包括字母、数字、空格和别的不被 Windows 和 AutoCAD 所用的特殊字符。长字符名可用于图层、尺寸类型、图块、线型、文字类型、布局、UCS 名、视区、视窗配置等。本选项将被存储在图形文件中。该设置也可通过系统变量 EXTNAMES 控制。

6）帮助区域

访问联机内容（如果可用）：指定是从 Autodesk 网站还是从本地安装的文件中访问信息。

7）信息中心区域

气泡式通知：点击按钮，弹出"信息中心设置"对话框，如图 10.39 所示，对气泡式通知进行设置。

8）安全性区域

安全选项：点击按钮，弹出"安全选项"对话框，如图 10.40 所示，通过对话框设置加载可执行文件的位置。

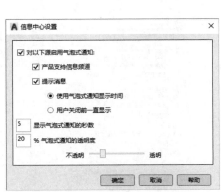

图 10.39

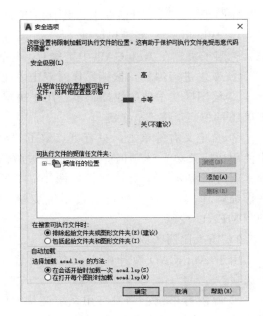

图 10.40

9）数据库连接选项区域

控制数据库的连通性，有以下两个选项：

① 在图形文件中保存链接索引：在系统的图形文件中储存数据库索引。

② 以只读模式打开表格：在系统图形文件中指出是否以只读模式打开数据库列表。

(6)"用户系统配置"选项卡

该选项卡表示在 AutoCAD 里配置最优化的工作方式。点取该选项卡时弹出一个对话框，如图 10.41 所示。

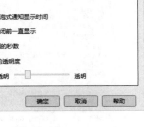

图 10.41

在图 10.41 所示对话框中，共有以下十个区域。

1）Windows 标准操作区域

它用于决定在 AutoCAD 中工作时，是否采用 Windows 的操作标准。有三个选项：

① 双击进行编辑：鼠标操作时双击才能进行编辑。

② 绘图区域中使用快捷菜单：用于决定在 AutoCAD 的绘图区单击鼠标右键是显示快捷菜单还是相当于按 Enter 键。

③ 自定义右键单击：只有当点取了"绘图区域中使用快捷菜单"选项时，本项才能被激活。当点取本项时将显示一个对话框，如图 10.42 所示（后文详细解释）。该设置也可通过系统变量 SHORT-CUTMENU 控制。

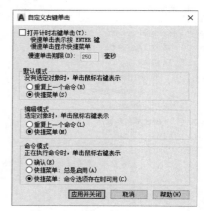

图 10.42

2）插入比例区域

用于 AutoCAD 设计中心的有关设置，它有两个选项：

① 源内容单位：当没有用系统变量 INSUNITS 指明插入单位，却要将一个实体插入到当前图形中时，自动采用一个单位。可用的单位包括：无单位、英寸、英尺、英里、毫米、厘米、米、千米、微英寸（相当于英寸的百万分之一）、千分之一英寸、码、埃、毫微米、微米、分米、十米、一百米、百万公里、天文单位、光年、秒差距❶。如果无单位被采用，实体插入时将不按比例。该设置也可通过系统变量 INSUNITSDEFSOURCE 控制。

② 目标图形单位：当没有用系统变量 INSUNITS 指明插入单位时，在当前图形中自动采用一个单位。可用的单位包括：无单位、英寸、英尺、英里、毫米、厘米、米、千米、微英寸、千分之一英寸、码、埃、纳米、微米、分米、十米、一百米、百万公里、天文单位、光年、秒差距。该设置也可通过系统变量 INSUNITSDEFTARGET 控制。

3）超链接区域

它用于显示超链接的有关特性。

显示超链接光标、工具提示和快捷菜单：无论什么时候，当指示器移动过包含超链接的实体时，超链接光标出现在十字光标的旁边。绘图中，在超链接上单击鼠标右键时，超链接快捷菜单提供附加的选项。当不用此项时，超链接光标和快捷菜单不显示。

4）字段区域

---

❶ 对此处个别单位介绍如下：

英寸、英尺：前文已有说明；

英里（mile）：1mile＝1609.344m；

码（yd）：1yd＝0.9144m；

埃（Å）：1Å＝10^{-10}m＝0.1nm；

毫微米：规范名称为纳米（nm），1nm＝10^{-9}m；

天文单位：地球到太阳的平均距离为 1 个天文单位，约等于 1.496 亿 km；

光年：1 光年等于光在真空中一年内行经的距离，约等于 10^{13}km；

秒差距（pc）：1pc 等于恒星周年视差为 1″（角秒）的距离，约等于 3.26 光年。

① 显示字段的背景：控制字段显示时是否带有灰色背景。

② 字段更新设置：点击按钮，弹出"字段更新设置"对话框，进行设置，如图 10.43 所示。

图 10.43

5）坐标数据输入的优先级区域

该选项用于确定是否让键盘输入的坐标值覆盖用对象捕捉抓取的坐标值。它有三个选项：

① 执行对象捕捉：用对象捕捉抓取值。

② 键盘输入：用键盘输入的坐标值覆盖用对象捕捉抓取的坐标值。

③ 除脚本外的键盘输入：除用脚本外，用键盘输入的坐标值覆盖用对象捕捉抓取的坐标值。

该设置也可通过系统变量 OSNAPCOORD 控制。

6）关联标注区域

使新标注可关联：点选后，当对象修改时，关联标注会自动调整位置、方向及测量值。

7）放弃/重做区域

① 合并"缩放"和"平移"命令：将多个连续的缩放和平移命令编组为单个动作来进行放弃或重做操作。

② 合并图层特性更改：将用图层特性管理器所做的图层特性更改进行编组。

8）块编辑器设置

点击按钮，弹出"块编辑器设置"对话框，使用对话框控制块编辑器的环境设置，如图 10.44 所示。

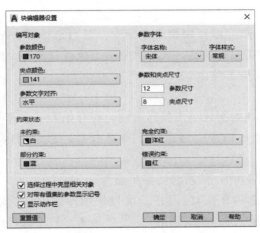

图 10.44

9）线宽设置

点取时显示"线宽设置"对话框，如图 10.45 所示。

10）默认比例列表

点击按钮，弹出"默认比例列表"对话框，使用对话框管理和布局视口并打印相关联的若干对话框中所显示的默认比例列表，如图 10.46 所示。

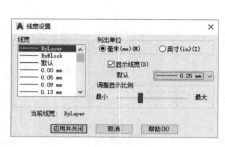

图 10.45

图 10.46

下面详细解释图 10.42 中各项的含义。

本对话框用于确定在 AutoCAD 绘图区单击鼠标右键是弹出一个快捷菜单还是相当于按 Enter 键。它共有三种选择区域：

1）默认模式区域

当没有选择实体，也不执行任何命令时，在绘图区单击鼠标右键，将有如下两个选项：

① 重复上一个命令：放弃默认快捷菜单。既没有选择实体，也不执行任何命令时，在绘图区单击鼠标右键，表示重复最近执行过的一个命令。

② 快捷菜单：使用默认快捷菜单。

2）编辑模式区域

当选择了一个或多个实体，不执行任何其他命令时，在绘图区单击鼠标右键，将有如下两个选项：

① 重复上一个命令：放弃编辑快捷菜单命令。即当选择了一个或多个实体，但不执行任何命令时，在绘图区单击鼠标右键，表示重复最近执行过的一个命令。

② 快捷菜单：编辑快捷菜单命令。

3）命令模式区域

当命令正在进行时，在绘图区单击鼠标右键，将有如下三个选项：

① 确认：放弃快捷菜单命令。当命令正在进行时，在绘图区单击鼠标右键意味着按 Enter 键。

②"快捷菜单：总是启用"：使用快捷菜单命令。

③"快捷菜单：命令选项存在时可用"：仅当使用图 10.45 所示的线宽设置对话框时，才启用快捷菜单命令。在命令行，选项用方括号括起来。如果没有选项，在绘图区单击鼠标右键，表示按 Enter 键。

(7)"绘图"选项卡

该选项卡表示在 AutoCAD 里配置捕捉的工作方式。点取该选项卡时对话框如图 10.47 所示。"绘图"选项卡的设置见 10.6 节。

(8)"三维建模"选项卡

该选项卡表示在 AutoCAD 里对三维环境的设置。点取该选项卡时对话框如图 10.48 所示。

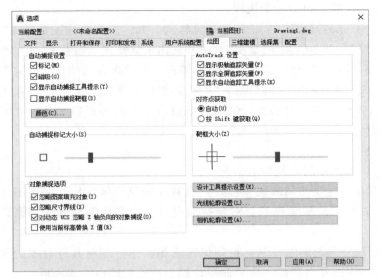

图 10.47

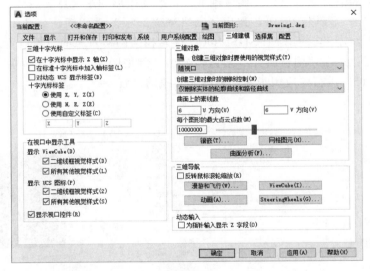

图 10.48

在图 10.48 所示对话框中，共有以下五个区域。

1）三维十字光标区域

对三维十字光标的显示设置，包括四个选项：

① 在十字光标中显示 Z 轴：点选复选框，十字光标将显示 Z 轴。

② 在标准十字光标中加入轴标签：点选复选框，轴标签将与十字光标指针一起显示。

③ 对动态 UCS 显示标签：点选复选框，即使在"在标准十字光标中加入轴标签"框中关闭了轴标签，仍将在动态 UCS 的十字光标指针上显示轴标签。

④ 十字光标标签：根据设置可以更改十字光标标签，其中包括"使用 X、Y、Z""使用 N、E、Z""使用自定义标签"三个选项。默认为"使用 X、Y、Z"选项。

2）在视口中显示工具区域

对工具的显示设置，包括三个选项：

① 显示 ViewCube：包括"二维线框视觉样式"和"所有其他视觉样式"。其中，"二维线框视觉样式"控制 ViewCube 的显示，"所有其他视觉样式"控制 UCS 的显示。

② 显示 UCS 图标：包括"二维线框视觉样式"和"所有其他视觉样式"。其中，"二维线框视觉样式"控制 ViewCube 的显示，"所有其他视觉样式"控制 UCS 的显示。

③ 显示视口控件：点选复选框，位于每个视口左上角的视口工具、视图和视觉样式的视口控件菜单都会显示。

3）三维对象区域

对创建三维对象的控制，包括七个选项：

① 创建三维对象时要使用的视觉样式：设置在创建三维实体、网格图元，以及拉伸实体、曲面和网格时显示的视觉样式。它包括随视口、二维线框、概念、隐藏、真实等视觉样式。

② 创建三维对象时的删除控制：控制保留或删除用于创建其他对象的几何图形。它包括删除轮廓曲线、删除轮廓曲线和路径曲线、提示删除轮廓曲线等选项。

③ 曲面上的素线数：设置曲面上在 U、V 方向的素线数。

④ 每个图形的最大点云点数：调节刻度条，改变图形的最大点云点数。

⑤ 镶嵌：点击"镶嵌"按钮，弹出"网络镶嵌选项"对话框，如图 10.49 所示，通过对话框可以指定要应用与使用 MESHSMOOTH 转换为网格对象的对象设置。

⑥ 网格图元：点击"网格图元"按钮，弹出"网格图元选项"对话框，如图 10.50 所示，通过对话框可以进行要应用于新网格图元对象的设置。

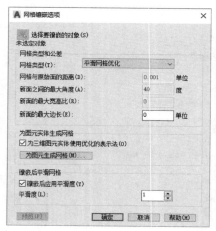

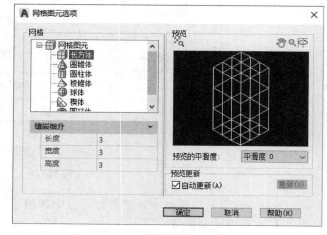

图 10.49

图 10.50

⑦ 曲面分析：点击"曲面分析"按钮，弹出"分析选项"对话框，如图 10.51 所示，从中可以设置斑纹、曲率和拔模斜度。

4）三维导航区域

对创建三维对象的控制，包括五个选项：

① 反转鼠标滚轮缩放：点击复选框后，鼠标滚轮的缩放操作方向将发生改变。

② 漫游和飞行：点击"漫游和飞行"按钮，弹出"漫游和飞行设置"对话框，如图 10.52 所示，通过对话框可以设置指令气泡的显示及当前图形的漫游。

图 10.51

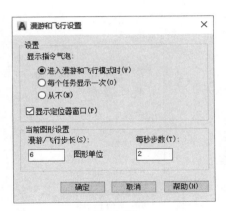

图 10.52

③ ViewCube：点击"ViewCube"按钮，弹出"ViewCube 设置"对话框，如图 10.53 所示，通过对话框可以设置 ViewCube 的显示及操作。

④ 动画：点击"动画"按钮，弹出"动画设置"对话框，如图 10.54 所示，通过对话框可以设置动画的视觉样式、分辨率、帧率等。

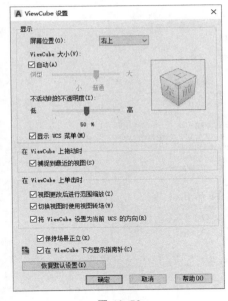

图 10.53

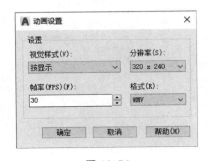

图 10.54

⑤ SteeringWheels（控制盘）：点击"SteeringWheels"按钮，弹出"SteeringWheels 设置"对话框，如图 10.55 所示，通过对话框可以设置控制盘样式及其相应命令。

5）动态输入区域

对输入坐标的维度进行设置。

为指针输入显示 Z 字段：点击复选框，输入坐标时，将增加 Z 坐标的输入。

(9)"选择集"选项卡

该选项卡表示在 AutoCAD 里配置需要构造一个选择集时的工作方式。点取该选项卡时对话框如图 10.56 所示。"选择集"选项卡的设置见 10.9 节。

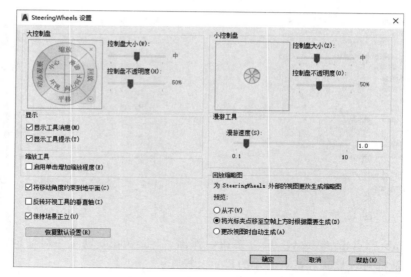

图 10.55

图 10.56

10.11.2 菜单项的调入

在 AutoCAD 2024 中，除了使用"选项"对话框对系统环境进行配置外，还可对下拉菜单项进行调入或退出。如图 10.57 所示，执行时在二级菜单中选择"工具选项板"，弹出一个对话框，如图 10.58 所示。

下拉菜单：[工具]→[自定义]

对图 10.57 和图 10.58 所示的两对话框进行有关操作，即可调入或退出有关的菜单项。其操作比较简单，这里不一一举例了。

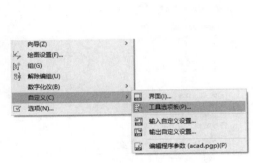

图 10.57

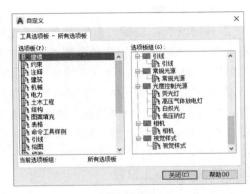

图 10.58

10.12　AutoCAD 的约束功能

随着 AutoCAD 软件版本的升级，功能不断完善，高版本的功能越来越强大，并且参数化是 AutoCAD 软件发展的一大趋势。使用参数化的图形，在绘制与该图结构相同，但是尺寸大小不同的图形时，只需根据需要更改对象的尺寸，整个图形将自动随尺寸参数而变化，但形状不变。参数化技术适合应用于绘制结构相似的图形。

要绘制参数化图形，"约束"是不可少的要素。约束是应用于二维几何图形的一种关联和限制方法，主要分为几何约束和尺寸约束。

10.12.1　几何约束

> 下拉菜单:[参数]→[几何约束]
> 功能区:[参数化]→[几何]

几何约束即对草图中各对象的位置关系形成几何学上的限制，这种限制即草图对象间必须维持的关系。几何约束的图标都在功能区"参数化"选项卡中，由自动约束、几何约束类型、约束显示设置三部分组成，如图 10.59 所示。

图 10.59

(1) 自动约束

"自动约束"命令可以根据对象的方向位置及对象间的相互关系自动约束对象。通过对自动约束进行设置，可将设置公差范围内的对象进行自动约束。

可以通过以下方式进行自动约束设置:

> 下拉菜单:[参数]→[约束设置]
> 命令行:CONSTRAINTSETTINGS
> 功能区:[参数化]→[几何]→[约束设置]

使用上述命令，弹出"约束设置"对话框，显示"自动约束"选项卡，如图 10.60 所示，选项说明如下：

① 约束列表：包括约束类型及其优先级。列表右侧有"上移""下移""全部选择""全部清除""重置"五个按钮，可以对约束类型及优先级进行设置。"上移""下移"按钮可以改变约束优先级，"全部选择""全部清除"即全部选择约束类型或全部清除约束类型，也可以单击某个约束类型后的"√"按钮以去掉该约束类型。"重置"按钮可以恢复初始化设置。

② 相切对象必须共用同一交点：点选后，当两对象相切且共用同一交点时（在公差范围内），可自动约束为相切。

③ 垂直对象必须共用同一交点：点选后，当两对象垂直且共用同一交点时（在公差范围内），可自动约束为垂直。

④ 公差：包括距离和角度两个设置栏。通过设置距离与角度公差，以确定是否应用自动约束。

【实例】 本例介绍如何自动约束两段圆弧同心。约束同心的步骤如下：

① 单击功能区［参数化］→［几何］→［自动约束］。

② 选择对象或［设置(S)］:（鼠标选择圆弧 1）

③ 选择对象或［设置(S)］:（鼠标选择圆弧 2）Enter

同心约束的过程如图 10.61 所示。

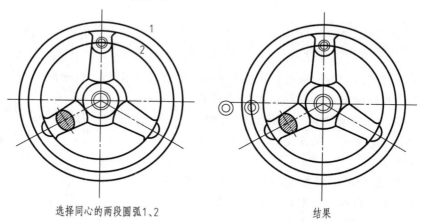

选择同心的两段圆弧1、2　　　　结果

图 10.61

(2) 几何约束类型

几何约束主要包括 12 种约束类型，其功能阐述如表 10.3 所示。

表 10.3　几何约束类型及其功能

约束类型	图标	功能
重合	↓—	约束两个点，使其重合；或约束一个点，使其位于对象或对象延长部分的任意位置。约束对象为两个点或一个点和一条直线，约束显示为蓝色小方块

约束类型	图标	功能
共线	〉/	约束两条直线,使其位于同一无限长的线上
同心	◎	将选定的圆、圆弧或椭圆约束为具有相同的圆心点
固定	🔒	约束一点或对象,使其相对于世界坐标系的位置和方向均固定
平行	//	将两条直线约束为具有相同的角度
垂直	＜	将两条直线约束为夹角始终保持 90°
水平	＝	将直线、椭圆轴或两个点约束为与当前 UCS 的 X 轴平行
竖直	ᚖ	将直线、椭圆轴或两个点约束为与当前 UCS 的 Y 轴平行
相切	♂	约束两对象,使其彼此相切或其延长线彼此相切
平滑	⤳	约束一条样条曲线与另一条曲线彼此相连并保持曲率连续
对称	[:]	约束两个点或对象,使其以选定直线为对称轴彼此对称
相等	＝	约束两个对象,使其大小相等。使用"多个"选项可将两个或多个对象设为相等

　　使用上述各约束命令时，若两个点或对象无其他约束，则均由第一个点或对象来决定第二个点或对象的位置与方向。使用几何约束并不能使草图对象被"完全约束"，我们仍然可以通过夹点编辑来更改对象的几何尺寸。要使草图对象被"完全约束"，还需要对对象添加标注约束。

　　【实例 1】　本例介绍如何约束两条直线使其共线。约束共线的步骤如下：

　　① 单击功能区[参数化]→[几何]→[共线]。

　　② 选择第一个对象或[多个(M)]:(鼠标选择直线 1)

　　③ 选择第二个对象：(鼠标选择直线 2)

　　共线约束的过程如图 10.62 所示。

　　【实例 2】　本例介绍如何约束两个圆弧同心。约束同心的步骤如下：

　　① 单击功能区 [参数化]→[几何]→[同心]。

　　② 选择第一条样条曲线：(鼠标选择圆弧 1)

　　③ 选择第二条曲线：(鼠标选择圆弧 2)

　　同心约束的过程如图 10.63 所示。

选择共线的两条直线　　　　　　　　　结果

图 10.62

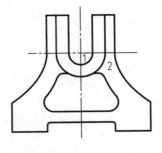

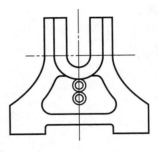

选择两段圆弧1、2　　　　　　　　结果

图 10.63

10.12.2 标注约束

下拉菜单:[参数]→[几何约束]
功能区:[参数化]→[几何]

标注约束用于控制设计的大小和比例。它们可以约束以下内容:
① 对象之间或对象上的点之间的距离;
② 对象之间或对象上的点之间的角度;
③ 圆弧和圆的大小。

(1) 线性约束命令

约束两点之间的水平或竖直距离。选定直线或圆弧后,对象端点之间的水平或竖直距离将受到约束。

命令行:DCLINEAR
工具栏:🔒
功能区:[参数化]→[标注]→[线性]

【实例】 要进行线性约束,可按如下的操作步骤进行:
① 单击功能区[参数化]→[标注]→[线性]。
② 指定第一个约束点或[对象(O)]<对象>:(这时选取要进行线性约束对象的第一个点)
③ 指定第二个约束点:(这时选取要进行线性约束对象的第二个点)
④ 指定尺寸线位置:(拖动十字光标,确定尺寸线的位置)
⑤ 标注文字:(屏幕显示要进行线性约束对象的长度,按 Enter 键或直接键入数值以对对象的长度进行修改)
这时屏幕应如图 10.64 所示。
步骤②选项说明:
对象 (O):直接选取要进行线性约束的对象。
线性尺寸约束包括水平约束和竖直约束。水平约束针对对象上的点或不同对象上两个点之间的 X 距离,竖直约束针对约束对象上的点或不同对象上两个点之间的 Y 距离,具体操作过程与上例类似。

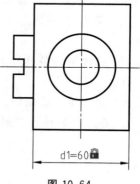

图 10.64

(2) 对齐约束命令

该命令用于约束对象上两个点之间的距离,或者约束不同对象上两个点之间的距离。

下拉菜单:[参数]→[标注约束]→[对齐]
命令行:DCALIGNED
工具栏:🔒
功能区:[参数化]→[标注]→[对齐]

【实例】 要进行对齐约束,可按如下的操作步骤进行:

① 单击功能区[参数化]→[标注]→[对齐]。

② 指定第一个约束点或[对象(O)/点和直线(P)/两条直线(2L)]<对象>：（这时选取要进行对齐约束对象的第一个点）

③ 指定第二个约束点：（这时选取要进行对齐约束对象的第二个点）

④ 指定尺寸线位置：（拖动十字光标，确定尺寸线的位置）

⑤ 标注文字：（屏幕显示要进行对齐约束对象的长度，按 Enter 键或直接键入数值以对对象的长度进行修改）

这时屏幕应如图 10.65 （a） 所示。

步骤②选项说明：

a. 点和直线 （P）：选择一个点和一个直线对象。对齐约束可控制直线上的某个点与最接近的点之间的距离。

选取该选项后命令行提示：

指定约束点或[直线(L)]<直线>：

选择直线：

使用该选项标注的约束如图 10.65 （b） 所示。

b. 两条直线 （2L）：选择两个直线对象。这两条直线将被设为平行，对齐约束可控制它们之间的距离。

选取该选项后命令行提示：

选择第一条直线：

选择第二条直线，以使其平行：

使用该选项标注的约束如图 10.65 （c） 所示。

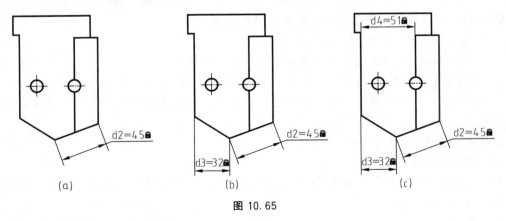

图 10.65

(3) 半径约束命令

该命令对圆或圆弧的半径进行约束。

下拉菜单：[参数]→[标注约束]→[半径]

命令行：DCRADIUS

工具栏：

功能区：[参数化]→[标注]→[半径]

【实例】 要进行半径约束，可按如下的操作步骤进行：

① 单击功能区[参数化]→[标注]→[半径]。

② 选择圆弧或圆：（选取要进行半径约束的圆弧或圆）

③ 指定尺寸线位置：（拖动十字光标，确定尺寸线的位置 ）

④ 标注文字：（屏幕显示约束对象的半径，按 Enter 键或直接键入数值以对对象的值进行修改）

使用该选项标注的约束如图 10.66 （a） 所示。

图 10.66

（4）直径约束命令

该命令对圆或圆弧的直径进行约束。

下拉菜单：[参数]→[标注约束]→[直径]		
命令行：DCDIAMETER		
工具栏：		
功能区：[参数化]→[标注]→[直径]		

【实例】 要进行直径约束，可按如下的操作步骤进行：

① 单击功能区[参数化]→[标注]→[直径]。

② 选择圆弧或圆：（选取要进行直径约束的圆弧或圆）

③ 指定尺寸线位置：（拖动十字光标，确定尺寸线的位置 ）

④ 标注文字：（屏幕显示约束对象的直径，按 Enter 键或直接键入数值以对对象的值进行修改）

这时屏幕应如图 10.66 （b） 所示。

（5）角度约束命令

对直线段或多段线线段之间的角度、由圆弧或多段线圆弧段扫掠得到的角度，或对象上三个点之间的角度进行约束。

下拉菜单：[参数]→[标注约束]→[角度]		
命令行：DCANGULAR		
工具栏：		
功能区：[参数化]→[标注]→[角度]		

【实例】 要进行角度约束，可按如下的操作步骤进行：

① 单击功能区[参数化]→[标注]→[角度]。

② 选择第一条直线或圆弧或[三点（3P）]＜三点＞：

（这时选取要进行角度约束的第一条直线）

③ 选择第二条直线：

（这时选取要进行角度约束的第一条直线）

④ 指定尺寸线位置：

（拖动十字光标，确定尺寸线的位置）

⑤ 标注文字：

（屏幕显示约束对象的角度，按 Enter 键或直接键入数值以对对象的值进行修改）

这时屏幕应如图 10.67（a）所示。

步骤②选项说明：

a. 三点（3P）：利用对象上的三个有效约束点对对象进行角度约束。

选取该选项时命令行提示：

指定角的顶点：

指定第一个角度约束点：

指定第二个角度约束点：

使用该选项标注的约束如图 10.67（b）所示。

b. 圆弧：选择圆弧创建角度约束时，角顶点位于圆弧的中心，圆弧的角端点位于圆弧的端点处。

使用该选项标注的约束如图 10.67（c）所示。

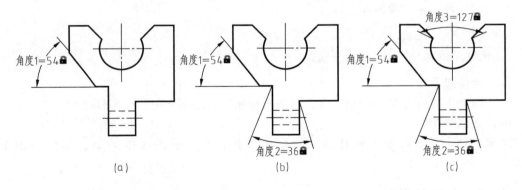

图 10.67

(6) 转换命令

该命令可以将标注转换为标注约束。

命令行：DCCONVERT

工具栏：

功能区：[参数化]→[标注]→[转换]

【实例】　要进行转换命令，可按如下的操作步骤进行：

① 单击功能区[参数化]→[标注]→[转换]。

② 选择要转换的关联标注：（这时选取要进行转换的标注）Enter

图 10.69 为将图 10.68 的标注转换为标注约束的结果。

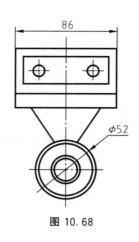

图 10.68

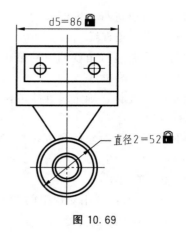

图 10.69

10.12.3　约束显示设置

在几何约束面板中约束命令按钮的右侧有三个约束设置按钮，用于对约束对象进行显示与隐藏设置。三个按钮为"显示/隐藏" 显示/隐藏 、"全部显示" 全部显示 、"全部隐藏" 全部隐藏 ，通过约束设置按钮来显示或隐藏代表这些约束的直观标记。

（1）显示/隐藏

显示或隐藏选定对象的动态标注约束。

命令行：DCDISPLAY	
功能区：[参数化]→[标注]/[几何]→[显示/隐藏]	

（2）全部显示

显示图形中的所有动态标注约束。单击该按钮后，绘图区中的动态标注约束全部显示。

（3）全部隐藏

隐藏图形中的所有动态标注约束。单击该按钮后，绘图区中的动态标注约束全部隐藏。

10.12.4　参数管理器

下拉菜单：[参数]→[参数管理器]	
功能区：[参数化]→[管理]→[参数管理器]	
工具栏：$f_{(x)}$	

当从绘图区域访问时，点击按钮，弹出"参数管理器"选项板，如图 10.70 所示。选项板将显示在图形中可用的所有关联变量，包括当前图形中的所有标注约束参数和用户变量。通过选项板设置，可以创建、编辑、重命名和删除关联变量。

（1）栅格控件

默认状态下，"参数管理器"选项板包括三列栅格控件，即"名称""表达式""值"。鼠标右键点击空白处，可以添加、删减控件，如图 10.71 所示。对各控件说明如表 10.4 所示。

图 10.70

图 10.71

表 10.4　栅格控件说明

列	说明
名称	显示变量名
表达式	显示实数或表达式的方程式，例如 d1＋d2，表达式中可以使用＋、－、＊、％、/、^等运算符
值	显示表达式的值
类型	显示标注约束类型或变量值

（2）标注变量

参数管理器中包含了标注变量，即标注约束参数，通过管理器可以轻松地创建、修改和删除参数。

参数管理器可以编辑标注变量名称和表达式。执行此操作的步骤：

① 双击名称或表达式框。

② 选择行并按 F2 键。按 Tab 键可编辑相邻列。

用户不能编辑"值"列。标注变量修改后，图形中以及"参数管理器"选项板中变量的所有实例都将更新。

单击鼠标右键并单击"删除"可以删除标注约束参数或用户变量。删除标注变量时，图形中关联的标注约束将被删除。

单击标注约束参数的名称可以亮显图形中的约束。单击列标题以按名称、表达式或值对参数的列表进行排序。

（3）用户变量

用户变量是自定义变量，用户可以通过其创建及驱动对象关系。这些变量可以包含常数或方程式。

单击"参数管理器"选项板上的"新建用户参数"图标或者双击空单元，可创建用户变量。

用户变量具有以下特性。

① 默认值为：名称＝user1，表达式＝1，值＝1.00。

② 名称应当由字母和数字组成，且不能以数字开头，不能包含空格或超过 256 个字符。

③ 表达式的值应在－1e100 到 1e100（即－10^{100}～10^{100}）之间。

（4）搜索参数

用户可以使用右上角编辑框按名称、字符等搜索参数。

（5）定义参数组

用户可以使用参数管理器在图形编辑器中定义参数组。参数组是参数列表的显示过滤器。参数组将参数分配给其中一个或多个组。这样，用户可以一次查看一组参数，从而组织和限制这些参数在参数管理器中的显示。

过滤器中有两个预过滤器：

① 全部：列出当前空间中的所有参数。

② 表达式中使用的所有参数：列出表达式中使用的或由表达式定义的所有参数。

单击"过滤器"图标，创建一个组，此时将在选项板的左侧垂直面板上显示过滤器树，用户可在其中显示、隐藏或展开组过滤器。将参数从栅格控件拖放到参数组中。

"反转过滤器"复选框显示所有不属于该组的参数，如图 10.72 所示。

(a) 全部　　　　(b) 表达式中使用的所有参数

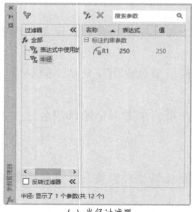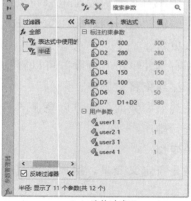

(c) 半径过滤器　　　　(d) 反转过滤器

图 10.72

【实例】　本例介绍如何通过参数化方程约束两个面积相差一倍的矩形同心，参数化约束步骤如下：

① 单击功能区［参数化］→［管理］→［参数管理器］。

② 标注所有尺寸。

③ 单击下拉菜单[参数]→[参数管理器]，弹出选项卡。

④ 更改选项卡名称及表达式，如图 10.73 所示。

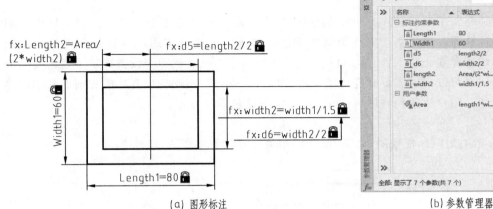

(a) 图形标注　　　　　　　　　　　(b) 参数管理器

图 10.73

⑤ 可以新建过滤器，将两个矩形的尺寸分开，如图 10.74 所示。

参数化约束的结果如图 10.73（a）所示。

(a) 矩形 1 过滤器内的参数

(b) 矩形 2 过滤器内的参数

(c) 相对位置过滤器内的参数

图 10.74

10.13 小结与练习

【小结】

本章详细介绍了 AutoCAD 2024 的绘图工具和捕捉等辅助功能，例如正交、栅格、捕捉、过滤、计算器、选择集、夹点编辑等功能。熟练掌握这些应用，将有利于提高作图效率。此外本章还详细介绍了 AutoCAD 2024 的环境设置功能。选项卡设置提供了较为灵活的绘图环境，用户可以根据需要改变环境，改善用户体验。利用环境设置功能和前面介绍的绘图及编辑功能，用户将感到利用 AutoCAD 来绘图既精确又方便。

【练习】

① 综合相关知识，根据图 10.75 所示的相关尺寸绘制零件图。

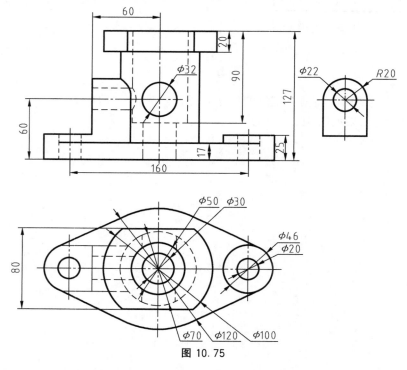

图 10.75

② 综合相关知识，根据图 10.76 所示的相关尺寸绘制零件图。

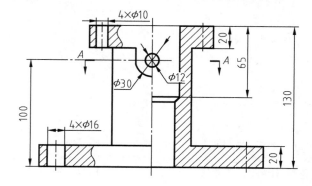

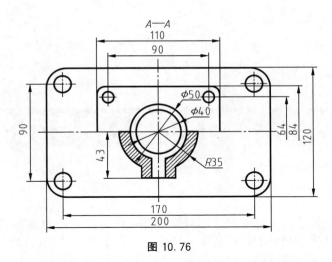

图 10.76

第11章

尺寸标注、文字和图案填充

在工程制图中，尺寸标注是一项必不可少的基本内容。无论用多精确的比例打印图形，都不足以向生产人员传达足够的设计信息。所以，通常要添加注释以标记实体的测量值，注明实体间的距离和角度。进行标注是向图形中添加测量注释的过程。AutoCAD 提供许多标注实体及设置标注格式的方法。可以在各个方向上为各类实体创建标注，也可以方便快速地以一定格式创建符合行业或项目标准的标注。

在 AutoCAD 2024 中，专门有一个功能极强的尺寸标注模块，需要时仅需单击要标注尺寸的实体以及标注位置，这个标注模块就能完成剩余工作。只要图形绘制是正确的且有规定的精度，系统就可以自动测量并进行精确的尺寸标注。AutoCAD 提供了一套完整的尺寸标注命令，通过这些命令，可以方便地标注画面上的各种尺寸，如线性尺寸、角度等。当进行尺寸标注时，AutoCAD 会自动测量实体的大小，并在尺寸线上给出正确的尺寸文字。所以，在标注尺寸之前，必须精确地构造图形。

11.1 尺寸标注的概念和类型

设计过程通常分为四个阶段：绘图、注释、查看和打印。在注释阶段，设计者要添加文字、数字和其他符号以传达有关设计元素的尺寸和材料的信息，或者对施工或制造工艺进行注解。标注是一种通用的图形注释，可以显示实体的测量值，例如墙的长度、柱的直径或建筑物的面积。

AutoCAD 提供了多种标注样式和多种设置标注格式的方法。可以指定所有图形实体的测量值，可以测量竖直和水平距离、角度、直径和半径，创建一系列从公共基准线引出的尺寸线，或者采用连续标注。

尺寸线的有关部分的说明如图 11.1 所示。

尺寸标注的类型如图 11.2 所示。

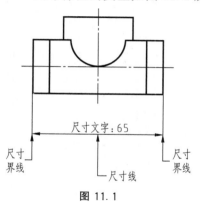

图 11.1

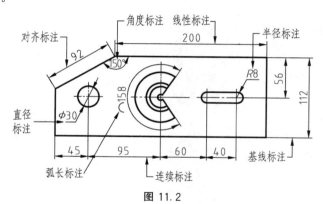

图 11.2

11.2　线性尺寸标注命令

线性尺寸标注是指在两点之间的一组标注，这两点可以是端点、交点、圆弧线端点或者是能识别的任意两点。

下拉菜单：[标注]→[线性]

命令行：DIMLINEAR

工具栏：⊢

功能区：[默认]→[注释]→[线性]或[注释]→[标注]→[线性]

【实例】　要进行线性尺寸标注，可按如下的操作步骤进行：

① 单击下拉菜单[标注]→[线性]。

② 指定第一个尺寸界线原点或＜选择对象＞：（这时选取第一条尺寸界线的起始位置点）

③ 指定第二条尺寸界线原点：（这时选取第二条尺寸界线的起始位置点）

④ 指定尺寸线位置或[多行文字(M)/文字(T)/角度(A)/水平(H)/垂直(V)/旋转(R)]：（拖动十字光标，确定尺寸线的位置）

这时屏幕应如图 11.3 所示。

步骤④选项说明：

多行文字（M）：尺寸文字要键入新值，并且键入的文字需要两行以上。

文字（T）：输入标注文字。

角度（A）：指定标注文字的角度。

水平（H）：在水平位置标注尺寸。

垂直（V）：在垂直位置标注尺寸。

旋转（R）：指定尺寸线的旋转角度。

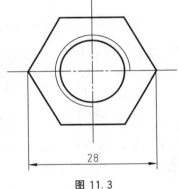

图 11.3

11.3　对齐尺寸标注命令

对齐尺寸标注命令可以标注一条与两个尺寸延长线起点的连线平行的尺寸线，即选取两点，按平行于该两点连线的方向标注尺寸。

下拉菜单：[标注]→[对齐]

命令行：DIMALIGNED

工具栏：↖

功能区：[默认]→[注释]→[对齐]或[注释]→[标注]→[已对齐]

【实例】　要进行对齐尺寸标注，可按如下操作步骤进行：

① 单击下拉菜单[标注]→[对齐]。

② 指定第一个尺寸界线原点或＜选择对象＞：（这时选取第一条尺寸界线的起始位置点）

③ 指定第二条尺寸界线原点:(这时选取第二条尺寸界线的起始位置点)
④ 指定尺寸线位置或[多行文字(M)/文字(T)/角度(A)]:(这时拖动十字光标,确定尺寸线的位置)
屏幕应如图11.4所示。

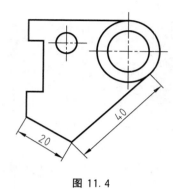

图 11.4

11.4 弧长标注命令

弧长标注命令可以标注圆弧的总弧长。

下拉菜单:[标注]→[弧长]		
命令行:DIMARC		
工具栏:		
功能区:[默认]→[注释]→[弧长]或[注释]→[标注]→[弧长]		

【实例】 要进行弧长尺寸标注,可按如下操作步骤进行:
① 单击下拉菜单[标注]→[弧长]。
② 选择弧线段或多段线圆弧段:(这时选取要标注的圆弧)
③ 指定弧长标注位置或[多行文字(M)/文字(T)/角度(A)/部分(P)/引线(L)]:(这时拖动十字光标,确定尺寸线的位置)
这时屏幕应如图11.5所示。
步骤③选项说明:
部分(P):选取圆弧段的一部分进行标注。
引线(L):为弧长标注添加引线。

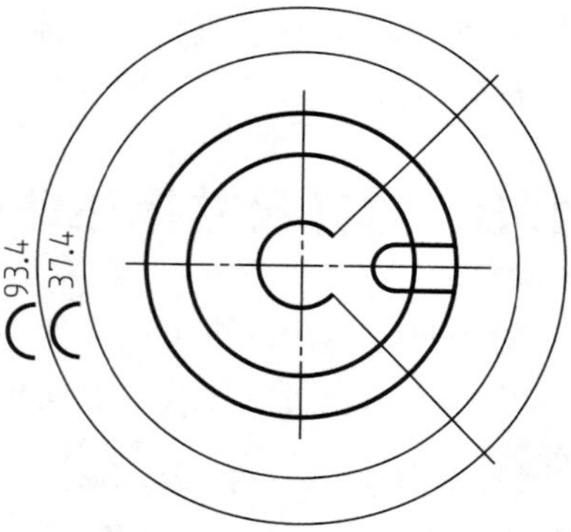

图 11.5

11.5 坐标标注命令

坐标标注命令用于测量与原点(即基准)的垂直距离。

下拉菜单:[标注]→[坐标]

命令行:DIMORDINATE

工具栏:

功能区:[默认]→[注释]→[坐标]或[注释]→[标注]→[坐标]

【实例】　要进行坐标标注，可按如下操作步骤进行:

① 单击下拉菜单[标注]→[坐标]。

② 指定点坐标:(这时选取要标注坐标的点)

③ 指定引线端点或[X 基准(X)/Y 基准(Y)/多行文字(M)/文字(T)/角度(A)]:(这时拖动十字光标，确定尺寸线的位置)

这时屏幕应如图 11.6 所示。

步骤③选项说明:

X 基准 (X):测量 X 坐标并确定引线和标注文字的方向。

Y 基准 (Y):测量 Y 坐标并确定引线和标注文字的方向。

多行文字 (M):键入 M 后功能区出现"文字编辑器"对话框，可用来编辑标注文字。

文字 (T):在命令提示下，自定义标注文字。

角度 (A):修改标注文字的角度。

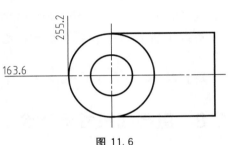

图 11.6

11.6　半径式尺寸标注命令

半径式尺寸标注命令可在圆或弧线内标注圆或圆弧的半径尺寸。

下拉菜单:[标注]→[半径]

命令行:DIMRADIUS

工具栏:

功能区:[默认]→[注释]→[半径]或[注释]→[标注]→[半径]

【实例】　要进行半径式尺寸标注，可按如下操作步骤进行:

① 单击下拉菜单[标注]→[半径]。

② 选择圆弧或圆:(这时选取图 11.7 中所示的圆弧)

③ 指定尺寸线位置或[多行文字(M)/文字(T)/角度(A)]:(拖动十字光标来确定尺寸线的位置)

这时屏幕应如图 11.7 所示。

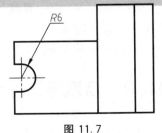

图 11.7

11.7　折弯标注命令

当圆弧或圆的中心位于布局之外并且无法在其实际位置显示时，可使用折弯标注命令创建折弯半径标注。

下拉菜单:[标注]→[折弯]

命令行:DIMJOGGED

工具栏:

功能区:[默认]→[注释]→[折弯]或[注释]→[标注]→[已折弯]

【实例】 要进行折弯标注,可按如下操作步骤进行:

① 单击下拉菜单[标注]→[折弯]。

② 选择圆弧或圆:(这时选取要进行折弯标注的圆弧)

③ 指定图示中心位置:(选取自定义的圆弧中心)

④ 指定尺寸线位置或[多行文字(M)/文字(T)/角度(A)]:(拖动十字光标来确定尺寸线的位置)

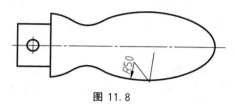

图 11.8

⑤ 指定折弯位置:(拖动十字光标来确定折弯位置)

这时屏幕应如图 11.8 所示。

11.8　直径式尺寸标注命令

直径式尺寸标注命令可在圆或弧线内标注圆或圆弧的直径尺寸。

下拉菜单:[标注]→[直径]

命令行:DIMDIAMETER

工具栏: ⊘

功能区:[默认]→[注释]→[直径]或[注释]→[标注]→[直径]

【实例】 要进行直径式尺寸标注,可按如下操作步骤进行:

① 单击下拉菜单[标注]→[直径]。

② 选择圆弧或圆:(这时选取要标注直径的圆弧)

③ 指定尺寸线位置或[多行文字(M)/文字(T)/角度(A)]:(拖动十字光标来确定尺寸线的位置)

这时屏幕应如图 11.9 所示。

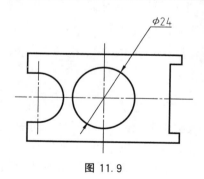

图 11.9

11.9　角度标注命令

标注图形的夹角是尺寸标注中常常用到的一种标注形式。实际上,在产品的设计过程中,两个实体之间的位置以及它们之间的夹角对于最终的产品具有决定性的作用。在 AutoCAD 中,角度标注命令 DIMANGULAR 能够精确地测量并标注出实体之间的夹角。

下拉菜单:[标注]→[角度]

命令行:DIMANGULAR

工具栏：

功能区：[默认]→[注释]→[角度]或[注释]→[标注]→[角度]

【实例】　要完成角度的标注，可按如下操作步骤进行：

① 单击下拉菜单[标注]→[角度]。

② 选择圆弧、圆、直线或＜指定顶点＞：（选取图 11.10 中的 L1 线）

③ 选择第二条直线：（再选取图 11.10 中的 L2 线）

④ 指定标注弧线位置或[多行文字(M)/文字(T)/角度(A)/象限点(Q)]：（拖动十字光标来确定尺寸线的位置）

这时屏幕应如图 11.10 所示。

步骤④选项说明：

象限点（Q）：将对象划分为四个部分。

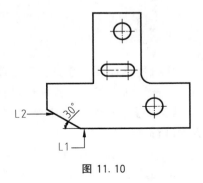

图 11.10

11.10　基线标注命令

基线标注是以固定一点作为基准线，再以此为基准，以累进的方式来标注尺寸。这里的基线是指任何尺寸的尺寸界线。当执行基线标注命令时，系统会自动将上一次执行标注操作的第一点位置作为基准点，用户只需选取第二点的位置即可，系统会自动将尺寸线置于固定位置上。

下拉菜单：[标注]→[基线]

命令行：DIMBASELINE

工具栏：

功能区：[注释]→[标注]→[基线]

【实例】　要执行基线标注命令，可按如下步骤进行：

① 单击下拉菜单[标注]→[基线]。

② 选择基准标注：（这时可选择一个尺寸线作为基准，然后开始基线标注）

③ 指定第二个尺寸界线原点或[选择(S)/放弃(U)]＜选择＞：（在屏幕上指定第二个尺寸界线原点）

这时屏幕应如图 11.11 所示。

步骤③选项说明：

选择（S）：重新选择基准尺寸线。

放弃（U）：放弃选择的第二个尺寸界线原点，重新选择第二个尺寸界线原点。

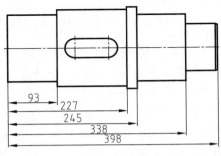

图 11.11

11.11　连续标注命令

连续标注命令是将最先设置点视为起始点，再以此为基准继续标注尺寸。该命令可以方便迅速地标注一排尺寸。使用过程中，先使用 DIMLINEAR 命令定义一组标注，然后用连续标注命令把一串连续尺寸排成一行。当然，系统会自动地在上一个尺寸线结束的地方，开始给出下一个尺寸线。

下拉菜单:[标注]→[连续]	
命令行:DIMCONTINUE	
工具栏: ╫	
功能区:[注释]→[标注]→[连续]	

执行连续标注命令时，只需单击下拉菜单［标注]→[连续]，这时命令行的提示和上面的基线标注命令相同，其操作过程也和基线标注命令大同小异。

【实例】 要连续标注尺寸，可按如下操作步骤进行：

① 单击下拉菜单[标注]→[连续]。

② 选择连续标注：（这时可选择一个尺寸线作为基准，然后开始连续标注）

③ 指定第二个尺寸界线原点或[选择(S)/放弃(U)]＜选择＞：（在屏幕上指定第二个尺寸界线原点）

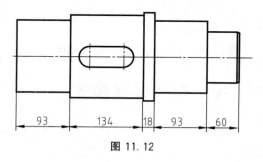

图 11.12

这时屏幕应如图 11.12 所示。

11.12 标注间距命令

使用标注间距命令，平行尺寸线之间的间距将设为相等。该命令仅适用于平行的线性标注或共用一个顶点的角度标注。

下拉菜单:[标注]→[标注间距]	
命令行:DIMSPACE	
工具栏: ▯	
功能区:[注释]→[标注]→[调整间距 ▯]	

【实例】 要标注间距，可按如下操作步骤进行：

① 单击下拉菜单[标注]→[标注间距]。

② 选择基准标注：（这时可选择一个尺寸线作为基准，然后开始间距标注）

③ 选择要产生间距的标注：（这时选择所有要与基准尺寸产生间距的尺寸）

④ 输入值或[自动(A)]:＜自动＞：（输入相邻尺寸要产生的间距值）

这时屏幕应如图 11.13 所示，可以看到相邻尺寸线之间的间距相等。

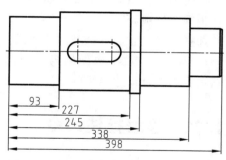

图 11.13

11.13　标注打断命令

在标注和尺寸界线与其他对象的相交处打断或恢复标注和尺寸界线。可以将折断标注添加到线性标注、角度标注和坐标标注等。

> 下拉菜单:[标注]→[标注打断]
> 命令行:DIMBREAK
> 工具栏: ![icon]
> 功能区:[注释]→[标注]→[打断 ![icon]]

【实例】　要标注打断，可按如下操作步骤进行:

① 单击下拉菜单[标注]→[标注打断]。

② 选择要添加/删除折断的标注或[多个(M)]:（这时选择要标注打断的对象）

③ 选择要折断标注的对象或[自动(A)/手动(M)/删除(M)]:＜自动＞:（这时选择与标注打断对象或其尺寸线相交的对象）

这时屏幕应如图 11.14 所示。

步骤②和③选项说明:

多个（M）:键入 M 后对多个对象进行打断标注。

自动（A）:自动将折断标注放置在与选择的折断标注对象的交点处。

手动（M）:手动放置折断标注。

删除（M）:删除折断标注。

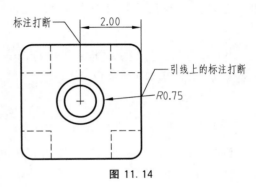

图 11.14

11.14　引线标注命令

引线标注由箭头、直线及注释文字三部分组成。可使用引线来指示一个特征，然后给出其相关信息。与其他尺寸标注命令不同的是，引线标注命令 QLEADER 并不测量距离。注释文字一般在引线末端给出。缺省注释为单行文字，可以通过适当选项进入多行文字编辑，还可以拷贝一个已有的角度、多行文字、属性定义、块或者公差。此外，还可以指定引线是直线还是样条曲线，并决定其是否带有箭头。

> 下拉菜单:[标注]→[多重引线]
> 命令行:MLEADER(QLEADER)
> 工具栏: ![icon]
> 功能区:[注释]→[引线]→[多重引线]

【实例】　标注引线可按如下操作步骤进行。

① 单击下拉菜单[标注]→[多重引线]。

② 指定引线箭头的位置或[引线基线优先(L)/内容优先(C)/选项(O)]＜选项＞：(在屏幕上选取一点作为引线箭头的位置)

③ 指定引线基线的位置：(拖动十字光标，在屏幕上给出引线基线的位置)

功能区出现"文字编辑器"对话框，可根据需要对文字样式进行设置。

绘图区出现小方框，直接在其中键入文字。

这时屏幕应如图 11.15 所示。

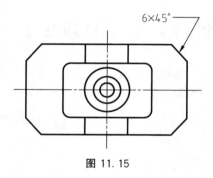

图 11.15

11.15　重新关联标注命令

重新关联标注是添加、重定义或删除标注之间以及它们测量的对象之间关联性的一种标注。它把实体与尺寸标注连接起来，因此，实体的任何改变都可以自动更新到对应的标注上。

下拉菜单:[标注]→[重新关联标注]	
命令行:DIMREASSOCIATE	
工具栏: 🔲	
功能区:[注释]→[标注]→[🔲]	

【实例 1】　重新关联标注可按如下操作步骤进行：

① 单击下拉菜单[标注]→[重新关联标注]。

② 选择对象或[解除关联(D)]:(这时选择要进行关联标注的尺寸线)Enter

③ 指定第一个尺寸界线原点或[选择对象(S)]＜下一个＞：(这时选择第一个尺寸界线的原点)

④ 指定第二个尺寸界线原点＜下一个＞：(这时选择第二个尺寸界线的原点)

⑤ 选择圆弧或圆＜下一个＞：

步骤②和③选项说明：

解除关联 (D)：解除已经存在的关联。

选择对象 (S)：直接选择尺寸线所对应的直线。

执行该命令时提示选择一个尺寸，同时提示指定关联点。如果尺寸和实体没有关联，在尺寸端点显示一个"×"符号。如果尺寸和实体有关联，在尺寸端点显示一个"×"符号加一个矩形外框。

可通过"移动"命令更好地理解重新关联标注。

【实例 2】　设目前的屏幕如图 11.16 所示，尺寸"48"为下部水平直线的长度。其操作步骤如下：

① 单击下拉菜单[修改]→[移动]

② 选择对象:(选择下部的水平直线)Enter

③ 指定基点或[位移(D)]＜位移＞:(选择该直线的左端点)

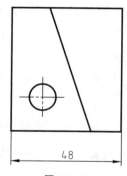

图 11.16

④ 指定第二个点或［使用第一个点作为位移］：（选择该直线的右端点）

这时屏幕如图 11.17 所示。

若没有对尺寸进行重新关联标注，则使用"移动"命令后如图 11.18 所示。

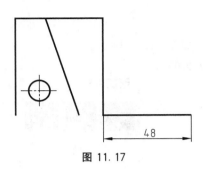

图 11.17

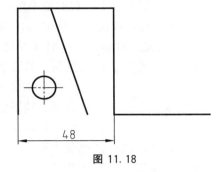

图 11.18

11.16　形位公差标注命令

形位公差表示特征的形状、轮廓、方向、位置和跳动的允许偏差，可以通过特征控制框来添加形位公差，这些框中包含单个标注的所有公差信息。

> 下拉菜单：［标注］→［公差］
> 命令行：TOLERANCE

执行"形位公差"命令时，弹出一个对话框，如图 11.19 所示。

在图 11.19 中单击"符号"区域中的黑色小方框，则弹出另一个对话框，如图 11.20 所示。

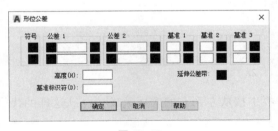

图 11.19

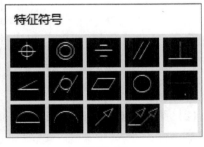

图 11.20

图 11.19 和图 11.20 中有关选项的含义如下。

(1) 图 11.19 中选项含义

① 符号：其中含有从图 11.20 中所选取的几何特征。

② 公差 1：第一个形位公差的值。下面有三个小方框，从左到右为第一方框到第三方框，其中：

第一方框：在形位公差的值前面插入一个直径符号。

第二方框：键入形位公差的值。

第三方框：材料状况，可从中选择修饰符号。

在选取材料状况时又弹出一个对话框，如图 11.21 所示（有关内容将在后文详细解释）。

③ 公差 2：第二个形位公差的值。其下方的三个小方框与公差 1 中的含义相同。

④ 基准 1：第一个基准数据。下面有两个小方框：

第一方框：键入一个数据的基准值。

第二方框：材料状况，可从中选择修饰符号。

同公差 1，在选取材料状况时又弹出一个对话框，如图 11.21 所示。

⑤ 基准 2：第二个基准数据。其下方的两个小方框的说明同上。

⑥ 基准 3：第三个基准数据。其下方的两个小方框的说明同上。

图 11.21

⑦ 高度：键入投影公差带的值。

⑧ 延伸公差带：投影公差带。

⑨ 基准标识符：键入数据作为标记。

在图 11.21 中，M（maximum material condition）指孔按最小可接受的尺寸生成，这样留于工件上的材料最多；L（least material condition）指材料最少，即定义孔直径取公差最大的部分；S（regardless of feature size），在这种状况下材料状况不影响公差。

图 11.22 表明了形位公差的各个组成部分。

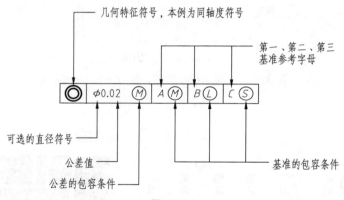

图 11.22

(2) 图 11.20 中选项含义（"特征符号"栏中按从左到右的次序编成 A～N 这样的代号）

第一行：

A 表示位置度；

B 表示同轴度；

C 表示对称度；

D 表示平行度；

E 表示垂直度；

第二行：

F 表示倾斜度；

G 表示圆柱度；

H 表示平面度；

I 表示圆度；

J 表示直线度。

第三行：

K 表示面轮廓度；

L 表示线轮廓度；

M 表示圆跳动；

N 表示全跳动；

【实例】 标注形位公差可按如下操作步骤进行：

① 单击下拉菜单[标注]→[形位公差]，弹出一个对话框，如图 11.19 所示。

② 单击图 11.19 中的"符号"后又弹出一个对话框，如图 11.20 所示。

③ 单击图 11.20 中的对称度符号。

④ 在图 11.19 所示的"公差 1"栏的第二个小方框里键入"0.1"，在"公差 2"栏的第二个小方框里键入"A—B"。

⑤ 在图 11.19 所示的对话框中按"确定"按钮，关闭该对话框。

⑥ 这时命令行提示：输入公差位置（拖动十字光标在屏幕上选定形位公差的位置）。

这时看到的屏幕应如图 11.23 所示。

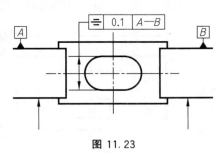

图 11.23

11.17　圆心标记命令

在圆或圆弧上标注尺寸时，一般要标出圆或圆弧的中心。在 AutoCAD 中专门提供了圆心标记命令。

下拉菜单:[标注]→[圆心标记]

命令行:DIMCENTER

工具栏:⊕

功能区:[注释]→[中心线]→[圆心标记]

【实例】 进行圆心标记时可按如下操作步骤进行：

① 单击下拉菜单[标记]→[圆心标记]。

② 选择圆弧或圆：（选择要进行圆心标记的圆弧或圆）

这时屏幕如图 11.24 所示。

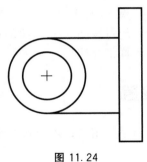

图 11.24

11.18 尺寸编辑命令

编辑已标注好的尺寸是工程制图中常用到的一种修改标注的方法。尺寸编辑命令提供了对尺寸指定新文字、调整文字到缺省位置、旋转文字和倾斜尺寸界线的功能。

命令行：DIMEDIT
工具栏：

【实例】 先利用"线性"命令（DIMLINER）在屏幕上标注一个尺寸，如图 11.25 所示，对它按照图 11.26 中所示的尺寸进行编辑，可按如下操作步骤进行。

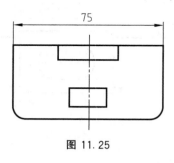

图 11.25

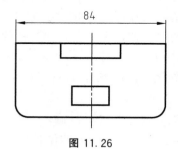

图 11.26

① 命令行：DIMEDIT Enter

② 输入标注编辑类型[默认(H)/新建(N)/旋转(R)/倾斜(O)]<默认>：N Enter

功能区弹出"文字编辑器"选项卡，如图 11.27 所示。

图 11.27

③ 在弹出的"文字编辑器"选项卡中设置好文字样式，然后在绘图区出现的小方框中删除原有数字，键入新的尺寸值，如键入"84"，按 Esc 键。

④ 选择对象：（选取图 11.25 中的尺寸标注，该尺寸标注变虚）Enter

这时尺寸文字就变成"84"，如图 11.26 所示。

步骤②选项说明：

默认（H）：选定的标注文字将回到由标注样式指定的默认位置和旋转角。

旋转（R）：将标注文字旋转一定的角度。

倾斜（O）：使标注的尺寸倾斜一定的角度。

当然，除了可编辑尺寸文字外，还可编辑尺寸标注的位置，如修改尺寸线、尺寸界线、箭头和中心标记等。下节对这些内容详细介绍。

11.19 尺寸标注样式设置

前面详细介绍了尺寸标注各个命令的用法，本节将介绍尺寸标注类型的设置，以便于对尺寸标注进行修改。

11.19.1　样式设置方法

在 AutoCAD 2024 中设置尺寸标注样式，可选用下面任意一种方法：

① 下拉菜单[格式]→[标注样式...]；

② 下拉菜单[标注]→[标注样式...]；

③ 命令行：DIMSTYLE。

不管采用这三种方法中的哪一种，执行时都将弹出一个对话框，如图 11.28 所示。

用图 11.28 所示的对话框可进行尺寸标注类型的设置，主要可实现以下功能：

预演尺寸标注类型；

设置新的尺寸标注类型；

修改已有的尺寸标注类型；

设置覆盖一个尺寸标注类型；

设置当前的尺寸标注类型；

比较尺寸标注类型；

重命名尺寸标注类型；

删除尺寸标注类型。

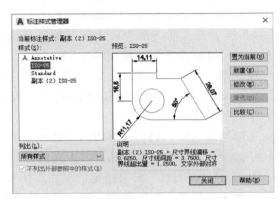

图 11.28

(1) 图 11.28 中各项的含义

当前标注样式：显示当前的尺寸标注类型。

样式（S）：显示绘图中所用的全部尺寸标注类型。在列表中 AutoCAD 将用高亮度显示当前所用的尺寸标注类型。如果要设置某一尺寸标注类型为当前类型，可选取它，然后再按"置为当前（U）"按钮即可。

列出（L）：列出要显示的尺寸标注类型。它们包括：

所有样式：显示所有的尺寸标注类型。

正在使用的样式：仅显示在图形中标注尺寸时所用到的尺寸标注类型。

不列出外部参照中的样式（D）：在外部参照图形中不显示尺寸标注类型。

置为当前（U）：设置所选取的类型为当前类型。

新建（N）...：单击时将弹出一个对话框，如图 11.29 所示（后文将解释），在本对话框中可设置新的尺寸标注类型；单击"继续"项，可弹出一个对话框，如图 11.30 所示（参

图 11.29

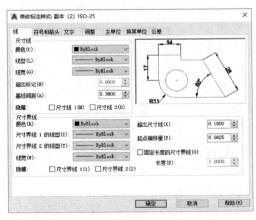

图 11.30

见 11.19.2 节中的解释）。

修改（M）...：单击时将弹出一个对话框，如图 11.30 所示（参见 11.19.2 节中的解释），在本对话框中可修改尺寸标注类型。

替代（O）...：单击时将弹出一个对话框，如图 11.30 所示（参见 11.19.2 节中的解释），在本对话框中可覆盖一种尺寸标注类型。

比较（C）...：单击时将弹出一个对话框，如图 11.31 所示，在本对话框中可比较一种尺寸标注类型和另一种尺寸标注类型的相关特性。

图 11.31

（2）图 11.29 中各项的含义

新样式名（N）：显示当前尺寸标注类型的名称。如果想建立一个新的尺寸类型，请输入一个新的名称。

基础样式（S）：列出当前图形中已经定义的尺寸标注类型的名称。可以在其中选择一个尺寸标注类型名称，并将其设置为当前类型。

用于（U）：创建一种对指定的尺寸有用的标注类型。例如，对于 STANDARD 类型而言，尺寸文字的颜色是黑色的。现在仅想在直径尺寸标注中，将文字的颜色设为蓝色，则在"基础样式"选项下，选取 STANDARD，然后在"用于"选项下，选取直径即可。这时，新的尺寸类型因为定义了 STANDARD 的子类型而不可用。在标注直径尺寸中用 STANDARD 类型时，尺寸文字的颜色将是蓝色，而标注别的尺寸类型时，文字字符仍将是黑色。

继续：单击"继续"项，弹出一个对话框，如图 11.30 所示（参见 11.19.2 节中的解释）。

11.19.2　新建尺寸标注样式

图 11.30 所示的对话框有线、符号和箭头、文字、调整、主单位、换算单位、公差共七个选项卡。

（1）线

使用"线"选项卡时，屏幕显示如图 11.30 所示。图 11.30 中各区域各项的含义如下。

① 尺寸线区域：可设置尺寸线的特性。它包括：

颜色（C）：设置和显示尺寸线的颜色，可在列表框中通过弹出颜色对话框选择其他颜色。该选项也可以通过系统变量 DIMCLRD 控制。

线型（L）：设置尺寸线的线型。该选项也可以通过系统变量 DIMLTYPE 控制。

线宽（G）：设置尺寸线的宽度。该选项也可以通过系统变量 DIMLWD 控制。

超出标记（N）：当用斜尺寸、建筑尺寸、标记、整型、无箭头等标记时，本项为超出延伸线的尺寸线指定一个距离，如图 11.32 所示。该选项也可以通过系统变量 DIMDLE 控制。

基线间距（A）：进行基线尺寸标注时，设置尺寸线间的距离，如图 11.33 所示。该选项也可以通过系统变

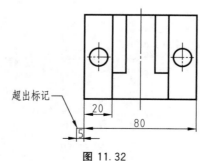

图 11.32

量 DIMDLI 控制。

隐藏：抑制尺寸线的显示。尺寸线 1（M）抑制第一条尺寸线，尺寸线 2（D）抑制第二条尺寸线，如图 11.34 所示。该选项也可以通过系统变量 DIMSD1 和 DIMSD2 控制。

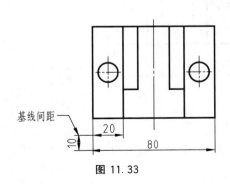

（a）抑制第一条尺寸线

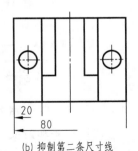

（b）抑制第二条尺寸线

图 11.33

图 11.34

② 尺寸界线区域：可显示延伸线的外观。它有以下选项：

颜色（R）：设置和显示延伸线的颜色，这时可在列表框中通过弹出颜色对话框选择其他颜色。该选项也可以通过系统变量 DIMCLRE 控制。

尺寸界线 1 的线型（I）：设置第一条尺寸界线的线型，其后的下拉列表如图 11.35 所示，用户可根据需要选择线型，也可点击"其他..."加载列表外的线型。该选项也可以通过系统变量 DIMLTEX1 控制。

尺寸界线 2 的线型（T）：设置第二条尺寸界线的线型。该选项也可以通过系统变量 DIMLTEX2 控制。

线宽（W）：设置延伸线的线宽。该选项也可以通过系统变量 DIMLWE 控制。

隐藏：抑制尺寸界线的显示。尺寸界线 1（1）抑制第一条尺寸界线，尺寸界线 2（2）抑制第二条尺寸界线，如图 11.36 所示。该选项也可以通过系统变量 DIMSE1 和 DIMSE2 控制。

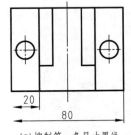

（a）抑制第一条尺寸界线

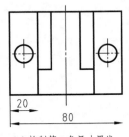

（b）抑制第二条尺寸界线

图 11.35

图 11.36

超出尺寸线（X）：设置尺寸界线超出尺寸线的距离，如图 11.37 所示。该选项也可以通过系统变量 DIMEXE 控制。

起点偏移量（F）：设置自图形中定义标注的点到尺寸界线的偏移距离，如图 11.38 所示。该选项也可以通过系统变量 DIMEXO 控制。

固定长度的尺寸界线（O）：启用固定长度的尺寸界线。该选项也可以通过系统变量 DIMFXLON 控制。点击其前面的复选框表示启用，则下面的"长度（E）"选项被激活，可在右边的方框中键入所需的长度。

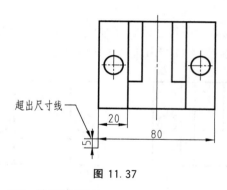

图 11.37

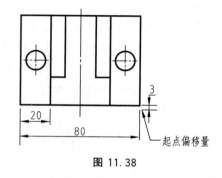

图 11.38

（2）符号和箭头

在图 11.30 中，单击"符号和箭头"选项卡，屏幕显示从图 11.30 变为图 11.39。

图 11.39 中各区域各项的含义如下。

① 箭头区域：可显示尺寸箭头的外观。对于尺寸线而言，可将第一个箭头和第二个箭头指定成不同的形式。它有以下四个选项：

第一个（T）：在弹出的列表菜单中设置尺寸线的第一个箭头。该选项也可以通过系统变量 DIMBLK1 控制。

第二个（D）：在这里可设置尺寸线的第二个箭头，箭头的选项如图 11.40 所示。当然，箭头的形状还可自行定义（用户箭头）。该选项也可以通过系统变量 DIMBLK2 控制。

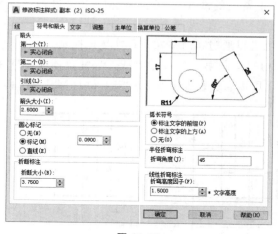

图 11.39

图 11.40

引线（L）：在弹出的列表菜单中设置引线的箭头。该选项也可以通过系统变量 DIM-LDRBLK 控制。

箭头大小（I）：由用户来指定箭头的大小。用户可以在其后的文字编辑框中键入具体的箭头大小数值，从而指定箭头的大小。

② 圆心标记区域：设置中心标记和直径或半径式尺寸的中心线的外观。它包括三个选项：

无（N）：不创建圆心标记或中心线。该值在 DIMCEN 系统变量中存储为 0。

标记（M）：创建圆心标记。该值在 DIMCEN 系统变量中存储为正值。

直线（E）：创建中心线。该值在 DIMCEN 系统变量中存储为负值。

三个选项的效果如图 11.41 所示。

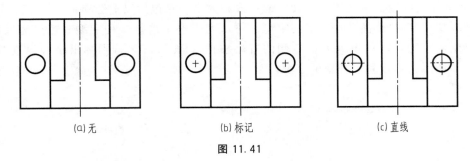

图 11.41

③ 折断标注区域：控制折断标注的间隙大小。它包含一个选项：

折断大小（B）：可在下面的方框中键入数值来控制折断大小。

④ 弧长符号区域：设置弧长标注中圆弧符号的显示及与文字的相对位置。它包括三个选项：

标注文字的前缀（P）：将弧长符号放置在标注文字的前面。该选项也可以通过系统变量 DIMARCSYM 控制。

标注文字的上方（A）：将弧长符号放置在标注文字的上方。该选项也可以通过系统变量 DIMARCSYM 控制。

无（O）：不显示弧长符号。该选项也可以通过系统变量 DIMARCSYM 控制。

⑤ 半径折弯标注区域：控制折弯半径标注中，尺寸线的横向线段的角度。它包含一个选项：

折弯角度（J）：可在右面的方框中键入角度。该选项也可以通过系统变量 DIMJOGANG 控制。

⑥ 线性折弯标注区域：通过形成折弯的角度的两个顶点之间的距离确定折弯高度。它包含一个选项：

折弯高度因子（F）：可在下面的方框中键入文字高度。

(3) 文字

在图 11.30 中，单击"文字"选项卡，屏幕显示从图 11.30 变为图 11.42。

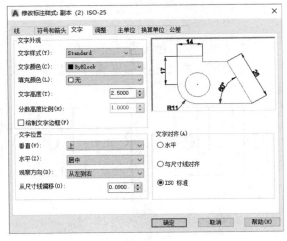

图 11.42

图 11.42 中各区域各项的含义如下。

① 文字外观区域：可设置尺寸文字的格式和大小。它包括以下选项：

文字样式（Y）：设置尺寸文字的字型，可从列表框中选择一种字型。若想为尺寸文字设置一种新的字型，可单击列表框右侧的省略按钮（即 "..."），则弹出字型设置对话框，如图 11.43 所示，可设置一种新的字型。

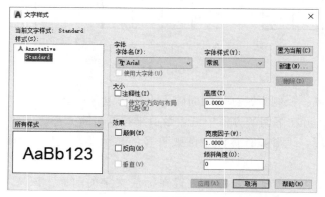

图 11.43

文字颜色（C）：用于设置尺寸文字的颜色。若想为尺寸文字设置一种新的颜色，可单击列表框中的"选择颜色"项，则弹出颜色设置对话框，可为尺寸文字设置一种新的颜色。该选项也可以通过系统变量 DIMCLRT 控制。

填充颜色（L）：用于设置文字背景的颜色。若想为文字背景设置一种新的颜色，可单击列表框中的"选择颜色"项，则弹出颜色设置对话框，可为文字背景设置一种新的颜色。该选项也可以通过系统变量 DIMFILL 和 DIMFILLCLR 控制。

文字高度（T）：用于设置尺寸文字的字高。如果在文字类型对话框中，字高被设置成一个固定的高度（即文字高度大于 0），那么这个高度覆盖这里所设置的高度。如果想在该选项卡中设置字高，必须将文字类型对话框中的字高设置为 0。该选项也可以通过系统变量 DIMTXT 控制。

分数高度比例（H）：设置尺寸文字的小数比例。该选项也可以通过系统变量 DIMTFAC 控制。

绘制文字边框（F）：在尺寸文字的外围加上矩形框。该选项也可以通过系统变量 DIMGAP 控制。

② 文字位置区域：可设置尺寸文字的放置方式。它有以下选项：

a. 垂直（V）：可设置尺寸文字沿着尺寸线的垂直方向放置。该选项也可以通过系统变量 DIMTAD 控制。垂直位置如图 11.44 所示，主要包括：

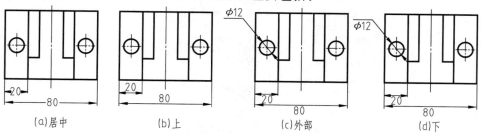

图 11.44

居中：将尺寸文字沿尺寸线与尺寸界线的中心对齐。

上：将尺寸文字放置在尺寸线的上方。文字和尺寸线的间距就是当前的文字间距。

外部：将标注文字放在尺寸线上远离第一个定义点的一边。

JIS：按 JIS（Japanese industrial standards，日本工业标准）放置尺寸文字。

下：将尺寸文字放置在尺寸线的下方。文字和尺寸线的间距就是当前的文字间距。

b. 水平（Z）：可设置尺寸文字与尺寸线或者尺寸界线平行书写。该选项也可以通过系统变量 DIMJUST 控制。水平位置如图 11.45 所示，主要包括：

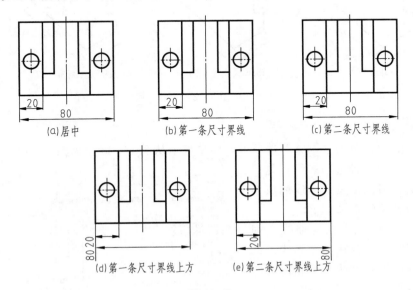

图 11.45

居中：尺寸文字中心与尺寸中心对齐。

第一条尺寸界线：尺寸文字与第一条尺寸界线对齐。

第二条尺寸界线：尺寸文字与第二条尺寸界线对齐。

第一条尺寸界线上方：将尺寸文字沿第一条尺寸界线放置。

第二条尺寸界线上方：将尺寸文字沿第二条尺寸界线放置。

c. 观察方向（D）：控制标注文字的观察方向。它包括两个选项：

从左到右：按从左到右阅读的方式放置文字。

从右到左：按从右到左阅读的方式放置文字。

d. 从尺寸线偏移（O）：可以通过在其后的文字编辑框中键入一个具体值来设置当前尺寸文字与断开的尺寸线之间的间隙值，其含义如图 11.46 所示。该选项也可以通过系统变量 DIM-GAP 控制。

③ 文字对齐区域：可设置尺寸文字的放置方位（水平或对齐），而不管尺寸文字在延伸线外或延伸线里。该选项也可以通过系统变量 DIMTIH 或 DIMTOH 控制。该区域主要包括以下三个选项，效果如图 11.47 所示。

a. 水平：以水平位置放置尺寸文字。

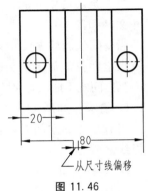

图 11.46

b. 与尺寸线对齐：尺寸文字和尺寸线对齐。

c. ISO 标准：按 ISO 标准放置尺寸线。即：当尺寸文字在尺寸界线内时，尺寸文字和尺寸线平行；当尺寸文字在尺寸线延伸线之外时，尺寸文字水平放置。

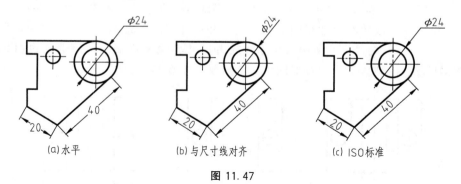

(a)水平　　　　　　(b)与尺寸线对齐　　　　　(c) ISO标准

图 11.47

（4）调整

在图 11.30 中，单击"调整"选项卡，屏幕显示从图 11.30 变为图 11.48。

在图 11.48 中，各选项表示控制尺寸文字、箭头、引线以及尺寸线的放置位置。各区域各项的含义如下。

① 调整选项区域：在延伸线之间有足够的空间时，不管在尺寸界线内或尺寸界线外都可控制尺寸文字和箭头的放置。只要有足够的空间，系统总是将尺寸文字和箭头放在尺寸界线之间；否则，按照最优化原则放置尺寸文字和箭头。该选项也可以通过系统变量 DIMATFIT、DIMTIX 和 DIMSOXD 控制。该区域主要包括以下六个选项。

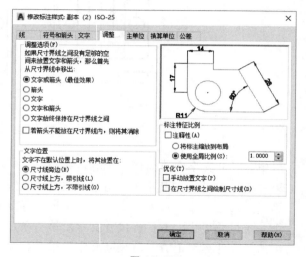

图 11.48

a. 文字或箭头（最佳效果）：按照最优化原则放置尺寸文字和箭头。主要有以下原则：

当有足够的空间时，将尺寸文字和箭头都放在尺寸界线以内，否则按照最优化原则放置尺寸文字和箭头；

当空间仅能放置尺寸文字时，将尺寸文字放在尺寸界线以内，将箭头放在尺寸界线以外；

当空间仅能放置箭头时，将箭头放在尺寸界线以内，将尺寸文字放在尺寸界线以外；

当空间既不能放置尺寸文字，也不能放置箭头时，将尺寸文字和箭头都放在尺寸界线之外。

b. 箭头：如图 11.49 所示，放置尺寸文字和箭头按以下的原则。

当有足够的空间时，将尺寸文字和箭头都放在尺寸界线以内；否则，首先将箭头放在尺寸界线之外。

c. 文字：如图 11.50 所示，放置尺寸文字和箭头按以下的原则。

当有足够的空间时，将尺寸文字和箭头都放在尺寸界线以内；否则，首先将尺寸文字放在尺寸界线之外。

  d. 文字和箭头：当没有足够的空间放尺寸文字和箭头时，将尺寸文字和箭头都放在尺寸界线之外，如图 11.51 所示。

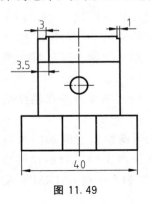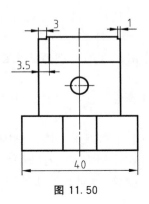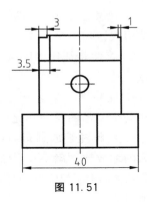

    图 11.49   图 11.50   图 11.51

  e. 文字始终保持在尺寸界线之间：总是把尺寸文字放置在尺寸界线之间，如图 11.52 所示。该选项也可以通过系统变量 DIMTIX 控制。

  f. 若箭头不能放在尺寸界线内，则将其消除：如果没有足够的空间放置箭头，则在标注时将省略箭头，如图 11.53 所示。该选项也可以通过系统变量 DIMSOXD 控制。

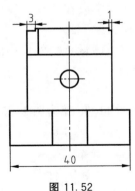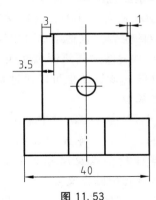

    图 11.52   图 11.53

  ② 文字位置区域：当尺寸文字从缺省位置移动时设置尺寸文字的放置方式，即被尺寸类型所定义的位置。该选项也可以通过系统变量 DIMTMOVE 控制。该区域主要包括以下三个选项，效果如图 11.54 所示。

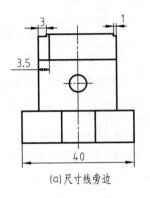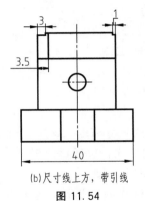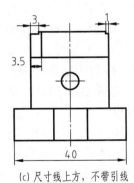

  (a)尺寸线旁边   (b)尺寸线上方，带引线   (c)尺寸线上方，不带引线

      图 11.54

a. 尺寸线旁边（B）：尺寸文字放置在尺寸线的旁边。

b. 尺寸线上方，带引线（L）：从尺寸线上移开尺寸文字时，将会设置一个引线来连接尺寸线和尺寸文字。

c. 尺寸线上方，不带引线（O）：从尺寸线上移动尺寸文字时，移开距离太小，将不用设置引线。

③ 标注特征比例区域：设置全部尺寸的比例值或图纸空间的缩放比例。该区域主要包括以下选项：

a. 注释性（A）：指定标注为注释性。注释性对象和样式用于控制注释对象在模型空间或布局中显示的尺寸和比例。

b. 将标注缩放到布局：指定一个比例因子，该比例因子基于当前模型空间和图纸空间之间的缩放比例确定。系统变量 DIMSCALE 的缺省值为 0。当在图纸空间，而不在模型空间，或当 TILEMODE 的值为 1 时，系统用缺省的比例因子 1.0 作为系统变量 DIMSCALE 的值。

c. 使用全局比例（S）：为全部尺寸类型设置一个比例。这种比例不改变尺寸的实际测量值。该选项也可以通过系统变量 DIMSCALE 控制。

④ 优化区域：设置附加的最优选择。

该区域主要包括两个选项：

a. 手动放置文字（P）：忽略文字的水平设置，而将尺寸文字放在"尺寸线位置"提示下用户指定的位置。该选项也可以通过系统变量 DIMUPT 控制。

b. 在尺寸界线之间绘制尺寸线（D）：即使系统将箭头放到测量点之外，仍然在测量点之间画尺寸线。该选项也可以通过系统变量 DIMTOFL 控制。

（5）主单位

在图 11.30 中，单击"主单位"选项卡，则屏幕显示从图 11.30 变为图 11.55。

在图 11.55 中，各选项表示设置尺寸单位的格式和精度以及尺寸文字的前缀和后缀。各区域各项的含义如下。

① 线性标注区域：设置线性尺寸的格式和精度。它包括以下选项：

单位格式（U）：设置除角度外的所有尺寸类型的当前单位格式。主要的单位有：科学制、十进制、工程制、建筑制、分数制以及 Windows 桌面类型（指用逗号分隔符）。该选项也可以通过系统变量 DIM-LUNIT 控制。堆叠的分数数字的相对大小由系统变量 DIMTFAC 设置（公差值也用此变量设置）。

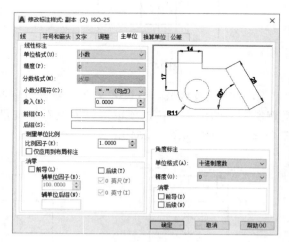

图 11.55

精度（P）：显示和设置十进制的尺寸精度。该项也可用系统变量 DIMDEC 控制。

分数格式（M）：设置分数制的形式，包括对角形式、水平形式以及非堆叠的形式。该选项也可以通过系统变量 DIMFRAC 控制。

小数分隔符（C）：设置十进制格式的分隔符，包括句号、逗号或空格。该选项也可以通过系统变量 DIMDSEP 控制。

舍入（R）：设置当前尺寸的舍入值。可以在其后的文字编辑框中设置小数点后的位数。例如，可以在 UNITS 中设置为小数点后两位，则当标注尺寸设置值超过小数点后两位时，只取小数点后两位的数值；若设置的尺寸数值恰为整数，亦会自动补上两个零，如 200.00。该选项也可以通过系统变量 DIMRND 控制。

前缀（X）：可以通过在其后的文字编辑框键入一个字符或数值等来定义尺寸文字的前缀。可以在这里键入一个前缀字符串，则在对话框中的样板区域内将显示其结果，并且会覆盖系统原有的前缀（例如表示半径尺寸文字的 R 等）。该选项也可以通过系统变量 DIMPOST 控制。

后缀（S）：可以通过在其后的文字编辑框键入一个字符或数值等来定义尺寸文字的后缀。也可以在这里键入一个后缀字符串，则在对话框中的样板区域内显示其结果，而且并不覆盖其公差值。该选项也可以通过系统变量 DIMPOST 控制。

② 测量单位比例区域：定义度量比例的选择项。选择项包括：

比例因子（E）：为所有的尺寸类型（除角度外）的线性尺寸设置一个比例因子。AutoCAD 用比例因子乘以所键入的尺寸度量值。例如，如果键入 2，图形是 1 英寸，而实际的尺寸显示却是 2 英寸。角度尺寸和公差不乘以该比例因子。该选项也可以通过系统变量 DIMLFAC 控制。

仅应用到布局标注：仅仅对在布局图中的线性比例尺寸有效。当选此项时，系统在系统变量 DIMLFAC 里存储的长度比例的值为负值。

③ 消零区域（左侧）：控制是否禁止输出前导零和后续零以及零英尺和零英寸部分，包括 6 个选项，可以通过系统变量 DIMZIN 控制。其中：

前导（L）：抑制十进制数的前导零。例如，将 0.2500 去掉前导零为 .2500。

后续（T）：抑制十进制数的后置零。例如，将 1.300 去掉后置零为 1.3。

辅单位因子（B）：将辅单位的数量设定为一个单位。它用于在距离小于一个单位时以辅单位为单位计算标注距离。例如，如果后缀为 m 而辅单位后缀为以 cm 显示，则输入 100。

辅单位后缀（N）：在标注值子单位中包含后缀。可以输入文字或使用控制代码显示特殊符号。例如，输入 cm 可将 .96m 显示为 96cm。

0 英尺（F）：对于英尺单位尺寸而言，如果不足一英尺，将去掉前导零。例如 0'3 1/4″，去掉前导零为 3 1/4″。

0 英寸（I）：对于英寸单位而言，如果为一个整英寸数，将去掉后置零。例如 2.0″，去掉后置零为 2″。

④ 角度标注区域：设置并显示当前角度尺寸的角度格式。它的选择项包括：

单位格式（A）：设置角度单位格式。可选择的格式包括：十进制度数、度/分/秒、梯度、弧度等。该选项也可以通过系统变量 DIMAUNIT 控制。

精度（O）：设置并显示角度尺寸的十进制位数。该选项也可以通过系统变量 DIMADEC 控制。

⑤ 消零区域（右侧）：设置零抑制的实体。它的选项包括：

前导（D）：在所有的十进制尺寸中抑制前导零。例如，0.5000 变为 .5000。

后续（N）：在所有的十进制尺寸中抑制后置零。例如，0.5000 变为 0.5。

(6) 换算单位

在图 11.30 中，单击"换算单位"选项卡，则屏幕显示从图 11.30 变为图 11.56。

在图 11.56 中，各项表示设置格式、精度单位、角度、尺寸以及替换度量单位的比例。各区域各项的含义如下。

① 显示换算单位（D）：对尺寸文字设置替换度量单位。该选项也可以通过系统变量 DIMALT 控制。

② 换算单位区域：除角度外，为所有的尺寸类型设置并显示当前的替换单位格式。它的选项有六个：

图 11.56

单位格式（U）：设置替换单位格式。主要包含的单位格式有：科学制、十进制、工程制、建筑制、分数制以及 Windows 桌面制等。该选项也可以通过系统变量 DIMALTU 控制。堆叠的分数数字的相对大小由系统变量 DIMTFAC 设置（公差值也用此变量设置）。

精度（P）：设置所选取的角度格式或单位格式的十进制精确位数。该选项也可以通过系统变量 DIMALTD 控制。

换算单位倍数（M）：在原始单位和替换单位之间指定一个乘法器来作为转换的因子。要想决定替换单位的值，AutoCAD 用选取的线性比例值乘以所有的线性距离（线性距离由尺寸和坐标测量所得）。本项对角度尺寸凑整或加减公差值无效。该选项也可以通过系统变量 DIMALTF 控制。

舍入精度（R）：设置除角度外所有尺寸类型的替换单位的舍入值。可以在其后的文字编辑框中设置小数点后的位数。例如，可以在 UNITS 中设置为小数点后两位，当标注尺寸设置值超过小数点后两位时，只取小数点后两位的数值；反之，若设置的数值恰为整数，亦会自动补上两个零，如 200.00。该选项也可以通过系统变量 DIMALTRND 控制。

前缀（F）：可以通过在其后的文字编辑框键入一个字符或数值等来定义尺寸文字的前缀。可以在这里键入一个前缀字符串，则在对话框中的样板区域内将显示其结果，并且会覆盖系统原有的前缀（例如表示半径尺寸文字的 R 等）。该选项也可以通过系统变量 DIMA-POST 控制。

后缀（X）：可以通过在其后的文字编辑框键入一个字符或数值等来定义尺寸文字的后缀，也可以在这里键入一个后缀字符串，则在对话框中的样板区域内显示其结果，但不覆盖其公差值。该选项也可以通过系统变量 DIMAPOST 控制。

③ 消零区域：与主单位选项的说明相同，这里不再重复。

④ 位置区域：控制替换单位的位置。其选项有：

主值后（A）：在原始单位之后放置替换单位。

主值下（B）：在原始单位下方放置替换单位。

(7) 公差

在图 11.30 中，单击"公差"选项卡，则屏幕显示从图 11.30 变为图 11.57。

在图 11.57 中，各项表示设置尺寸文字公差的格式和显示，各区域各项的含义如下。

① 公差格式区域：控制公差的格式。它的选项包括：

a. 方式（M）：设置计算公差的方法，包括以下 4 个选项，效果如图 11.58 所示。

无：不使用公差。

对称：指定使用正负公差表达式，正负偏差对称标注。

极限偏差：可以设置尺寸公差的上、下极限值。

极限尺寸：使用正负公差表达式，正偏差与负偏差分开标注。

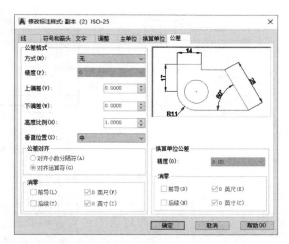

图 11.57

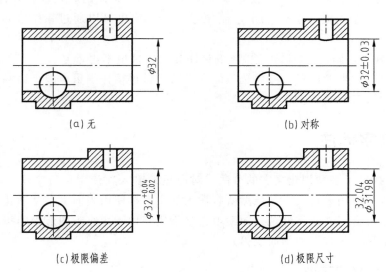

图 11.58

b. 精度（P）：设置公差的十进制位数。该选项也可以通过系统变量 DIMTDEC 控制。

c. 上偏差（V）：上偏差值，即可以在其后的文字编辑框中键入一个数值作为输入公差的上偏差。该选项也可以通过系统变量 DIMTP 控制。

d. 下偏差（W）：下偏差值，即可在其后的文字编辑框中键入一个数值作为输入公差的下偏差。该选项也可以通过系统变量 DIMTM 控制。

e. 高度比例（H）：设置并显示公差数值的高度。该选项也可以通过系统变量 DIMT-FAC 控制。

f. 垂直位置（S）：控制对称公差及偏离公差的文字排列方式，包括以下 3 个选项，效果如图 11.59 所示。

下：将公差文字和主尺寸文字的底部对齐。

中：将公差文字和主尺寸文字的中部对齐。

上：将公差文字和主尺寸文字的顶部对齐。

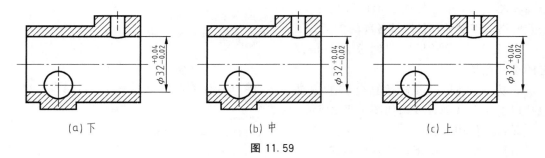

图 11.59

② 公差对齐区域：堆叠时，控制上偏差值和下偏差值的对齐。它包括两个选项：

对齐小数分隔符（A）：通过值的小数分割符堆叠值。

对齐运算符（G）：通过值的运算符堆叠值。

③ 消零区域（左侧）：与主单位选项的说明相同，这里不再重复。

④ 换算单位公差区域：为替换公差单位设置精度和零抑制的原则。它只有一个选项：

精度（O）：设置并显示公差的十进制位数。该选项也可以通过系统变量 DIMALTTD 控制。

⑤ 消零区域（右侧）：与主单位选项的说明相同，这里不再重复。

在本节中，尺寸类型设置的有关选项的含义已经讲得很仔细了，限于篇幅，这里就不一一举例了，用户可自行试作。

11.20　文字标注

AutoCAD 提供了多种创建文字的方法。对简短的输入项使用单行文字，对带有内部格式的较长的输入项使用多行文字。虽然所有输入的文字都使用当前文字字型建立缺省字体和格式设置，但也可自定义文字外观。图案填充是指用某种图案充满图形中的指定区域，它是工程图形中最常见的内容（如剖面线等）。

11.20.1　定义文字字型

下拉菜单:［格式］→［文字样式］
命令行:STYLE
功能区:［默认］→［注释］→［文字］

AutoCAD 提供一种标准的文字字型。如果希望创建新字型或者修改现有字型，请使用文字样式命令。文字样式也为随后使用的单行文字和多行文字设置当前字型。如果改变现有文字字型的方向或字体文件，那么所有具有该字型的文字实体在图形重生成时将使用新值。

在 AutoCAD 中，除了 SHX 字体外，它还支持 PFA、PFB 以及 TTF 等字体。下面对此进行详细介绍。

单击下拉菜单［格式］→［文字样式...］，弹出一个对话框，如图 11.60 所示。

图 11.60 中各区域各选项的含义如下。

① 当前文字样式：列出当前的文字样式。

② 样式（S）区域：显示图形中已有的样式列表。单击"新建（N）..."选项，可新建

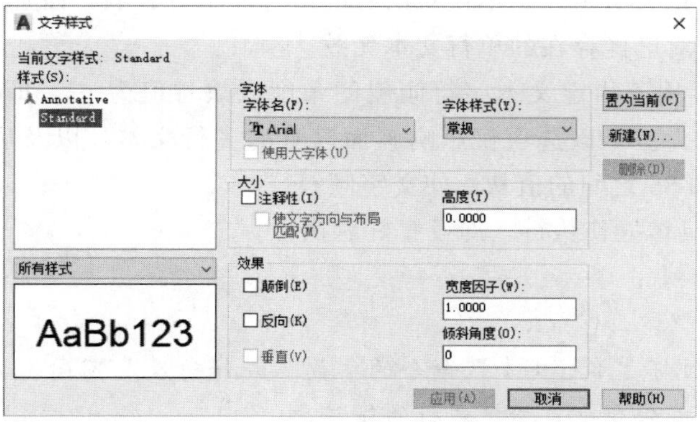

图 11.60

一种文字类型，弹出对话框如图 11.61 所示。选中某种样式，单击"置为当前（C）"选项，可将该样式设置为图形正在应用的文字样式。单击"删除（D）"选项，表示删除已建立的文字类型。

③ 字体区域：更改样式的字体。其中：

字体名（F）：字体的根（文件名）。单击该项可弹出如图 11.62 所示对话框，可在此重新指定一种字体的根。

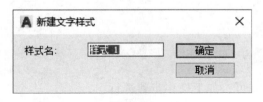

图 11.61

图 11.62

字体样式（Y）：字根类型，可选择字体文件，这里设置了多种字体的根文件名。

④ 大小区域：文本样式所使用的字高以及图纸文字高度。其中：

高度（T）：字根的高度。如果输入高度为 0，每次使用该样式输入文字时 AutoCAD 都会提示输入文字高度。输入大于 0 的高度值则设置该样式的固定文字高度。

注释性（I）：用于控制注释对象在模型空间或布局中显示的尺寸和比例。单击其前面的复选框，则下面的"使文字方向与布局匹配（M）"选项被激活，右边选项变为"图纸文字高度（T）"。

⑤ 效果区域：文字的外观和排列。其中：

颠倒（E）：文本颠倒显示。

反向（K）：文本反向显示。

垂直（V）：垂直排列文本。

宽度因子（W）：确定宽度系数，即字符宽度与高度之比。输入值小于 1.0 时压缩文字，输入值大于 1.0 时则扩大文字。它不仅对已有的多行文本有影响，而且对以后输入的单行文本也有影响。该选项对已经存在的单行文本无效。

倾斜角度（O）：用于指定文本字符倾斜的角度（缺省值为 0，即不倾斜）。朝右倾斜时，角度为正，反之为负。该选项仅影响画面已有的多行文本，以及后面的单行或多行文本。输入一个 -85 和 85 之间的值从而使文字倾斜。

⑥ 应用（A）：具体操作执行，即设置好后执行。

注意：

"倾斜角度"选项与"单行文本"命令的参数"旋转角度"不同：倾斜角度是指文本中每个字符的倾斜度，旋转角度是指文本行的倾斜度。

11.20.2　单行文字和多行文字

在 AutoCAD 中提供了两个命令（即"单行文字"和"多行文字"，在早期版本的 AutoCAD 中单行文字和多行文字命令已经合二为一）用于文字标注。添加到图形中的文字可以表达各种信息。它可能是复杂的规格说明、标题块信息、标签或图形的一部分。对于不需要使用多种字体的简短内容，如标签，可使用"单行文字"命令创建单行文字。对于较长、较为复杂的内容，可用"多行文字"命令创建多行文字。多行文字在指定的宽度内布满，同时还可以在垂直方向上无限延伸。可以设置多行文字实体中单个字或字符的格式。

(1) 单行文字

命令行：TEXT		
下拉菜单：[绘图]→[文字]→[单行文字]		
工具栏：A		
功能区：[默认]→[注释]→[文字]→[单行文字]		

【实例】　用单行文字命令在图形上标注文字，可按如下操作步骤进行：

① 下拉菜单：[绘图]→[文字]→[单行文字]。

② 指定文字的起点或[对正(J)/样式(S)]：（这时在绘图区选取一点作为文字的起点）

③ 指定高度：（输入文字高度）Enter

④ 指定文字的旋转角度<0>：（输入文字的旋转角度）Enter

⑤ 绘图区出现小方框，在其中键入文字后单击鼠标退出。

命令结束。这时"AutoCAD 2024"出现在屏幕上光标选取的位置，如图 11.63 所示。

步骤②选项说明：

对正（J）：用于改变文本的对齐方式，缺省时为左对齐。

样式（S）：文字类型，用于改变文字的类型设置。

当选择对正（J）提示项时，该提示项依次提示：

左（L）：指定文字字符中的左下角点。

居中（C）：指定文字字符串基线上的水平中点。

右（R）：指定文字字符中的右下角点。

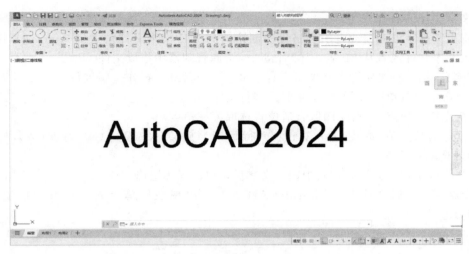

图 11.63

对齐（A）：指定文字基线的起始点和结束点。文字高度将按比例调整。

中间（M）：指定文字字符中水平和垂直方向上的中心点。

布满（F）：确定文字的起点和终点，系统改变文字的宽度来适应两点间的距离，而文字的高度不变。

左上（TL）：指定文字字符串的左上角点。上方以字符串中最高字符顶部为准。

中上（TC）：指定文字字符串的中心点。其上方以大写字符的顶部为准。

右上（TR）：指定文字字符串的右上角点，以大写字符的顶部为准。

左中（ML）：指定文字字符串的左中间点。中间位置以大写字符顶部和文字行基线的中间为准。

正中（MC）：指定文字字符串的中心点。中间位置以大写字符顶部和文字行基线的中间为准。

右中（MR）：指定文字字符串的右中间点。中间位置以大写字符顶部和文字行基线的中间为准。

左下（BL）：指定文字字符串的左边一点。其上下位置以两行间空隙的底部为准。

中下（BC）：指定文字字符串的中心点。其上下位置以两行间空隙的底部为准。

右下（BR）：指定文字字符串的右边一点。其上下位置以两行间空隙的底部为准。

（2）多行文字

命令行：MTEXT
下拉菜单：[绘图]→[文字]→[多行文字...]
工具栏：**A**
功能区：[默认]→[注释]→[文字]→[多行文字]

多行文字是由任意数目的文字行或段落组成的，布满指定的宽度。与单行文字不同的是，在一个多行文字编辑任务中创建的所有文字行或段落都被当作同一个多行文字实体。可以移动、旋转、删除、复制、镜像、拉伸或按比例缩放多行文字实体。

与单行文字相比，多行文字具有更多的编辑选项。用多行文字编辑器可以将下划线、字体、颜色和高度的变化应用到段落中的单个字符、词语或词组。也可以使用"特性"窗口修改多行文字实体的所有特性。

可将由其他字处理器或电子表格程序创建的 ASCII 文本文件输入到 AutoCAD 图形中。可以输入文本文件或者从 Microsoft Windows 资源管理器中拖放文件。

【实例】 用多行文字命令在图形上标注文字,可按如下操作步骤进行:

① 单击下拉菜单[绘图]→[文字]→[多行文字]。

② 指定第一角点:(在绘图区合适位置选取第一角点)

③ 指定对角点或[高度(H)/对正(J)/行距(L)/旋转(R)/样式(S)/宽度(W)/栏(C)]:(在绘图区选取对角点)

④ 绘图区出现小方框,在其中键入文字后,单击鼠标退出。

命令结束。这时"欢迎使用 AutoCAD 2024"出现在屏幕上光标选取的位置,如图 11.64 所示。

图 11.64

步骤④说明:当在屏幕上单击段落的对角点后,功能区和绘图区如图 11.65 所示。

图 11.65

a. 功能区说明。功能区出现文字编辑器,其顶部有八个选项卡,即"样式""格式""段落""插入""拼写检查""工具""选项"及"关闭"。

b. 绘图区说明。绘图区的说明可参照图 11.66。

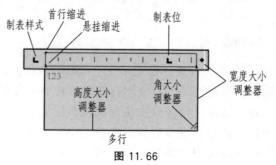

图 11.66

注意：

如果在此前已经有现成的文字，而且已将其作为文件存储在磁盘上，那么就可以在 AutoCAD 的工作环境中直接调用该文件。在装载文字时还可以改变字型。表 11.1 介绍了部分编辑文字的控制键。

表 11.1　编辑文字的控制键

控制键	说明
Ctrl+A	选择多行文字编辑器中的所有文字
Ctrl+B	为选中的文字应用或去除粗体格式
Ctrl+C	将选中的文字复制到剪贴板
Ctrl+I	为选中的文字应用或去除斜体格式
Ctrl+U	为选中的文字应用或去除下划线格式
Ctrl+Shift+U	将选中的文字转换为大写
Ctrl+V	将剪贴板的内容粘贴到光标处
Ctrl+X	将选中的文字剪切到剪贴板
Ctrl+空格键	从选中的文字中去除字符格式
Enter	结束当前段落并开始新行

11.21　图案填充

图案填充是用某种图案充满图形中的指定区域，可使用该命令填充封闭的区域或指定的边界。

图案填充命令可以创建关联的或非关联的图案填充。关联图案填充将填充与它们的边界联系起来，修改边界时将自动更新。非关联图案填充则独立于它们的边界。在要填充的区域内指定一个点时，该命令将自动定义边界。任何实体，如果不是边界的一部分，都将被忽略且与图案填充无关。边界可能具有突出边或孤岛（填充区域内的封闭区域）。对于孤岛，可进行填充或不进行填充。还可以通过选择实体来定义边界。

AutoCAD 提供了实体填充以及 50 多种行业标准填充图案，可以使用它们区分实体的部件或表现实体的材质。AutoCAD 还提供了 14 种与 ISO（国际标准化组织）标准一致的填充图案。当选择 ISO 图案时，可以指定笔宽。笔宽将决定图案中的线条宽度。

命令行：HATCH
下拉菜单：［绘图］→［图案填充…］
工具栏：▨
功能区：［默认］→［绘图］→［按钮］

【实例】　要进行图案填充，可按下面的操作步骤进行：

① 下拉菜单：［绘图］→［图案填充…］。

② 拾取内部点或［选择对象（S）/放弃（U）/设置（T）］：（拾取要填充区域的内部点）Enter

命令结束，如图 11.67 所示。

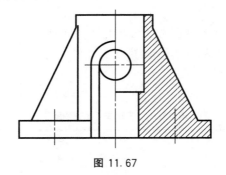

图 11.67

执行该命令时，功能区出现"图案填充创建"选项卡，如图 11.68 所示。

图 11.68

退出"图案填充创建"并关闭上下文选项卡。

11.22　创建表格

AutoCAD 中可以使用"创建表格"命令指定行数和列数，还可以对列、行或整个表格进行拉伸和大小调整。如果针对注释使用布局选项卡，则直接在布局选项卡上创建表格。会自动进行缩放。如果针对注释使用模型空间，则需要缩放表格。表格不支持注释性缩放。

命令行：TABLE
下拉菜单：[绘图]→[表格…]
功能区：[默认]→[注释]→[表格]
工具栏：▦

执行命令后，将弹出一个"插入表格"对话框，如图 11.69 所示。

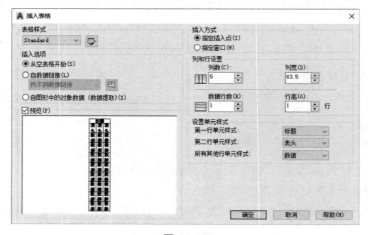

图 11.69

下面对图 11.69 进行详细介绍。

① 表格样式：用于选择表格样式。通过单击下拉列表旁边的按钮，用户可以创建新的表格样式。

② 插入选项：指定插入表格的方式。其中：

从空表格开始（S）：创建可以手动填充数据的空表格。

自数据链接（L）：用外部电子表格中的数据创建表格。

自图形中的对象数据（数据提取）（X）：启动"数据提取"向导。

③ 预览（P）：控制是否显示预览。如果从空表格开始，则预览将显示表格样式的样例。如果创建表格链接，则预览将显示结果表格。处理大型表格时，清除此选项以提高性能。

④ 插入方式：指定表格位置。其中：

指定插入点（I）：指定表格左上角的位置。可以使用定点设备，也可以在命令提示下输入坐标值。如果表格样式将表格的方向设定为由下而上读取，则插入点位于表格的左下角。

指定窗口（W）：指定表格的大小和位置。可以使用定点设备，也可以在命令提示下输入坐标值。选定此选项时，行数、列数、列宽和行高取决于窗口的大小以及列和行设置。

⑤ 列和行设置：设置列和行的数目和大小。其中：

列数（C）：指定列数。选定"指定窗口"选项并指定列宽时，"自动"选项将被选定，且列数由表格的宽度控制。如果已指定包含起始表格的表格样式，则可以选择要添加到此起始表格的其他列的数量。

列宽（D）：指定列的宽度。选定"指定窗口"选项并指定列数时，则选定了"自动"选项，且列宽由表格的宽度控制。最小列宽为一个字符。

数据行数（R）：指定行数。选定"指定窗口"选项并指定行高时，则选定了"自动"选项，且行数由表格的高度控制。带有标题行和表头行的表格样式最少应有三行。最小行高为一个文字行。如果已指定包含起始表格的表格样式，则可以选择要添加到此起始表格的其他数据行的数量。

行高（G）：按照行数指定行高。文字行高基于文字高度和单元边距，这两项均在表格样式中设置。选定"指定窗口"选项并指定行数时，则选定了"自动"选项，且行高由表格的高度控制。

⑥ 设置单元样式：对于不包含起始表格的表格样式，需要指定新表格中行的单元格式。其中：

第一行单元样式：指定表格中第一行的单元样式。默认情况下，使用标题单元样式。

第二行单元样式：指定表格中第二行的单元样式。默认情况下，使用表头单元样式。

所有其他行单元样式：指定表格中所有其他行的单元样式。默认情况下，使用数据单元样式。

【实例】　要创建表格，可按下面的操作步骤进行：

① 单击下拉菜单[绘图]→[表格…]，则打开如图 11.69 所示的对话框。

② 在"插入表格"对话框中，输入 4 作为列数，并输入 3 作为数据行数。指定表格的位置，则插入如图 11.70 所示的表格。

③ 双击表格内部任意单元格，则表格如图 11.71 所示，此时可在表格内输入信息，同时功能区出现文字编辑器。

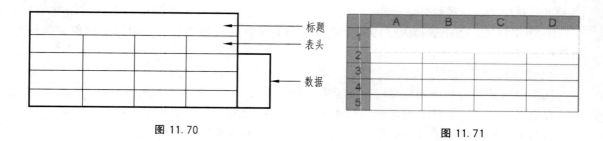

图 11.70　　　　　　　　　　　　　　　　图 11.71

④ 输入图 11.72 所示文字。

⑤ 鼠标单击并拖动以选中部分或所有数据单元，从功能区的"对齐"按钮下选择文字在单元格内的相对位置，如图 11.73 中为"正中"位置。

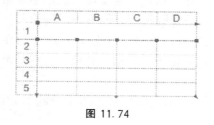

图 11.72

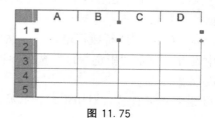

图 11.73

则表格创建完成。

图 11.70 中，单击表格任意边，则表格如图 11.74 所示。可通过单击深蓝色三角形夹点来调整表格的宽度和高度，通过单击深蓝色正方形夹点来调整表格每一列的列宽。

单击表格内部任意单元格，则表格如图 11.75 所示。此时功能区如图 11.76 所示，用于对现有表格行、列的插入或删除以及对单元格的处理。

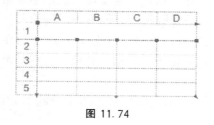

图 11.74　　　　　　　　　　　　　　　　图 11.75

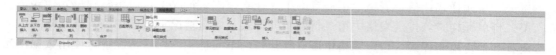

图 11.76

最后，如果要填充一些颜色，可在"标题"单元格内单击鼠标右键，然后点击"背景填充"。选择表格标题的背景色。

表格的创建就这么简单，不过在准备好之后，还有很多内容可以探索学习。例如，可以定义表格样式来控制各种单元类型的文字格式；还可以自动根据 Microsoft Excel 电子表格创建表格，并且可以在两者之间链接数据。

11.23　小结与练习

【小结】

　　AutoCAD 2024 制图中除表达工件结构现状外，还需标注尺寸以确定其形状和大小。尺寸是图样的重要组成部分，尺寸标注是否合理、正确，会直接影响到图样的质量。本章详细介绍了 AutoCAD 的尺寸标注的各个命令和图案填充功能。利用这些功能可在图形中使用文字，还可以用文字标记图形的各个部分、提供说明或进行注释，也可以利用图案填充完成多种行业的工程图绘制。用户应熟练掌握各个命令的执行和操作方式，做到尺寸标注完整正确，布置清晰，符合国家规定。

【练习】

① 绘制如图 11.77 所示的图形，并进行尺寸标注。

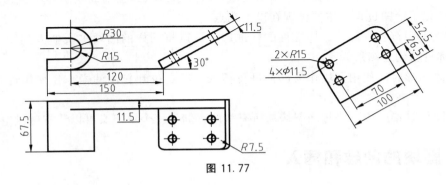

图 11.77

② 绘制如图 11.78 所示的图形，并进行尺寸标注。

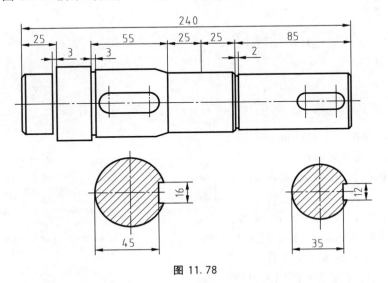

图 11.78

第12章

图块、外部参照和设计中心

在 AutoCAD 系统中，所谓的"标准件"是以图块的形式存在于当前的图形系统中，或者将图块作为一个文件存于磁盘上，当需要时可按要求调入到当前的绘图环境中。

图块简化了绘图过程，主要体现在以下几点：

① 建立常用符号、部件、标准件的标准库。可以将同样的图块多次插入到图形中，而不必每次都重新创建图形元素。

② 修改图形时，使用图块作为部件进行插入、重定位和复制的操作比使用许多单个几何实体的效率要高。

③ 在图形数据库中，将相同图块的所有参照存储为一个块定义可以节省磁盘空间。

12.1 图块的创建和插入

12.1.1 创建块

> 下拉菜单：[绘图]→[块]→[创建…]
>
> 命令行：BLOCK
>
> 工具栏：
>
> 功能区：[默认]→[块]→[创建]或[插入]→[块定义]→[创建块]

执行命令后弹出一个对话框，如图 12.1 所示。

(1) 图 12.1 所示对话框

图 12.1 中各区域各选项的含义如下：

① 名称（N）：要定义的图块名。可在下边的文字框中键入一个要定义的图块名，名称最长可达 255 个字符。

② 基点区域：设置插入图块的基准点。可用"拾取点（K）"从屏幕上选点，亦可在 X、Y、Z 相应的文字框中键入插入基准点的坐标。

③ 对象区域：在屏幕上选取要设置

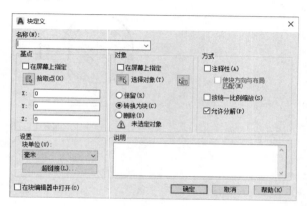

图 12.1

成块的图块。其选项如下：

选择对象（T）：当创建一个图块时，需暂时隐去该对话框，就使用此按钮；当选取实体后，按 Enter 键又弹出该对话框。其后的 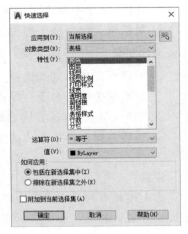按钮表示"快速选择"，单击本项时可弹出一个对话框（如图 12.2 所示，后文将解释），用该对话框可定义一个选择集。

保留（R）：用于决定当创建了一个图块后，在当前图形中是否保留所选的实体来作为可见实体。

转换为块（C）：用于决定当创建了一个图块后，在当前图形中是否转换所选的实体来作为图块实例。

删除（D）：用于决定当创建了一个图块后，是否在当前图形中删除所选的实体。

④ 方式区域：

注释性（A）：指定块为注释性块。

按统一比例缩放（S）：指定块参照是否按统一比例缩放。

允许分解（P）：指定块参照是否可以被分解。

⑤ 设置区域：

块单位（U）：指定块参照单位。

超链接（L）：单击本项时可弹出一个对话框（如图 12.3 所示，后文将解释），可以使用该对话框将某个超链接与块定义相关联。

⑥ 说明区域：指定和图块定义有关的文字描述。

注意：

快速选择命令支持定制实体（定制实体即被别的应用程序所创建实体）及其特性。如果一个定制实体具有 AutoCAD 特性以外的其他特性，则定制实体的原始应用程序必须运行，以便定制实体的特性对快速选择命令可用。

----

(2) 图 12.2 所示对话框

该对话框的功能是在选取实体时可指定一个筛选标准，以及决定怎样从这个标准中去创建选择集。

图 12.2 中各选项的含义如下：

① 应用到（Y）：确定在整个图形或当前选择集中是否使用筛选标准。如果有当前选择集，当前选择集就是缺省选项；如果没有当前选择集，整个图形就是缺省选项。

② 对象类型（B）：为筛选指定实体的类型，缺省是多种类型。如果没有选择集，本项将列出在 AutoCAD 里的所有类型，包括定制体类型；如果有选择集，本项仅列出所选择的实体的类型。

③ 特性（P）：为筛选指定实体的特性。对应列表框列出了所选实体的全部特性。

图 12.2

④ 运算符（O）：控制筛选的范围。依照所选取的特性，这里主要有等于、不等于、大于、小于以及通配符的匹配。一些特性没有大于和小于，通配符的匹配也只有在可编辑的文字中才有。

⑤ 值（V）：为筛选指定特性的值。如果所选择的特性值可用，这些值就成为一个列表。在这个列表中，可选取一个值，也可键入一个值。

⑥ 如何应用：确定是否想要在一个新的选择集中，加入或排除与指定筛选标准相匹配的实体。若选取加入，则组成一个新的选择集，这个选择集仅仅由那些与指定筛选标准相匹配的实体组成；选取排除也组成一个新的选择集，这个选择集仅仅由那些与指定筛选标准不相匹配的实体组成。

⑦ 附加到当前选择集（A）：确定是否由"快速选择"命令所创建的选择集来代替当前选择集或者被附加到当前的选择集里。

（3）图 12.3 所示对话框

图 12.3 中各选项的含义如下：

① 现有文件或 Web 页：可以直接键入文件或 Web 页名称，也可以从最近使用的文件、浏览的页面、插入的链接中选择。

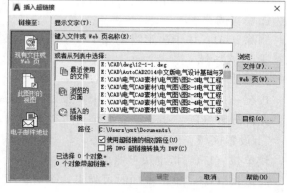

图 12.3

② 此图形的视图：选择"模型""布局 1""布局 2"中的一种。

③ 电子邮件地址：键入要链接到的电子邮件地址。

【实例】　设目前的屏幕如图 12.4 所示，要将两个同心圆制作成一个图块，可按如下操作步骤进行：

① 单击下拉菜单[绘图]→[块]→[创建...]，则弹出一个对话框，如图 12.1 所示。

② 在"名称"栏中给图块一个名字（如 A1）。

③ 在图 12.1 中单击"选择对象"项。

④ 对话框关闭，命令行提示：

选择对象：（选择同心圆）Enter

⑤ 对话框弹出，基点选择"拾取点（K）"。

⑥ 对话框关闭，命令行提示：

指定插入基点：（选择同心圆的圆心为插入基点）

⑦ 对话框弹出，单击"确定"按钮，则 A1 图块创建完成。

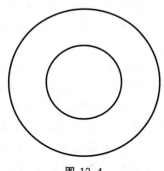

图 12.4

注意：

基点选择有两种方式。为了方便后续插入图块，可选择"拾取点（K）"方式拾取图形上比较好定位的点，如该实例中选择同心圆的圆心。

12.1.2　写块

使用该命令可创建图块并将其存入磁盘，而上一节介绍的"创建块"命令所创建的块由于不存储在磁盘中，所以不能被其他图形文件使用。

命令行：WBLOCK

工具栏：

功能区：[插入]→[块定义]→[写块]

执行命令后弹出一个对话框，如图 12.5 所示。

图 12.5 中各区域各选项的含义如下：

① 源：

块（B）：指定要另存为文件的现有块，从列表中选择名称。打开"块"后面的下拉长条，可以看到用户创建的块列表。

整个图形（E）：选择要另存为其他文件的当前图形。用户需在点击"写块"按钮前选定要另存的图形，默认为选择该文件中的所有图形。

对象（O）：选择要另存为其他文件的部分图像或区域。

图 12.5

② 基点区域：设置插入图块的基准点。可用"拾取点（K）"从屏幕上选点，亦可在 X、Y、Z 相应的文字框中键入插入基准点的坐标。

③ 对象区域：在屏幕上选取要设置成块的图块。其选项如下：

选择对象（T）：当创建一个图块时，需暂时隐去该对话框，就使用此按钮；当选取实体后，按 Enter 键又弹出该对话框。其后的 按钮表示"快速选择"，单击本项时可弹出一个对话框（如图 12.2 所示），用该对话框可定义一个选择集。

保留（R）：用于决定当创建了一个图块后，在当前图形中是否保留所选的实体来作为可见实体。

转换为块（C）：用于决定当创建了一个图块后，在当前图形中是否转换所选的实体来作为图块实例。

从图形中删除（D）：用于决定当创建了一个图块后，是否在当前图形中删除所选的实体。

④ 目标区域：

文件名和路径（F）：用户可自行设置。

插入单位（U）：指定块参照单位。

12.1.3 图块的插入

下拉菜单：[插入]→[块选项板]

命令行：INSERT

工具栏：

功能区：[默认]→[块]→[插入]或[插入]→[块]→[插入]

执行命令后弹出一个对话框，如图 12.6 所示。

（1）图 12.7 中各选项的含义

在图 12.6 中，单击"当前图形"选项卡，选项板显示内容从图 12.6 变为图 12.7。

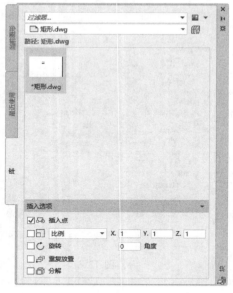

图 12.6

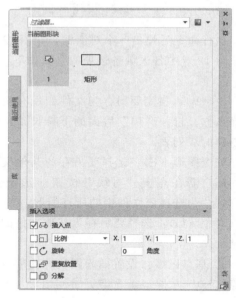

图 12.7

① 过滤器：输入块名称或其关键字的一部分时，过滤可用块。

② ▾：显示多种模式以列出或预览可用块。单击其下拉三角，出现如图 12.8 所示的下拉菜单，用户可选择图块在当前图形块区域显示的模式。以"详细信息"模式为例，选项板显示内容从图 12.7 变为图 12.9。

图 12.8

图 12.9

③ 当前图形块：显示在当前图形文件中创建的块的缩略图。

④ 插入选项：

插入点：鼠标单击工作空间内一点以指定图块的插入点。

比例：插入图块的比例。本区域用于显示和定义当前插入的 X、Y、Z 轴方向的比例因子，即在插入时可以在 X、Y、Z 轴方向取不同的比例因子。用户可以在其右侧的 X、Y、Z 文字编辑框中键入具体数值，来实现指定图块在插入时取 X、Y、Z 三轴方向的相同或不同的比例因子。

统一比例：单击"比例"右侧的下拉三角可将其设置为以统一比例插入图块，插入选项区域从图 12.9 所示变为图 12.10。用户可以在其右侧的文字编辑框中键入一个具体的数值，来实现指定图块在插入时取 X、Y、Z 三轴方向的相同的比例因子。

图 12.10

旋转：图块插入时的旋转角度。本区域用于显示和定义图块插入时要求的旋转角度。用户可以在其右侧的"角度"文字编辑框中键入一个具体的旋转角度值，来实现指定图块在插入时可以旋转的角度。

重复放置：重复插入选定的块，当勾选"重复放置"选项时，用户可以将一个图块连续插入当前工作空间中，按键盘上的 Esc 结束放置。

分解：打碎图块。当勾选"分解"选项时，要插入的图块的图形将被打碎成各自独立的图形元素并插入到当前的绘图环境中。这里的"分解"和前文介绍过的"分解"命令确有相同之处。不过，这里如果设置勾选"分解"选项，表示图块在插入时已被打碎。当然，如果在图块插入时不勾选"分解"选项，然后将图块插入，再用"分解"命令将其打碎也可，这和前面的解释是一致的。

注意：

选定"分解"时只可以指定统一比例因子。

----

(2) 图 12.11 中各选项的含义

在图 12.6 中，单击"最近使用"选项卡，选项板显示内容从图 12.6 变为图 12.11。

① 最近使用的块：显示用户最近插入过的块的缩略图［包括用户最近使用的文件内部块和文件外部（即在其他图形文件中创建的）块］。

② 插入选项：与"当前图形"选项板中一致，这里不再赘述。

(3) 图 12.12 中各选项的含义

在图 12.6 中，单击"库"选项卡，选项板显示内容从图 12.6 变为图 12.12。

① 图块：使用"写块"命令（WBLOCK）创建的图块所在的文件夹名称。用户可按照 12.1.2 节自行设置。

② ：显示文件导航对话框，从中可以指定文件夹、图形文件或其块定义之一作为块插入当前图形。点击该按钮，弹出如图 12.13 所示对话框。

③"路径：图块"区域：显示用户使用"写块"命令（WBLOCK）创建的图块所在的

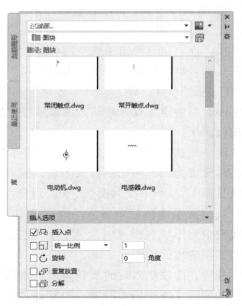

图 12.11　　　　　　　　　　　　　图 12.12

文件夹名称以及各图块缩略图。

　　④ 插入选项：与"当前图形"选项板中一致，这里不再赘述。

图 12.13

　　【实例】　要插入一个当前图形中创建的图块（将如图 12.4 所示的块插入到图 12.15 中），有如下两种方法：

　　① 单击功能区[插入]→[块]→[插入]下拉菜单 ，打开如图 12.14 所示的对话框，直接单击要插入的图块的缩略图。

　　② 单击功能区[插入]→[块]→[插入]下拉菜单 ▼ ，打开如图 12.14 所示的对话框，单击 [最近使用的块 ...]，打开如图 12.16 所示的对话框，鼠标右键点击要插入的图块的缩略图，选择 [插入]；或切换到如图 12.17 所示的"当前图形"选项板，鼠标右键点击要插入的图块的缩略图，选择 [插入]。

图 12.14

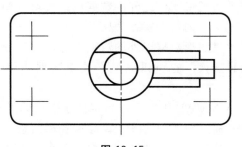

图 12.15

图 12.16

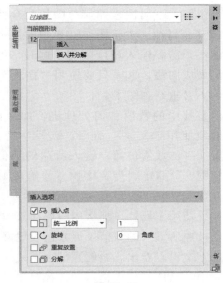

图 12.17

命令行提示：

指定插入点或［基点（B）/比例（S）/X/Y/Z/旋转（R）/分解（E）/重复（RE）］：（选择要插入图块的位置。这里使用"捕捉"功能捕捉两条短中线的交点）

则图块插入完成，结果如图 12.18 所示。

拖动插入方式：在 Windows 操作系统中，可以采用拖动插入方式将图块或一个文件插入到 AutoCAD 的环境中。其具体操作是：找到要插入的文件，用鼠标拖动到 AutoCAD 环境中。命令行的其他提示同插入一般图块时相同，这里不再重复。

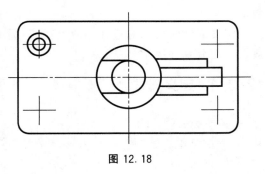

图 12.18

12.2　属性的定义及属性块的插入

图块是针对图形实体而言的，即用图形来构图。但有时在一张图上加上适当的文字说明，在一个图块内附上适当的标准，将给用户带来更多的信息，增加了图形文件的可读性，这就要求对图形实体之外的数据进行编辑。AutoCAD 提供了一系列命令来对这些数据进行编辑，这一系列数据就称为属性。

属性是图形数据以外的数据信息，用于增强图形的可用性和帮助使用者与其他软件系统进行信息交换。它可以完成必须由数据库用交换文件或文本控制的复杂方式才能做好的工作。

在 AutoCAD 中，可以指定任意图块的附加信息，这些属性就好比附于商品上面的标签一样——商品标签包含关于商品的各种信息，如商品制造者、型号、原材料、价格等。

通常情况下，在使用图块命令给符号附加属性时，总是按照组成该符号的实体选择属性，同时用户也可创建一个仅包含属性的图块。

先了解一下属性是如何与图块配合使用的，再来练习如何定义属性。对于图 12.19 中的加工符号，如果要进行标注，需要输入精度数值。这时，可以将加工符号的外形做成图块，这样只要使用"插入"命令即可重复使用，不必重新画图了。

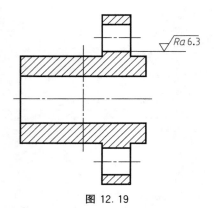

图 12.19

但是其中的数值如何处理呢？如果没有使用属性，那么必须使用"文字"命令，选择字型，设置字高等，再设置文字的放置位置，键入所需的数值。这样是不是很麻烦呢？说不定因为文字位置没有放好，还要重复操作好几次呢。

如果使用了属性，那么用图块插入时，只要在提示信息中键入所需数值，则 AutoCAD 会自动按照所键入的数值及原来已设置好的文字位置显示用户所插入的图块。

从上文可以看出，属性是配合图块来使用的。先要画好图块所需的图形，再将属性定义到图块中，然后当依次提示"选择对象:"时，选择包含属性在内的图形。这样，用户所设置的图块中就会包含属性的成分，而在用插入命令（Insert）时就会要求用户键入属性的数值。

定义属性时可以通过在"命令行:"提示符下键入 Attdef 命令或者使用属性对话框来完成，下面分别介绍。

12.2.1　定义属性

命令行：ATTDEF
下拉菜单：[绘图]→[块]→[定义属性]
工具栏：
功能区：[插入]→[块定义]→[定义属性]

执行命令后弹出一个对话框，如图 12.20 所示。

【实例】　对属性的定义可按如下的操作步骤进行。对图 12.21 定义属性：

① 单击下拉菜单[绘图]→[块]→[定义属性...]，弹出如图 12.20 所示对话框。

② 在"标记"后面的文本框中输入"张某"，在"提示"后面的文本框中输入"设计"，在"默认"后面的文本框中输入"张某"，根据需要对文字进行设置，点击"确定"

按钮。

　　③ 对话框关闭，命令行提示：

　　指定起点：（屏幕上选取要放置的起点）

　　属性定义完成，如图 12.22 所示。使用同样的方法设置"王某"，完成后如图 12.23
所示。

图 12.20

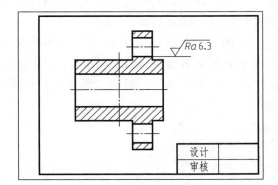

图 12.21

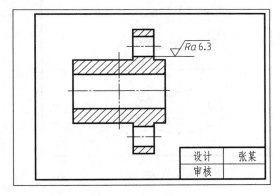

图 12.22

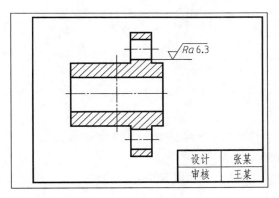

图 12.23

　　属性定义完成后，需要对带属性的块进行定义，如将图 12.23 中图框和标题栏创建为一
个名称为"table_one"的块。对块的定义请参照 12.1 节，这里不再重复。对属性块定义完
成后，下面来看其如何使用。

12.2.2　属性块的插入

　　如果给图块附加了属性或在图形中定义了属性，这时就可以使用"插入"命令来插入带
属性的图块了。

注意：

　　使用系统变量 ATTDIA 控制 AutoCAD，从而决定是在命令行上显示属性提示，还是在
对话框中显示属性提示。当系统变量 ATTDIA 的值为 1 时，表示用对话框来插入属性块。
当系统变量 ATTDIA 的值为 0 时，表示用命令行来插入属性块。

> 下拉菜单:[插入]→[块选项板]
> 命令行:INSERT
> 工具栏:
> 功能区:[默认]→[块]→[插入]或[插入]→[块]→[插入]

对属性块的插入与块的插入过程相同,这里不再重复。当完成操作后,将弹出一个如图12.24所示的对话框。

从图12.24中可以看出,属性图块名为"table_one",其下方有属性,横条方框中的左边是属性定义时设置的输入提示符,如"王某"。用户可改变属性的值,如设置属性的值为"李某"。当修改完后,点击"确定"按钮退出。这时属性块就被调入到当前文件之中,如图12.25所示。

图 12.24

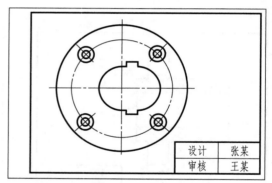

图 12.25

注意:

这里的属性块及其插入内容是简单的图形和文字,复杂的图形和文字依此类推。

12.3 属性的显示

> 命令行:ATTDISP
> 下拉菜单:[视图]→[显示]→[属性显示]

属性的显示是一个很重要的功能。当我们在使用属性时,有时也希望不要显示属性,能将属性暂时隐藏起来。

属性显示命令有"普通(N)""开(O)"和"关(F)"三个提示选项。其中:

普通:本方式控制属性按设置的数值显示(本方式为缺省设置),即恢复原有属性定义时所设置的显隐性。

开：打开状态。本方式控制属性的所有设置值都显示在画面上，即将所有的属性值都显示出来，无论是在可见模式下，还是在不可见模式下的属性值都将被显示在屏幕上。

关：关闭状态。本方式控制属性不显示在画面上，即将所有的属性值都隐去，无论是可见模式还是不可见模式的属性，都一样对待。

注意：

在执行"属性显示"命令的操作时，有时系统并不会自动执行"模型重新生成"操作，此时用户也就看不到属性显示的结果，这时必须自行执行一次"模型重新生成"操作才能看到改变的结果。实际上本功能并不常使用，一般使用缺省值"普通"来控制属性的显示与否。

12.4　属性的编辑

在属性定义中，我们知道：当属性未包含在图块中时，可使用许多方法来修改属性；当属性包含在图块中时，一般的编辑命令只能对图块产生作用。如果属性块不能编辑的话，属性的意义就不能得到充分发挥。在 AutoCAD 中提供了相应的"编辑属性"命令来对属性块进行编辑。对属性进行编辑，分为单个编辑、全局编辑和属性块的管理三种。单个编辑用于编辑一个属性块，而全局编辑用于编辑已经存在的属性（与属性所在的块无关）。

12.4.1　属性的单个编辑

属性的单个编辑是指一个一个地编辑属性，它可以改变一个属性的值以及位置、方向等特性，但只限于对当前屏幕上可见的属性进行编辑。

> 下拉菜单：[修改]→[对象]→[属性]→[单个…]
> 命令行：EATTEDIT
> 工具栏：🖉
> 功能区：[默认]→[块]→[编辑属性]→[单个]

【实例】　对属性进行单个编辑时可以采用如下操作过程。

① 单击下拉菜单[修改]→[对象]→[属性]→[单个…]，命令行提示：

选择块：（这时在屏幕上选取先前定义的属性块）Enter

② 弹出一个对话框，如图 12.26 所示。图 12.26 有三个选项卡，分别为"属性""文字选择""特性"。当单击"文字选择"或"特性"选项卡时，对话框分别如图 12.27 和图 12.28 所示。这里就不一一解释了。

③ 这时就可以在图 12.26 所示的对话框中编辑所要的数值了。修改完后，单击"确定"按钮退出，属性修改完毕。

图 12.26

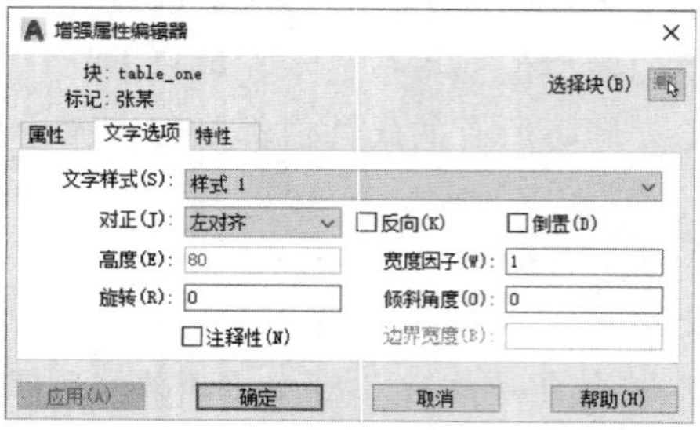

图 12.27 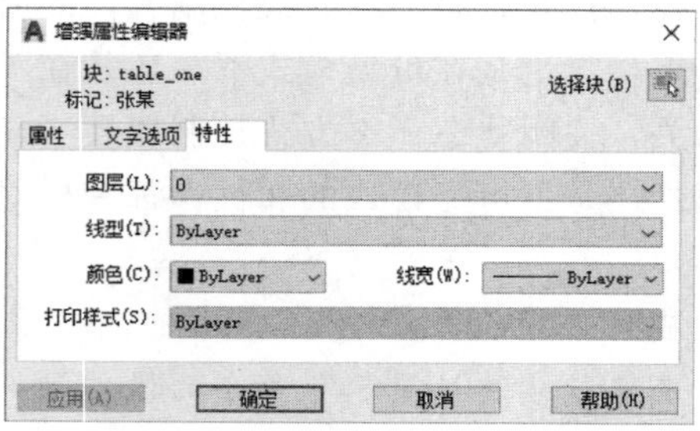　　　　　　　　　　　　　　　　　　图 12.28

12.4.2　属性的全局编辑

全局编辑允许在规定属性编辑范围内，对各种属性同时进行编辑。全局编辑只能改变属性的值，它既可以用于编辑屏幕上可见的属性，也可以用于编辑不可见属性和当时不在屏幕上的属性。

下拉菜单：[修改]→[对象]→[属性]→[全局]

命令行：ATTEDIT

工具栏：

功能区：[默认]→[块]→[编辑属性]→[多个]

【实例】　对图 12.15 中的属性进行全局编辑时可以采用如下操作过程。

① 单击下拉菜单[修改]→[对象]→[属性]→[全局]，命令行提示：

是否一次编辑一个属性[是(Y)/否(N)]＜Y＞： Enter

② 输入块名定义＜＊＞：（这时可键入要编辑的块名或 Enter ）

③ 输入属性标记定义＜＊＞：（这时可修改属性的标记值或 Enter ）

④ 输入属性值定义＜＊＞：（这时可修改属性的默认值或 Enter ）

⑤ 选择属性：（这时可选择属性） Enter

⑥ 输入选项[值(V)/位置(P)/高度(H)/角度(A)/样式(S)/图层(L)/颜色(C)/下一个(N)]＜下一个＞：V Enter

⑦ 输入值修改的类型[修改(C)/替换(R)]＜替换＞：C Enter

⑧ 输入要修改的字符串：（张某）

⑨ 输入新字符串：（李某）

⑩ 输入选项[值(V)/位置(P)/高度(H)/角度(A)/样式(S)/图层(L)/颜色(C)/ 下一个(N)]＜下一个＞： Enter

此时屏幕如图 12.29 所示。

步骤①选项说明：

是（Y）：一次编辑一个属性。属性必须可见并且平行于当前 UCS。使用此方法，除了可以修改文字字符串外，用户还可以更改特性（例如，高度和

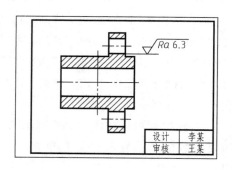

图 12.29

颜色）。

否（N）：一次编辑多个属性。全局编辑属性只限于用一个文字字符串（或属性值）替换另一个字符串。全局编辑适用于可见属性和不可见属性。

该步骤中输入 N 后，命令行提示如下：

是否仅编辑屏幕可见的属性？［是(Y)/否(N)]<Y>：

输入块名定义<＊>：（这时可键入要编辑的块名或 Enter）

输入属性标记定义<＊>：（这时可修改属性的标记值或 Enter）

输入属性值定义<＊>：（这时可修改属性的默认值或 Enter）

选择属性：（这时可选择属性 Enter）

输入要修改的字符串：（张某）

输入新字符串：（李某）

此时依然可以得到图 12.29。

步骤⑥选项说明：

值（V）：更改属性值。

位置（P）：修改属性的位置。

高度（H）：修改字符串的高度。

角度（A）：修改属性文字行的旋转角度。

样式（S）：修改字型。

图层（L）：修改属性所在的图层。

颜色（C）：修改属性的颜色。

下一个（N）：编辑下一条属性。

12.4.3　属性块管理器

> 命令:BATTMAN
> 下拉菜单:［修改］→［对象］→［属性］→［块属性管理器 ...］

用此命令可以在当前图形中管理属性。在属性块中可以编辑属性的定义、从图块中移去属性、改变图块插入时提示属性值的顺序。

执行时弹出一个对话框，如图 12.30 所示。

图 12.30 中各项的含义如下。

选择块：选择属性块名。

同步：属性的顺序同步。

上移：顺序排序上行。

下移：顺序排序下行。

编辑：编辑属性。单击时弹出图 12.31、图 12.32 以及图 12.33 所示的对话框。

图 12.30

删除：删除属性。

设置：在列表框中列出属性的外观，例如字高、颜色等。单击时弹出一个对话框，如图 12.34 所示。图 12.34 中的各项较简单，这里不一一解释。

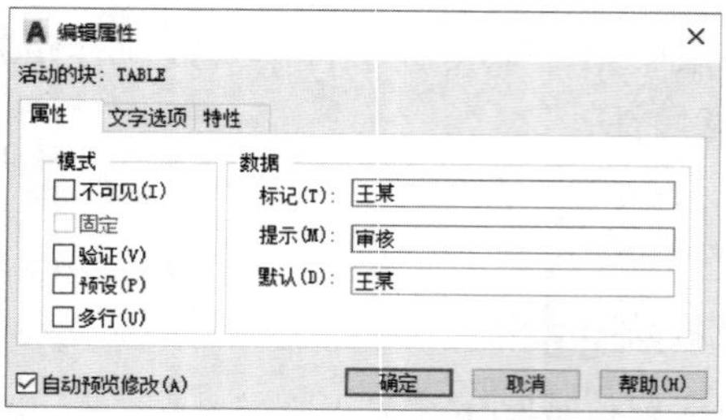

图 12.31 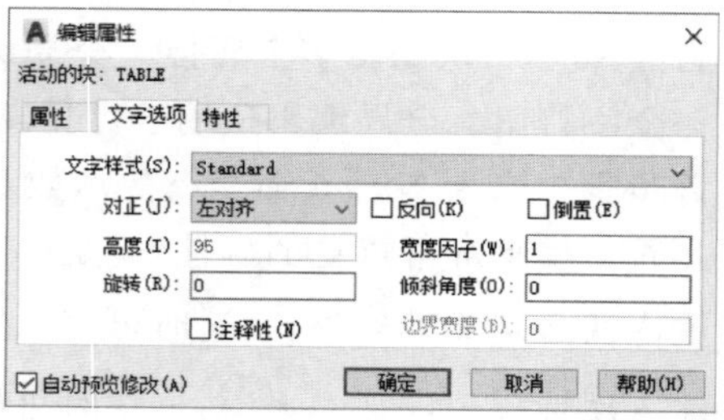　　　　　　　　　　　　图 12.32

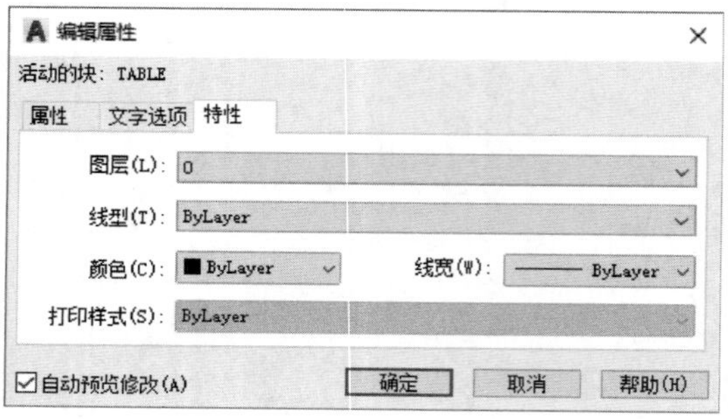

图 12.33　　　　　　　　　　　　图 12.34

除了可对图形中的属性信息进行修改外，还可将图形中的属性信息提取出来并且送入到一份文件中保存起来，以便于别的应用软件使用这些信息。

12.5　清除命令

通过本章和前几章的学习，我们可以用 AutoCAD 2024 来绘制一些很复杂的实用图形，还可以完成标注尺寸、制作图块以及一些很复杂的编辑工作，例如，用"删除"命令来删除一些不用的图形实体和符号等。但是新的图块建立后如何删除呢？

当然，您会说要删除图块，从磁盘上删掉图块的文件就可以了。然而实际上，这种方法删掉的是用"写块"命令所形成的图块文件，而绝不是图块，图块仍然会存在于您的当前图形文件中。如何删除它呢？

本节介绍一种删除图块、线型类型、文字类型和尺寸标注类型等的命令——"清理"。

注意：

不能清理被其他图形实体引用的实体。例如，不能清除图形中的某条直线引用的线型。此外，在清理块之前，要确保图纸中该块已被完全删除干净，不然的话清理会失败。

> 命令行：PURGE
> 下拉菜单：[文件]→[图形实用工具]→[清理...]

执行命令后可以弹出一个对话框，如图 12.35 所示。

【实例】　设已经用建立"图块"命令建立了两个图块 B1 和 B2，现在要清除掉图块 B1，可按如下操作步骤进行：

　　① 命令行：PURGE Enter

　　② 输入要清理的未使用对象的类型：［块（B）/局部视图样式（DE）/标注样式（D）/组（G）/图层（LA）/线型（LT）/材质（MA）/多重引线样式（MU）/打印样式（P）/形（SH）/文字样式（ST）/多线样式（M）/截面视图样式（SE）/表格样式（SE）/视觉样式（V）/注册应用程序（R）/零长度几何图形（Z）/空文字对象（E）/孤立的数据（O）/全部（A）]：

图 12.35

　　③ 输入要清理的名称＜＊＞：B1

　　④ 是否确认每个要清理的名称？［是（Y）/否（N）]＜Y＞：Enter

　　⑤ 清理块"B1"＜N＞：Y Enter

　　则图块 B1 被清理掉。

12.6　外部参照文件

　　外部参照文件与图块类似，它可包含许多图形实体，并将它作为一个整体，可像图块一样进行调用。不同之处在于图块的数据存储于当前图形中，而外部参照的数据存储于一个外部图形中。

12.6.1　外部参照的概念

　　如果使用"插入"命令将写块插入图形文件中，该写块会成为图形文件的一部分。这样，插入的写块越多，图形文件就越大，那是因为我们将相同的资源重复使用的缘故。如果一个写块大小是 10kB，在 10 个图形文件中都使用到它，那么在硬盘上就要消耗掉 100kB 的空间。

　　基于节省硬盘空间的需要，本节介绍一个新的命令，即外部参照命令。所谓外部参照，是指在一幅图形中对另一个外部图形的引用。外部参照有两种基本用途：它是用户在当前图形中引入不必修改的标准元素的高效率途径；它提供了用户在多个图形中应用相同图形数据的手段。当任何一位用户对外部参照图形进行修改后，AutoCAD 都会自动地在它所附加的或覆盖的图形中将其更新。

　　外部参照是将已有的图形文件插入到当前的绘图环境中。外部参照文件与图块类似，但不同于图块。它与图块的主要不同在于：一旦插入了一个图块，此图块就永久地驻留于当前的绘图环境中；如果以外部参照文件的方式插入一个图形文件，被插入的图形文件并不直接加入到当前的绘图环境中，只是记录引用的关系，对当前图形的操作也不会改变外部参照文件的内容。只有在打开有外部参照的图形文件时，系统才自动地把各外部参照图形文件重新调入内存，且该文件保持最新的版本。

12.6.2 外部参照命令的使用

下拉菜单:[插入]→[外部参照]	
命令行:XREF	

执行命令后弹出对话框,如图12.36所示。

图12.36中各项的含义如下。

① (附着DWG):点击该按钮后,选择一个外部参照文件,则弹出一个对话框,如图12.37所示。

图 12.36

图 12.37

② (刷新):显示或重新加载所有参照,以显示在参照文件中可能发生的任何更改。

③ (更改路径):修改选定文件的路径。可以将路径设置为绝对或相对。如果参照文件与当前图形存储在相同位置,也可以删除路径。还可使用"选择新路径"选项为缺少的参照选择新路径。"查找和替换"选项支持从选定的所有参照中找出使用指定路径的参照,并将此路径的所有匹配项替换为指定的新路径。

④ (帮助):打开"帮助"系统。

⑤ "文件参照"右边的两个图标为列表图按钮和树状图按钮,选取时,表示下方的列表栏将在列表形式和树状形式之间进行切换。图中显示为列表形式。在列表栏中将显示外部引用文件的参照名、状态、大小、类型、日期、找到位置和保存路径。在树状图中可以观察到外部参照文件中的嵌套情况。

⑥ 文件参照列表:在当前图形中显示参照的列表,包括状态、大小和创建日期等信息。双击文件名以对其进行编辑。双击"类型"下方的单元以更改路径类型(仅限DWG)。

⑦ 详细信息:显示选定参照的信息或预览图像。

12.6.3 外部剪裁引用命令

AutoCAD中还设有一个外部剪裁引用命令。此命令可以使用户按给定的比例建立某个外部参照的指定视图。也就是说,该命令将一个外部参照附加到用户指定的图层上,显示整个外部参照图形并提示用户指定要显示的区域、比例和插入点，然后以用户的输入为基础建立一个浮动视区。如果模型空间的值设置为 0，则外部剪裁引用命令会提示用户启用图纸空间。如果在此提示下回答否，则此命令将失败。值得注意的另外一点是，用户为外部参照指定的图层不能存在于当前图形中。如果用户想剪辑的外部引用文件已附加到图形中，此时必须先用外部参照命令的拆离来删除此引用，然后再使用外部剪裁引用命令。

该命令有以下四种执行方式：

命令行：XCLIP
下拉菜单：[修改]→[剪裁]→[外部参照]
工具栏：
功能区：[插入]→[参照]→[剪裁]

执行该命令后命令行提示如下。

① 选择对象：（表示可选取已引用外部的图形实体）

② [开(ON)/关(OFF)/剪裁深度(C)/删除(D)/生成多段线(P)/新建边界(N)]〈新建边界〉：Enter

③ [选择多段线(S)/多边形(P)/矩形(R)/反向剪裁(I)]＜矩形＞：Enter

④ 指定第一个角点：（选取矩形的第一个角点）

⑤ 指定对角点：（选取矩形的对角点）

则外部剪裁引用完成，矩形内部的图形被保留，矩形外部的图形被剪裁。

步骤③选项说明：

选择多段线 (S)：用所选取的多义线来定义剪裁边界。这里所指的多义线必须由不相交的直线段组成。

多边形 (P)：用一个指定顶点的多边形来定义剪裁边界。

反向剪裁 (I)：剪裁边界外部或边界内部的对象。

上述为选择"新建边界"选项时的操作过程，下面对步骤②中其他选项进行说明。

开 (ON)：在外部参照的图形中预定义的剪裁边界。

关 (OFF)：忽略所引用的图形中预定义的剪裁边界，显示全图。

剪裁深度 (C)：对所引用的图形设置前后剪裁面。选择该选项时命令行提示：

指定前剪裁点或[距离(D)/删除(R)]：（选取前剪裁点，通过剪裁边界设置一个垂直剪裁面）

指定后剪裁点或[距离(D)/删除(R)]：（选取后剪裁点）

选项说明：距离 (D) 是指通过剪裁边界设置一个平行剪裁面；删除 (R) 是指去除前后剪裁面。

删除 (D)：删除预定义的剪裁边界。在这里要提醒用户注意的是，删除预定义的剪裁边界不可在"命令："提示符下用"ERASE"命令。

生成多段线 (P)：自动绘出一条与剪裁边界相对应的多义线。

12.6.4　外部参照绑定命令

在外部参照命令的使用中，如果需要将外部参照文件的一部分而不是全部转成图块，则外部参照的绑定选项不能满足这些要求。这时就需要 AutoCAD 另外一个外部引用命令——外部参照绑定。外部参照绑定允许用户选择外部参照文件的一部分并将其转换成图块。

(1) 命令行方式

命令行:XBIND	

具体操作时命令行显示:

输入要绑定的符号类型[块(B)/标注样式(D)/图层(LA)/线型(LT)/样式(S)]:

选取不同的选项时,命令行要求输入依赖选项的名称。

(2) 对话框方式

下拉菜单:[修改]→[对象]→[外部参照]→[绑定...]	

执行该命令时弹出一个对话框,如图 12.38 所示。

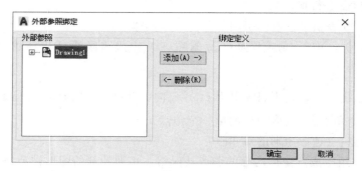

图 12.38

在图 12.38 中可以看到,系统中有一个外部参照图形文件,即 Drawing1.DWG。双击文件名 Drawing1,图 12.38 将变为图 12.39。

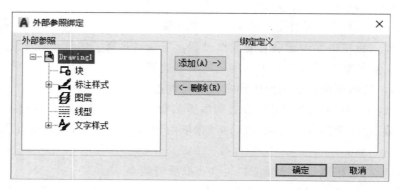

图 12.39

在图 12.39 中可见块、标注样式、图层、线型和文字样式等格式。在这 5 种格式中,如果要选择引用其中一种,双击相应的格式项即可。

例如,如果要引用该文件的标注尺寸类型,双击标注样式,图 12.39 将变为图 12.40。

在图 12.40 中,选取要引用的标注尺寸类型,然后再点取“添加”按钮,则该标注尺寸类型被加入到当前的绘图环境中,如图 12.41 所示。当然,也可以从当前的绘图环境中去除引入的标注尺寸类型。

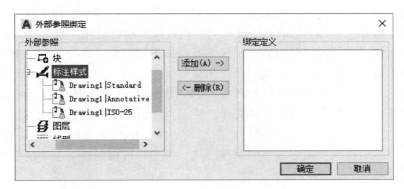

图 12.40

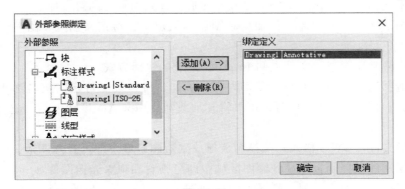

图 12.41

此外，从图 12.41 也可看到，当前图形中的外部参照图形文件所拥有的有名实体名称都将被冠以前缀，该前缀所使用的字符为所引用的图形文件名称。例如在图中，尺寸类型将以所引用的图形文件名称（Drawing1）为前缀，变为 Drawing1 | ISO-25，以便与当前图形中的其他类型相区别。这种命名法将使用一条竖直线作为分隔符，如类型名与前缀间就将被放置一条竖线。在当前图形中，对这些更名后的有名实体的操作有很大的限制，但还是可以使用插入或者标注样式这类命令的"?"选择项来查看，也可以打开或者关闭、冻结、锁定这些层。

当一个图形文件被打开时，系统会自动加载其外部参照文件。这可理解为系统一次可打开几个图形文件。在当前图形中，用户可以控制外部参照图形文件的共享层。不过，所做的任何修改在关闭当前图形文件后将全部丢失。外部参照的图形文件是不可拆开的，而且也不更新任何图块。

12.7　AutoCAD 2024 的设计中心

一个工程项目的设计一般是要由很多的工程技术人员相互协作来完成的。为了使广大的设计人员能够高效率地在一起工作，必须制定一些设计标准和规范。AutoCAD 2024 的设计中心为此提供了方便易用的功能。在设计中心，可以浏览图形中的很多内容，如图块、图层、布局、线型设置、尺寸标注类型等。这样，设计的结果就可以相互参照和共用，从而提高工作效率。

　　重复利用和共享图形内容是有效管理绘图项目的基础。创建块引用和附着外部参照有助于重复利用图形内容。使用 AutoCAD 设计中心，可以管理块引用、外部参照、光栅图像以及来自其他源文件或应用程序的内容。不仅如此，如果同时打开多个图形，就可以在图形之间复制和粘贴内容（如图层定义）来简化绘图过程。

　　AutoCAD 设计中心也提供了查看和重复利用图形的强大工具。用户可以浏览本地系统、网络驱动器，甚至从 Internet 下载文件。使用 Autodesk 收藏夹（AutoCAD 设计中心的缺省文件夹），不用一次次寻找经常使用的图形、文件夹和 Internet 地址，从而节省了时间。收藏夹汇集了到不同位置的图形内容的快捷方式。例如，可以创建一个快捷方式，指向经常访问的网络文件夹。

　　使用 AutoCAD 设计中心可以：

　　① 浏览不同图形内容源，从经常打开的图形文件到网页上的符号库。

　　② 查看图形文件中的实体（例如块和图层）的定义，将定义插入、附着、复制和粘贴到当前图形中。

　　③ 创建指向常用图形、文件夹和 Internet 地址的快捷方式。

　　④ 在本地和网络驱动器上查找图形内容。例如，可以按照特定图层名称或上次保存图形的日期来搜索图形。找到图形后，可以将其加载到 AutoCAD 设计中心，或直接拖放到当前图形中。

　　⑤ 将图形文件（DWG 格式）从控制板拖放到绘图区域中即可打开图形。

　　⑥ 将光栅文件从控制板拖放到绘图区域中即可查看和附着光栅图像。

　　⑦ 在大图标、小图标、列表和详细资料视图之间切换控制板的内容显示。也可以在控制板中显示预览图像和图形内容的说明文字。

　　在 AutoCAD 设计中心中可以使用下列内容：

　　① 图形、可用作块的引用或外部参照。

　　② 图形中的外部参照。

　　③ 其他图形内容，如图层定义、线型、布局、文字样式和标注样式。

　　④ 光栅图像。

　　⑤ 由第三方应用程序创建的自定义内容。

12.7.1　设计中心的启动

　　AutoCAD 2024 设计中心的启动方法有以下四种：

命令行：ADCENTER
下拉菜单：[工具]→[选项板]→[设计中心]
快捷键：Ctrl＋2
工具栏："标准工具栏"工具条上的设计中心按钮

　　执行命令后弹出对话框，如图 12.42 所示。

　　AutoCAD 2024 的设计中心启动后，屏幕将如图 12.42 所示。在图中，可以利用鼠标拖动边框来改变设计中心资源管理器和内容显示框以及绘图区的大小。

　　从图 12.42 中可以看到：AutoCAD 2024 的设计中心分成两部分，即树型视图区和列表区。

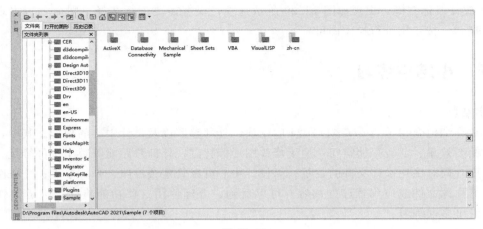

图 12.42

在图 12.42 中，左边方框为 AutoCAD 设计中心的树型视图区，右边方框为 AutoCAD 设计中心的列表区。

12.7.2　在设计中心中打开文件及插入图形实体

(1) 在 AutoCAD 2024 的设计中心中打开文件的三种方法

① 在树型视图区中单击要显示的文件。

② 用 Load 按钮弹出一个对话框，查找要显示的文件。

③ 在 Windows 资源管理器中选择要显示的文件，然后按住鼠标右键将其拖动到设计中心。

(2) 在 AutoCAD 2024 的设计中心插入图形实体

在 AutoCAD 2024 的设计中心，可以将一些图形文件直接插入到已打开的图形文件中，例如插入图块、光栅图像、外部参照文件等，下面详细介绍。

当一个图形文件被插入到图形中时，图形的定义就被拷贝到图形数据库中。插入到当前图形中后，如果原来的图形被修改，则当前图形也随之改变。

在 AutoCAD 设计中心，可以用以下两种方法来插入图形文件：

1) 用缺省比例和旋转角度来插入图形文件

用此方式来插入图形文件时，可对图形文件自动进行缩放，系统会比较当前图形和插入图形文件的单位，并根据两者之间的比例进行插入。用该方法来插入图形文件可按如下操作步骤进行：

① 从列表区或搜索对话框内的结果列表框中选择要插入的图形文件，按住鼠标左键将其拖动到已打开的当前图形中。

② 在要插入实体的地方放开鼠标左键，则被选择的图形实体就根据当前图形的比例和旋转角度插入到当前图形之中。具体插入时，可利用捕捉方式将图块插入到精确的位置。

2) 按指定坐标、比例和旋转角度来插入图形文件

按指定坐标、比例和旋转角度来插入图形文件可按如下操作步骤进行：

① 从列表区或搜索对话框内的结果列表框中用鼠标右键选取要插入的图块，在按住鼠标右键的同时拖动图块到已打开的图形中。

② 放开鼠标右键，出现如图 12.39 所示选项，根据需要进行选择，则命令行出现相应的命令提示，按步骤进行操作即可。

12.8　小结与练习

【小结】

本章详细地介绍了 AutoCAD 2024 中图块、外部参照以及设计中心的功能。其中，块具有提高绘图效率、节省存储空间、便于修改图形等特点；外部参照能够减小文件容量、提高绘图速度，同时优化设计文件的数量；而设计中心可以管理块参照、外部参照、光栅图像以及来自其他源文件或应用程序的内容。可以看到，合理使用这些功能将会大大提高作图效率，读者可多加练习。

【练习】

① 创建如图 12.43（a）所示的图块，并将其插入图 12.43（b）中。

② 定义"标记"为"RA"，"提示"为"输入表面粗糙度值"，"默认"为"6.3"的属性，创建名称为"表面粗糙度"的属性块，如图 12.44（a）所示，并将该属性块插入图 12.44（b）中，编辑属性为 3.2。

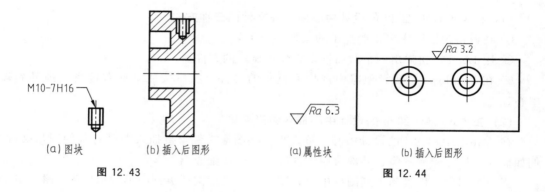

图 12.43　　　　　图 12.44

第13章

AutoCAD 2024的三维实体建模

三维建模是 AutoCAD 软件的重要功能之一。在三维建模环境中，利用一些基本的几何元素（如立方体、球体等），通过一系列几何操作（如平移、旋转、拉伸以及布尔运算等）可以构建复杂的几何场景。三维建模的网格和实体绘制是实际生产应用中必不可少的环节。

13.1 三维绘图基础

从本章开始介绍 AutoCAD 2024 三维图形的绘制方法。在介绍绘图方法之前，先对一些三维绘图的基础知识进行说明。在 AutoCAD 2024 中，可以利用三种方法来创建三维图形，分别是：

① 创建线框模型；

② 创建曲面网格模型；

③ 创建实体模型。

其中：

- 线框模型即轮廓模型，它由三维的直线和曲线组成，不包含面的信息。
- 曲面网格模型由曲面组成，曲面不透明，能挡住视线。
- 实体模型也具有不透明的曲面，但是包含了一部分空间信息。

尽管可以用 AutoCAD 创建这三种模型，但是，三种模型通常都以线框模型方式显示。这意味着只有使用特定命令时，模型的真实属性才能显示出来；否则，三种模型在计算机上的显示是相同的，即均以线框结构显示。

要描述一个物体在三维空间中的位置，应使用空间坐标，即（X，Y，Z）形式。其中 X 轴和 Y 轴组成的平面称为 XY 平面，Z 坐标被称为高度。就三维实体本身而言，它又有厚度特性。

在创建三维模型时，往往会设置不同的二维视图以便更好地显示、绘制和编辑几何图形。AutoCAD 提供了各种工具，用于设置模型的不同视图，也可以为各个标准正交视图指定不同的用户坐标系（UCS）和标高，并在视图之间随意切换。

13.1.1 AutoCAD 的坐标系

除了增加第三维坐标（即 Z 轴）之外，指定三维坐标与指定二维坐标是相同的。在三维空间绘图时，要在世界坐标系（WCS）或用户坐标系（UCS）中指定 X、Y 和 Z 的坐标值。图 13.1 展示了 WCS 的 X、Y 和 Z 轴。

（1）右手定则简介

在三维坐标系中知道了 X 轴和 Y 轴的正方向，根据右手定则就能确定 Z 轴的正方向。右手定则也决定三维空间中任一坐标轴的正旋转方向。

右手定则如图 13.2 所示。图 13.2（a）表示：要确定和 Z 轴的正方向，将右手背对着屏幕放置，拇指指向 X 轴的正方向；伸出食指和中指，食指指向 Y 轴的正方向，中指所指示的方向即是 Z 轴的正方向。图 13.2（b）表示：要确定某个轴的正旋转方向，则用右手的大拇指指向该轴的正方向并弯曲其他四个手指，右手四指所指示的方向即是轴的正旋转方向。

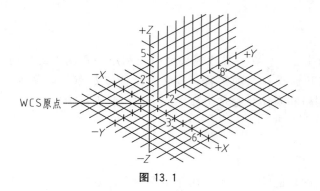

图 13.1

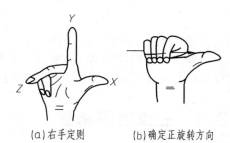

(a)右手定则   (b)确定正旋转方向

图 13.2

（2）X 、Y 、Z 坐标的输入

图 13.3 所示是一个三维笛卡儿坐标系。输入三维笛卡儿坐标（X，Y，Z）与输入二维坐标（X，Y）相似，但除了指定 X 和 Y 值以外，还要指定 Z 值。点坐标（3，2，5）表示一个沿 X 轴正方向 3 个单位，沿 Y 轴正方向 2 个单位，沿 Z 轴正方向 5 个单位的点。可以输入相对于 UCS 原点的绝对坐标值，或者输入基于上一个输入点的相对坐标值。

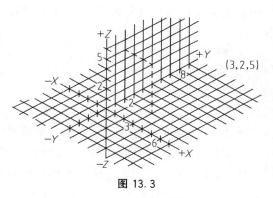

图 13.3

（3）柱坐标系简介

输入柱坐标与输入二维极坐标类似，但还需要输入从极坐标垂足到 XY 平面的距离。点是通过指定沿 UCS 的 X 轴夹角方向的距离以及垂直于 XY 平面的 Z 值进行定位的。

图 13.4 和图 13.5 所示是绝对柱坐标和相对柱坐标的表示法，下面分别介绍。

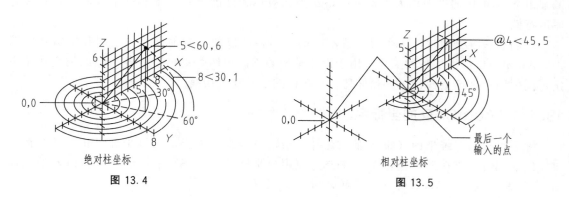

绝对柱坐标   相对柱坐标

图 13.4   图 13.5

① 绝对柱坐标。坐标"5<60，6"表示到当前 UCS 原点距离为 5 个单位，在 XY 平面上的投影与 X 轴的夹角为 60°，且沿 Z 轴正方向有 6 个单位的点。坐标"8<30，1"表示到当前 UCS 原点距离为 8 个单位，在 XY 平面上的投影与 X 轴的夹角为 30°，且沿 Z 轴正方向有 1 个单位的点。

② 相对柱坐标。坐标"@4<45，5"表示相对于上一输入点（不是 UCS 原点）在 XY 平面上的距离为 4 个单位，在 XY 平面上的投影与 X 轴正方向的夹角为 45°，两点连线在 Z 轴上的投影为 5 个单位的点。

（4）球坐标系简介

在三维空间中输入球面坐标与在二维空间中输入极坐标类似。指定点时，分别指定该点与当前 UCS 原点的距离、该点与坐标原点的连线在 XY 平面上的投影与 X 轴正方向的夹角，以及该点与坐标原点的连线与 XY 平面的角度。每项数据都用尖括号"<"作分隔符。

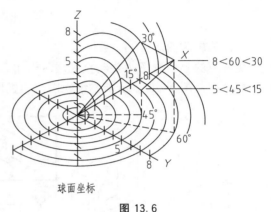

图 13.6 所示是球坐标系的表示法。坐标"8<60<30"表示一个点，它相对于当前 UCS 原点的距离为 8 个单位，与原点的连线在 XY 平面上的投影与 X 轴正方向的夹角为 60°，与原点的连线与 XY 平面的夹角为 30°。坐标"5<45<15"也表示一个点，它相对于原点的距离为 5 个单位，与原点的连线在 XY 平面上的投影与 X 轴正方向的夹角为 45°，与原点的连线与 XY 平面上的夹角为 15°。

球面坐标

图 13.6

13.1.2　标准 AutoCAD 视图和投影

本节介绍一些绘图和投影的基本知识。使用 AutoCAD 从事设计的人应该都学习过"工程制图"课程，所以能够根据标准视图（包括俯视图、主视图和侧视图等）将三维模型形象化。AutoCAD 创建了和工程制图相同的电子化环境，并增加了许多重要的功能，包括同时处理多个视图的能力。因为三维设计仍是建立在标准绘图经验的基础上的，所以了解一些绘图知识非常重要。本节只是简单介绍一些制图知识。如果想详细学习工程制图的有关知识，必须找一本详细介绍工程制图的书去学习。

（1）标准视图

任何三维建模都可以从各个方向查看，标准视图设置了 6 个正交查看方向：俯视、仰视、右视、左视、主视和后视。在 AutoCAD 中，可以用 6 个标准视图显示三维建模，通常只用其中的 3 个视图就足以表达模型的全部细节。俯视、主视、右视的投影原理如图 13.7 所示。

（2）标准投影

6 种标准视图都是二维视图，每个视图都仅显示物体的 3 个可能测量值（长、宽、高）中的两个。一旦在屏幕上或图纸上出现多个视图，就必须

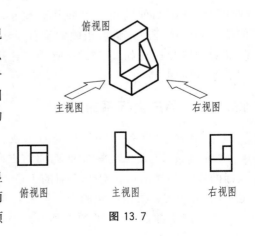

图 13.7

排列这些视图以便共用两个可能的测量值中的一个。如果它们共享一个公共测量值，则称之为投影。图13.8（a）显示了正确的投影，这两个视图共享高度测量值。图13.8（b）、（c）所示分别为第一角投影法和第三角投影法，它们是表现与主视图相关的视图的标准技术绘图方法。

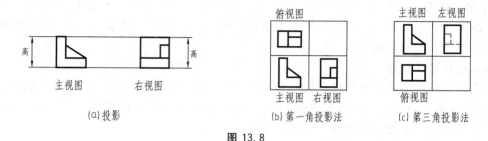

图 13.8

（3）等轴测图

视窗中的等轴测图主要起直观展示作用。在二维视图中创建或编辑物体时，它有助于理解三维模型。图13.9显示了二维视图（主视图和侧视图）和等轴测图的关系。

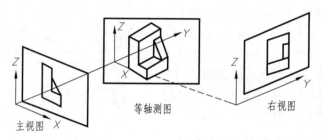

图 13.9

（4）玻璃盒

在一个玻璃盒中描绘三维模型有助于理解视图和方向的关系。从右侧向玻璃盒中观看，可以得到右视图；从顶部向玻璃盒中观看，可以得到俯视图；从前面向玻璃盒中观看，可以得到主视图。要想理解二维视图和另一个二维视图的相互关系，以及物体的二维视图如何放置，可展开玻璃盒。当玻璃盒的侧面完全展开后，将以正确的位置显示二维视图。玻璃盒的展开过程如图13.10所示。这也是工程绘图的基本原理。

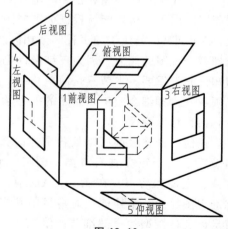

图 13.10

13.1.3 用户坐标系的定义

定义用户坐标系（UCS）是为了改变原点（0，0，0）的位置以及 XY 平面和 Z 轴的方向。在三维空间，可在任何位置定位和定向 UCS，坐标的输入和显示均相对于当前的 UCS。假如有多个活动视窗，那么可以为每一个视窗指定不同的 UCS。根据不同的构造需要，每个 UCS 可以具有不同的原点和方向。

如果需要标识 UCS 的原点和方向，可以用 UCSICON 命令在 UCS 原点处显示 UCS 图标。在三维空间中，UCS 特别有用。有了它，把坐标系与现有几何图形对齐，精确地标注三维空间点的位置更容易。

如图 13.11 所示，左边是 AutoCAD 中的 UCS 图标，右边是三维图形中 UCS 的使用情况。

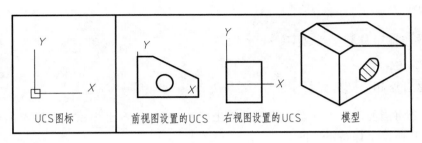

图 13.11

就像在模型空间中一样，也可以在图纸空间中定义新的 UCS。但是，在图纸空间中定义的 UCS 将受二维处理方式的限制。虽然可以在图纸空间输入三维坐标，但不能使用 3DORBIT、DVIEW、PLAN 和 VPOINT 等三维视图命令。AutoCAD 可回溯模型空间和图纸空间的各 10 个坐标系。

由"标高"命令建立的当前标高定义了当前 UCS 的图形平面，并根据系统变量 UCS-VP 的设置将当前标高应用到独立视窗。该系统变量决定每个视窗中是否保存和恢复 UCS。如果 UCSVP＝1，则在视窗中保存不同的 UCS 设置，而标高的设置同时保存在每个视窗的模型空间和图纸空间中。

一般情况下，最好将标高设置为零，并用 UCS 命令控制当前 UCS 的 XY 平面。

可用下面不同的方法定义 UCS 并对应如图 13.12 工具栏中相应按钮：

- 指定新原点、新 XY 平面或新 Z 轴；
- 使新 UCS 与现有的物体对齐；
- 使新 UCS 与当前视图方向对齐；
- 绕任意一个轴旋转当前的 UCS；
- 为现有的 UCS 提供新的 Z 深度；
- 选择一个面以应用 UCS。

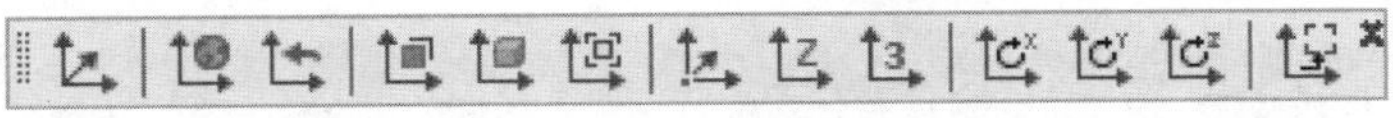

图 13.12

下面详细介绍在三维空间中定义 UCS、使用预定义的正交 UCS 和将当前 UCS 应用到其他视窗。

(1) 在三维空间中定义 UCS

命令行：UCS

工具栏：

功能区：[常用]→[坐标]→[UCS]

执行命令，命令行操作如下：

指定 UCS 的原点或［面（F）/命名（NA）/对象（OB）/上一个（P）/视图（V）/世界（W）/X Y Z/Z 轴（ZA）］：

命令行中各选项与下述命令对应。

① 世界：

下拉菜单：[工具]→[新建 UCS]→[世界] 工具栏： 功能区：[常用]→[坐标]→[世界]	

世界命令将当前用户坐标系切换至世界坐标系，即 WCS 坐标系。世界坐标系又称为绝对坐标系，其原点是保持不变的。

② 原点：

下拉菜单：[工具]→[新建 UCS]→[原点] 工具栏： 功能区：[常用]→[坐标]→[原点]	

通过指定原点来改变坐标系的位置，但其坐标轴的方向保持不变。

执行该命令后，命令行操作如下：

选择新原点：（鼠标选取原点）

③ Z 轴矢量：

下拉菜单：[工具]→[新建 UCS]→[Z 轴矢量] 工具栏： 功能区：[常用]→[坐标]→[Z 轴矢量]	

通过指定坐标原点，指定一个方向作为 Z 轴的正方向，定义当前坐标系。

执行该命令后，命令行操作如下：

指定新原点或［对象（O）］：（鼠标选取原点）

在正 Z 轴范围上指定点：（鼠标选取 Z 轴方向的点）

④ 三点：

下拉菜单：[工具]→[新建 UCS]→[三点] 工具栏： 功能区：[常用]→[坐标]→[三点]	

可以用 UCS 命令的"3 点"选项在三维空间定义 UCS，指定 UCS 原点以及 X 轴和 Y 轴的正方向，然后通过右手定则来确定 Z 轴。

执行该命令后，命令行操作如下：

指定新原点：（鼠标选取原点）

在正 X 轴范围上指定点：（鼠标选取 X 轴方向的点）

在 UCS XY 平面的正 Y 轴范围上指定点：（鼠标选取 Y 轴方向的点）

(2) 使用预定义的正交 UCS

> 下拉菜单:[工具]→[命名 UCS]
> 功能区:[常用]→[坐标]→[命名 UCS]

使用弹出的 "UCS" 对话框的 "正交 UCS" 选项卡中列出的预定义 UCS, 如图 13.13 所示。这些 UCS 是根据 WCS 定义的, 但也可以根据 "命名 UCS" 来定义。

【实例】　本例介绍如何使用预定义正交 UCS。使用预定义正交 UCS 的步骤如下:

① 单击下拉菜单 [工具]→[命名 UCS]。

② 在 "UCS" 对话框的 "正交 UCS" 选项卡中, 从列表里选择 UCS。

③ 要指定 Z 深度, 可在要修改的 UCS 上单击鼠标右键, 然后从快捷菜单中选择 "深度"。

④ 要根据命名 UCS 选定 UCS 的原点, 可从 "相对于" 下拉列表中选择 UCS 的名称。在缺省情况下, 正交 UCS 是根据 WCS 确定的。

⑤ 要指定在应用选定的 UCS 之后是否将当前视窗中的视图升级为平面视图, 可选择 "设置" 选项卡, 然后选择 "修改 UCS 时更新平面视图", 如图 13.14 所示。

⑥ 选择 "详细信息", 查看选定 UCS 的原点的坐标值和 X、Y、Z 轴。

⑦ 选择 "置为当前"。在列表中, 用 UCS 名称旁边的一个小指针标记当前 UCS, 同时该 UCS 的名称显示在 "当前 UCS" 中。

⑧ 选择 "确定"。

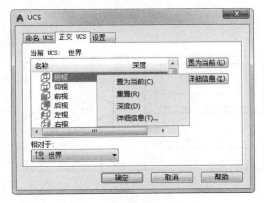

图 13.13

图 13.14

注意:

系统变量 UCSBASE 存储并确立一个正交 UCS 的坐标系的名称。系统变量 UCSFOLLOW 控制在恢复 UCS 后, 当前视窗中的视图是否设置为平面视图。UCS 命令的 "正交" 选项提供了从命令行访问 6 个预定义正交 UCS 的途径。

------

(3) 将当前 UCS 应用到其他视窗

> 命令:UCS
> 工具栏:⌞⌝

可以将当前 UCS 设置应用到一个特定视窗或所有活动视窗中。

【实例】 本例介绍如何将当前 UCS 应用到其他视窗。将当前 UCS 应用到其他视窗的步骤如下：

① 确认要应用到另一个视窗的 UCS 是当前的 UCS。

② 单击工具栏按钮。

③ 拾取要应用当前 UCS 的视口或［所有（A）］＜当前＞：（选取要应用当前 UCS 的视窗）

13.1.4 在 AutoCAD 中使用多个视窗

（1）基本概念

多个视窗提供模型的不同视图。例如，可以设置显示俯视图、主视图、右视图和等轴测图的视窗。要想更方便地在不同视图中编辑物体，可以为每个视图定义一个不同的 UCS。视窗每次设置为当前视窗时，都可以使用上一次作为当前视窗时用到的 UCS。

每个视窗中的 UCS 都由系统变量 UCS-VP 控制。当视窗中 UCSVP 设置为 1 时，该视窗中最后使用的 UCS 将和视窗一起保存。当该视窗再次成为当前视窗时，UCS 将被恢复。当视窗中 UCSVP 设置为 0 时，其 UCS 总是与当前视窗中的 UCS 相同。

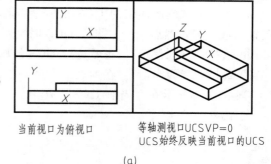

当前视口为俯视口　　　　　等轴测视口UCSVP=0
　　　　　　　　　　　　UCS始终反映当前视口的UCS

(a)

如图 13.15 所示，图（a）显示的是等轴测视窗，该视窗反映左上视窗或俯视窗的当前 UCS；图（b）显示的是当左下视窗或主视窗设置为当前视窗时发生的变化。等轴测视窗中的 UCS 将得到更新以反映主视窗的 UCS。

【实例】 本例介绍如何设置视窗以便保存和恢复其指定的 UCS。设置视窗以便保存和恢复其指定的 UCS 的步骤如下：

① 将要修改设置的视窗设置为当前视窗。

② 单击下拉菜单 ［工具］→［命名 UCS］。

③ 在 "UCS" 对话框中选择 "设置" 选项卡，然后选择 "UCS 与视口一起保存"。

④ 选择 "OK"。

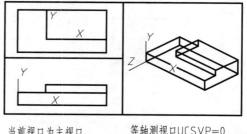

当前视口为主视口　　　　　等轴测视口UCSVP=0
　　　　　　　　　　　　UCS始终反映当前视口的UCS

(b)

图 13.15

在早期的 AutoCAD 中，无论是在模型空间还是在图纸空间中，所有视窗的 UCS 都是全局设置的。如果要恢复 AutoCAD 先前版本的功能，可以在所有活动视窗中将 UCSVP 系统变量的值设置为 0。

（2）为视窗指定 UCS

使用 AutoCAD 可以为不同的视窗指定不同的 UCS。视窗的 UCS 与其指定的 UCS 保持一致，独立于当前视窗的 UCS。

【实例】 本例介绍如何为视窗指定 UCS。为视窗指定 UCS 的步骤如下：

① 将要为其指定 UCS 的视窗设置为当前视窗。

② 单击下拉菜单［工具］→［命名 UCS］。

③ 在"UCS"对话框的"命名 UCS"及"正交 UCS"选项卡中，选择要指定的 UCS 名称，然后选择"置为当前"。

列表中，UCS 名称旁边有一个小指针标记当前 UCS，同时该 UCS 的名称显示在"当前 UCS"边。

④ 选择"OK"以保存新的 UCS 设置。

注意：
系统变量 UCSVP 决定 UCS 设置是否随视窗一起保存。

13.1.5　AutoCAD 图形的显示选项

图形配置影响三维物体的显示方式。例如，运行 3DORBIT 命令时可以设置三维物体的着色和图形的显示方式。可以使用"三维图形系统配置"对话框设置这些选项。这些设置不影响物体的渲染。

AutoCAD 使用由 Autodesk 公司开发的 Heidi 三维图形系统作为默认的图形系统。如果想使用其他图形系统，请按照显卡经销商提供的手册进行安装。

【实例】　本例介绍如何设置三维图形系统的显示选项。设置三维图形系统的显示选项的步骤如下：

① 单击下拉菜单［工具］→［选项...］。

② 在"选项..."对话框中选择"系统"选项卡。

③ 在"硬件加速"选项卡中单击"图形性能"按钮，弹出"图形性能"对话框。

④ 选择或修改一个或多个选项，然后点击"确定"。

13.2　三维线框和网格的绘制

13.2.1　概述

在 AutoCAD 里，虽然创建三维模型比创建二维物体的三维视图更困难、更费时间，但三维模型有诸多优点。一旦创建出三维模型，就可用它做以下的事情：

- 从任何位置查看模型；
- 自动生成可靠的标准或辅助二维视图；
- 创建二维剖面图；
- 消除隐藏线并进行真实感着色；
- 检查干涉检验；
- 提取模型以创建动画；
- 进行工程分析；
- 提取工艺数据。

AutoCAD 支持三种三维模型：线框模型、曲面网格模型和实体模型。每种模型都有自己的创建方法和编辑技术。三种模型如图 13.16 所示。

　　线框模型描绘三维物体的框架。线框模型中没有面，只有描绘物体边界的点、直线和曲线。用 AutoCAD 可在三维空间的任何位置放置二维（平面）物体来创建线框模型。Auto-CAD 也提供了一些三维线框物体，如三维多义线（仅包含 Continuous 线型）和样条曲线。由于构成线框模型的每个物体都必须单独绘制和定位，因此，这种建模方式最为耗时。

　　曲面网格模型比线框模型更为复杂，它不仅定义三维物体的边，而且定义三维物体的面。AutoCAD 的曲面模型使用多边形网格定义镶嵌面。由于网格面是平面，所以网格只能近似于曲面。使用 AutoCAD 的增值产品 MDT 可以创建真正的曲面。为区分这两种曲面，镶嵌面在本书中称为网格。

线框　　　　　网格　　　　　实体

图 13.16

　　本节主要介绍线框模型和网格模型的创建方法。

注意：

　　由于可采用不同的方法来构造三维模型，并且每种编辑方法对不同的模型也产生不同的效果，因此建议不要混合使用建模方法。不同的模型类型之间只能进行有限的转换，即从实体到曲面或从曲面到线框，但不能从线框转换到曲面，或从曲面转换到实体。

13.2.2　线框

　　用 AutoCAD 在三维空间的任何位置放置二维平面物体即可创建线框模型。可用下列方法之一在三维空间放置二维物体：

　　① 输入三维点来创建三维物体，即输入指定点的 X、Y 和 Z 坐标值。

　　② 设置缺省构造平面（XY 平面），从中定义用户坐标系以便绘制物体。

　　③ 创建物体后，在三维空间中把物体移动到正确的方向。

　　也可以创建多义线和样条曲线等线框物体，这些物体可放置在三维空间的任何位置。用三维空间中的一组三维多义线和二维符号进行三维建模的情况如图 13.17 所示。

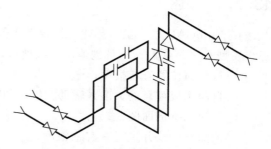

图 13.17　由三维多义线和二维符号合成的管道图

13.2.3　网格

　　网格是用平面镶嵌面来表示物体的曲面。网格的密度（镶嵌面的数目）由包含 $M \times N$

个顶点的矩阵决定，类似于用行和列组成栅格。M 和 N 分别为给定的顶点指定列和行的位置。在二维和三维空间中都可以创建网格，但主要在三维空间中使用。

如果我们不需要实体的物理特性（质量、重力、重心等），但又需要消隐、着色和渲染功能（线框没有这些功能）时，就可以使用网格。网格还常常用于创建不规则的几何图形，如山脉的三维地形模型。

网格可以是开放的或闭合的。如果在某个方向上网格的起始边和终止边没有接触，则网格就是开放的。开放和闭合的网格如图 13.18 所示。

AutoCAD 提供了多种创建网格的方法，如图 13.19 所示。如果手动输入网格参数，那么有些方法使用起来可能比较困难，为此，AutoCAD 提供了 3D 命令，大大简化了创建基本曲面形状的过程。

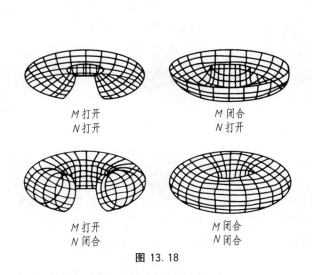

M 打开 N 打开　　M 闭合 N 打开

M 打开 N 闭合　　M 闭合 N 闭合

图 13.18

图 13.19

（1）创建预定义三维曲面网格

命令：MESH
下拉菜单：[绘图]→[建模]→[网格]→[图元]

MESH 命令用于创建三维网络图元对象，例如：长方体、圆锥体、圆柱体、棱锥体、球体、楔体或圆环体。除非使用了 HIDE、RENDER 或 SHADEMODE 命令，否则这些网格都显示为线框形式，如图 13.20 所示。

要更清楚地查看用 3D 命令创建的物体，需用 3DORBIT、DVIEW 或 VPOINT 命令设置查看方向。创建三维曲面网格的过程和创建三维实体的过程相似，如图 13.20 是用 3D 命令创建的曲面网格，数字表示创建网格需要指定的点的数目。

注意：

MESH 命令沿常见几何体（包括长方体、圆锥体、球体、圆环体、楔体和棱锥体）的外表面创建三维多边形网格。当用 MESH 命令构造多边形网格实体时，最后得到的实体是可以隐藏、着色和渲染的表面。

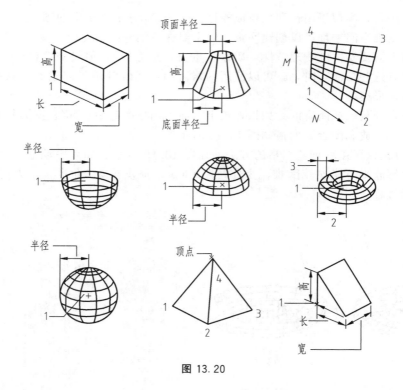

图 13.20

(2) 矩形网格

命令行：3DMESH

用 3DMESH 命令可以在 M 和 N 方向（类似于 XY 平面的 X 轴和 Y 轴）上创建开放多边形网格。可用 PEDIT 命令闭合网格，也可用 3DMESH 命令构造不规则的曲面。通常，如果已知网格点数，则可将 3DMESH 命令与脚本或 AutoLISP 例程配合使用。

应用矩形网格的例子如图 13.21 所示。

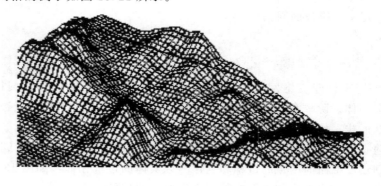

图 13.21   应用矩形网格的例子

【实例 1】   本例介绍如何创建矩形网格。创建矩形网格的步骤如下：

① 命令行输入 3DMESH，按命令行提示创建矩形网格。

② 输入 M 方向上的网格数量：（输入从 2 到 256 之间的整数）

③ 输入 N 方向上的网格数量：（输入从 2 到 256 之间的整数）

④ 为顶点指定位置：（鼠标按提示指定顶点）

图 13.22 表示不同 M 和 N 值的例子。

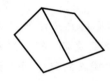
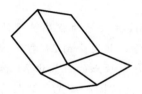

网格 M 值: 2　　　　网格 M 值: 3　　　　网格 M 值: 3
网格 N 值: 2　　　　网格 N 值: 2　　　　网格 N 值: 3

图 13.22

注意：

3DFACE 命令创建三维曲面。EDGE 命令调整三维面边界的清晰度。3D 命令的"Mesh"选项创建四边形平面网格。

【实例 2】　本例介绍如何在命令行中为每一顶点输入坐标，从而创建网格。

命令行输入 3DMESH，按命令行提示创建矩形网格，操作如下：

① 输入 M 方向上的网格数量：4 Enter

② 输入 N 方向上的网格数量：3 Enter

③ 为顶点（0，0）指定位置：10，1，3 Enter

④ 为顶点（0，1）指定位置：10，5，5 Enter

⑤ 为顶点（0，2）指定位置：10，10，3 Enter

⑥ 为顶点（1，0）指定位置：15，1，0 Enter

⑦ 为顶点（1，1）指定位置：15，5，0 Enter

⑧ 为顶点（1，2）指定位置：15，10，0 Enter

⑨ 为顶点（2，0）指定位置：20，1，0 Enter

⑩ 为顶点（2，1）指定位置：20，5，−1 Enter

⑪ 为顶点（2，2）指定位置：20，10，0 Enter

⑫ 为顶点（3，0）指定位置：25，1，0 Enter

⑬ 为顶点（3，1）指定位置：25，5，0 Enter

⑭ 为顶点（3，2）指定位置：25，10，0 Enter

所创建的网格如图 13.23 所示。

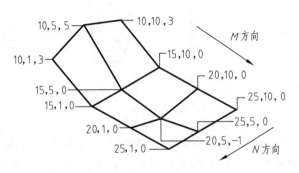

图 13.23

注意：

3DMESH 主要是为程序员设计的。其他用户应该使用 3D 命令。AutoCAD 用矩阵来定义多边形网格，其大小由 M 向和 N 向网格数决定。M、N 必须等于指定的顶点数目。

网格中每个顶点的位置由 M 和 N（即顶点的行、列坐标）定义。定义顶点首先从顶点 $(0, 0)$ 开始。在指定行 $M+1$ 上的顶点之前，必须先提供行 M 上的每个顶点的坐标位置。顶点之间可以是任意距离。网格的 M 和 N 方向由它的顶点位置决定。

3DMESH 多边形网格通常在 M 和 N 两个方向上都是开放的，可以用 PEDIT 命令闭合此网格。

（3）直纹网格

命令行：RULESURF
下拉菜单：[绘图]→[建模]→[网格]→[直纹网格]

可用 RULESURF 命令在两条曲线之间创建多边形网格，所创建的多边形网格称为直纹曲面网格。定义直纹曲面边的是两个不同的物体，可以是直线、点、圆弧、圆、椭圆、椭圆弧、二维多义线、三维多义线或样条曲线。作为直纹曲面网格"轨迹"的两个对象必须都开放或都闭合。点物体可以与开放或闭合物体成对使用。

【实例】 本例介绍如何创建直纹曲面。创建直纹曲面的步骤如下：

① 单击下拉菜单[绘图]→[建模]→[网 格]→[直纹网格]。
② 选择第一条定义曲线：（鼠标选择曲线 1）
③ 选择第二条定义曲线：（鼠标选择曲线 2）
④ 创建直纹曲面的过程如图 13.24 所示。

注意：

系统变量 SURFTAB1 和 SURFTAB2 分别控制 M 和 N 方向上的网格密度（镶嵌面的数目）。

可以在闭合曲线上指定任意两点来完成 RULESURF。对于开放曲线，AutoCAD 基于曲线上指定点的位置构造直纹曲面。如图 13.25 是指定不同的点的位置所创建的直纹曲面。

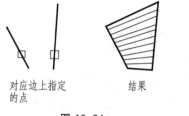

对应边上指定的点　　结果

图 13.24

对应边上指定的点　　结果

图 13.25

用户所选择的用于定义直纹曲面的边可以是点、直线、样条曲线、圆、圆弧或多段线。如果有一个边界是闭合的，那么另一个边界必须也是闭合的。可以将一个点作为开放或闭合曲线的另一个边界，但是只能有一个边界曲线是一个点。$(0, 0)$ 顶点是每条最靠近曲线选择点的曲线的终点。

对于闭合曲线,则不考虑选择的对象。如果曲线是一个圆,直纹曲面从 0 度象限点开始绘制,此象限点由当前 X 轴加上 SNAPANG 系统变量的当前值决定。对于闭合多义线,直纹曲面从最后一个顶点开始反向沿着多义线的线段绘制。在圆和闭合多义线之间创建直纹曲面将搞乱直纹;将一个闭合半圆多义线替换为圆,效果可能会好一些。直纹曲面的不同类型如图 13.26 所示。

图 13.26

直纹曲面以 $2 \times N$ 多边形网格的形式构造。RULESURF 将网格的一半顶点沿着一条定义好的曲线均匀放置,将另一半顶点沿着另一条曲线均匀放置。等分数目由 SURFTAB1 系统变量决定,对每一条曲线都是如此处理,因此如果两条曲线的长度不同,那么这两条曲线上的顶点间的距离也不同。

网格的 N 方向与边界曲线的方向相同。如果两个边界都是闭合的,或者一个边界是闭合的而另一个边界是一个点,那么得出的多边形网格在 N 方向上闭合,并且 N 等于 SURFTAB1。如果两个边界都是开放的,则 N 等于 SURFTAB1+1。因为曲线等分为 n 份,所以需要有 $n+1$ 条分界线。

(4) 平移网格

命令行:TABSURF

下拉菜单:[绘图]→[建模]→[网格]→[平移网格]

使用 TABSURF 命令可以创建一个多边形网格,此网格表示一个由路径曲线和方向矢量定义的平移曲面。其中,路径曲线可以是直线、圆弧、圆、椭圆、椭圆弧、二维多义线、三维多义线或样条曲线;方向矢量可以是直线或开放的二维或三维多义线。可以将 TABSURF 命令创建的网格看作指定路径上的一系列平行多边形。在使用该命令前,必须事先绘制好原物体和方向矢量,具体方法参见如下的实例。

【实例】 本例介绍如何创建平移曲面网格。创建平移曲面网格的步骤如下:

① 单击下拉菜单[绘图]→[建模]→[网格]→[直纹网格]。

② 选择用作轮廓曲线的对象:(鼠标选择多线段 1)

③ 选择用作方向矢量的对象:(鼠标选择直线 2)

创建平移曲面网格的过程如图 13.27 所示。

TABSURF 构造一个 $2 \times n$ 的多边形网格,此处 n 由 SURFTAB1 系统变量确定。网格的 M 方向一直为 2,并且沿着方向矢量的方向。N 方向沿着路径曲线的方向。如果路径曲线为直线、圆弧、圆、椭圆或样条拟合多义线,AutoCAD 将绘制以 SURFTAB1 设置的间距等分路径曲线的平移曲面。如果路径曲线是未经样条拟合的多义线,AutoCAD 将在线段的端点绘制柱面直纹,并且将每段圆

指定的对象

指定的方向矢量

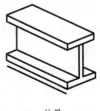
结果

图 13.27

弧以 SURFTAB1 设置的间距等分。

（5）旋转网格

命令行：REVSURF
下拉菜单：[绘图]→[建模]→[网格]→[旋转网格]

REVSURF 命令通过绕轴旋转物体的剖面图来创建旋转曲面。REVSURF 命令适用于对称旋转体曲面。

【实例】 本例介绍如何创建旋转曲面网格。创建旋转曲面网格的步骤如下。

① 单击下拉菜单[绘图]→[建模]→[网格]→[直纹网格]。

② 选择要旋转的对象：（鼠标选择曲线 1）

旋转对象规定了网格的 N 方向。它可以是直线、圆弧、圆、椭圆、椭圆弧、二维多义线、三维多义线或样条曲线。如果选择了圆、闭合的椭圆或闭合的多义线，则 AutoCAD 在 N 方向上闭合网格。

③ 选择定义旋转轴的对象：（鼠标选择直线 2）

旋转轴可以是直线，也可以是开放的二维或三维多义线。如果选择多义线，矢量设置从第一个顶点指向最后一个顶点的方向为旋转轴。AutoCAD 忽略中间的所有过渡顶点。旋转轴决定网格的 M 方向。

④ 指定起点角度<0>： Enter

⑤ 指定夹角（＋＝逆时针，－＝顺时针）<360>： Enter

如果指定的起始角不为零，AutoCAD 将在路径曲线偏移该角度的位置生成网格。包含角决定曲面沿旋转轴的延伸。

创建旋转曲面网格的过程如图 13.28 所示。

指定剖面 　　　 指定的转轴 　　　 结果

图 13.28

（6）边界网格

命令行：EDGESURF
下拉菜单：[绘图]→[建模]→[网格]→[边界网格]

EDGESURF 命令可用来创建边界（即孔斯曲面片）网格。边界网格是由 4 个称为边界的物体创建的。边界可以是圆弧、直线、多义线、样条曲线和椭圆弧，并且必须形成闭合环和公共端点。孔斯片是插在 4 个边界间的双三次曲面（一条 M 方向上的曲线和一条 N 方向上的曲线）。

【实例】 本例介绍如何创建边界定义曲面网格。创建边界定义曲面网格的步骤如下：

① 单击下拉菜单[绘图]→[建模]→[网格]→[边界网格]。

② 选择用作曲面边界的对象 1：（鼠标选择曲线 1）

③ 选择用作曲面边界的对象 2：（鼠标选择曲线 2）

④ 选择用作曲面边界的对象 3：（鼠标选择曲线 3）

⑤ 选择用作曲面边界的对象 4：（鼠标选择曲线 4）

创建边界网格的过程如图 13.29 所示。

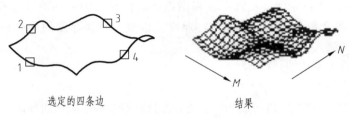

选定的四条边　　　　　　　　　结果

图 13.29

(7) 标高和厚度的设置

命令行：ELEV（标高），THICKNESS（厚度）

厚度和标高是 AutoCAD 模拟网格的一种方法。使用标高和厚度的优点在于：可以快速、简便地修改新建物体和现有物体。物体的标高是绘制物体的基准 XY 平面所对应的 Z 值。标高为 0 表示当前 UCS 的基准 XY 平面。正标高在当前 UCS 的基准 XY 平面之上，负标高在平面之下。

物体厚度是物体沿标高向上或向下拉伸的距离。正厚度表示向上（Z 正轴）拉伸，负厚度表示向下（Z 负轴）拉伸，0 厚度表示不拉伸。标高为 0 且厚度为 -1 单位的物体与标高为 -1 且厚度为 1 单位的物体在外观上是相同的。创建物体时 UCS 的方向决定了 Z 轴的方向。

厚度可改变某些几何物体（如圆、直线、多义线、圆弧、二维实体和点）的外观。可以用 THICKNESS 系统变量设置物体的厚度。AutoCAD 把物体均匀拉伸。单个物体上各个点的厚度必须一致。一旦设置了物体的厚度，在除平面视图以外的任何视图中都可以查看结果。

二维对象、标高、厚度的概念如图 13.30 所示。

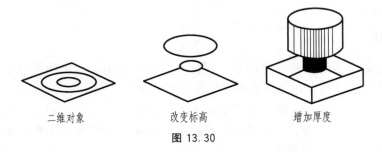

二维对象　　　　　　　改变标高　　　　　　　增加厚度

图 13.30

像其他任何网格一样，有厚度的物体也可以消隐、着色和渲染。

修改或设置标高和厚度时，要考虑以下几点：

① AutoCAD 中不考虑三维面、三维多义线、三维多边形网格、标注和视口物体厚度，也不能被拉伸。用 CHANGE 命令可修改这些物体的厚度，而不影响它们的外观。

② 创建新文本或属性定义物体时，不管当前的设置如何，AutoCAD 均将其厚度指定为 0。

③ 用 SKETCH 命令生成的线段，在选择"记录"选项之后将被拉伸。

④ 切换用户坐标系时，用 ELEV 命令建立的当前标高仍然有效，并用于定义当前用户坐标系的图形平面。

设置新物体的标高和厚度，在除平面视图以外的任何视图中都可以查看结果。

【实例 1】　本例介绍如何设置新物体的厚度。设置新物体厚度的步骤如下：

① 在命令行中输入 THICKNESS。

② 根据单位输入厚度值。

③ 绘制物体。

AutoCAD 以当前标高和厚度绘制物体。要修改这些设置或绘制其他物体，重复步骤①和②。

无论当前设置如何，用 ATTDEF 或 TEXT 创建的任何文本物体（普通文本或属性定义）的厚度都为零。但可以用 CHANGE、CHPROP、PROPERTIES 命令给这些物体设置非零厚度。

修改现有物体的标高和厚度，在除平面视图以外的任何视图中都可以查看结果。

【实例 2】　本例介绍如何修改物体的厚度。修改现有物体厚度的步骤如下：

① 单击下拉菜单［修改］→［特性］。

② 选择要修改的物体。

③ 在"特性"窗口中输入新的厚度。

④ 按 Enter 键退出命令。

注意：

选择要修改的物体，在绘图区域中单击鼠标右键，然后在快捷菜单中选择"特性"。系统变量 THICKNESS 控制当前厚度。CHANGE、CHPROP 和 PROPERTIES 命令改变现有物体的特性。沿 Z 方向移动现有物体即可改变它的标高。

13.3　三维实体的绘制

13.3.1　概述

实体模型是最容易使用的三维模型。在各类三维模型中，实体的信息最完整，歧义最少。再复杂的实体模型也要比线框和网格容易构造和编辑。

在 AutoCAD 2024 中有 3 种创建实体的方法，分别是：

① 根据基本体素（长方体、圆锥体、圆柱体、球体、圆环体和楔体）创建实体；

② 沿路径拉伸二维物体创建实体；

③ 绕轴旋塑二维物体创建实体。

创建实体之后，通过组合这些实体可以创建更为复杂的实体。可对这些实体进行合并，获得它们的差集或交集（重叠）部分。

通过圆角、倒角操作或修改边的颜色，可以对实体进行进一步完善。因为无须绘制新的几何图形，也无须对实体执行布尔操作，所以操作实体上的面较为容易。AutoCAD 也提供了将实体剖切为两部分的命令以及获得实体二维截面的命令。

与网格相同，在进行消隐、着色或渲染之前，实体显示为线框。可以分析实体的物理特性（体积、惯性矩、重心等），导出实体的数据以供数控机床使用或进行 FEM（有限元法）分析，或者将实体分解为网格和线框。

注意：

系统变量 ISOLINES 控制用于显示线框弯曲部分的素线数目，有效的取值范围为 0～2047。系统变量 FACETRES 调整着色物体和消隐物体的平滑程度。其有效值为 0.01～10.0。

13.3.2　长方体

命令行：BOX

下拉菜单：[绘图]→[建模]→[长方体]

工具栏：⬛

功能区：[常用]→[建模]→[长方体]

可以用 BOX 命令创建长方体实体。长方体的底面总与当前 UCS 的 XY 平面平行。一旦创建长方体，就不能拉伸或改变其尺寸。但是可以用 SOLIDEDIT 命令拉伸长方体的面。

【实例】　本例介绍如何创建长方体。创建长方体的步骤如下：

① 单击下拉菜单[绘图]→[建模]→[长方体]。

② 指定第一个角点或[中心(C)]：（鼠标选择合适位置：点 1）

③ 指定其他角点或[立方体(C)/长度(L)]：（鼠标选择底面第二个角点位置：点 2）

④ 指定高度或[两点(2P)]：（指定高度位置：点 3）　Enter

创建的长方体如图 13.31 所示。

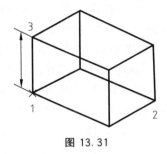

图 13.31

注意：

沿路径拉伸二维物体创建实体可以通过 RECTANG 或 PLINE 命令创建长方形或闭合多义线，再用 EXTRUDE 命令即可生成长方体。

13.3.3　圆锥体

命令行：CONE

下拉菜单：[绘图]→[建模]→[圆锥体]

工具栏：⚠

功能区：[常用]→[建模]→[圆锥体]

可以使用 CONE 命令创建圆锥实体。圆锥体是由圆或椭圆底面以及顶点所定义的。缺省情况下，圆锥体的底面位于当前 UCS 的 XY 平面。它的高可为正值或负值，且平行于 Z 轴。顶点决定了圆锥体的高和方向。

要创建截断的圆锥体或特定锥角的圆锥体，可绘制二维圆并使用 EXTRUDE 命令使圆沿 Z 轴按一定锥角形成锥形。要完成截断，可以用 SUBTRACT 命令从圆锥体的顶部截去一段。圆锥体是一种基本实体，它以圆或椭圆为底，垂直向上对称地变细直至一点。

注意：

沿路径拉伸二维物体创建实体可以通过使用 CIRCLE 命令创建圆，然后使用 EX-TRUDE 创建圆锥体。

13.3.4　圆柱体

> 命令行：CYLINDER
> 下拉菜单：[绘图]→[建模]→[圆柱体]
> 工具栏：▢
> 功能区：[常用]→[建模]→[圆柱体]

可以使用 CYLINDER 命令以圆或椭圆作底面创建圆柱实体。圆柱的底面位于当前 UCS 的 XY 平面。圆柱体是与拉伸圆或椭圆相似的一种基本实体，但它没有拉伸斜角。

如果想构造有特殊细节的圆柱，如沿轴向有凹槽的圆柱，可以先用 PLINE 创建圆柱的底面，然后用 EXTRUDE 定义沿 Z 轴拉伸的高度。

【实例】　本例介绍如何创建以椭圆为底面的圆柱体。创建圆柱体的步骤如下：

① 单击下拉菜单[绘图]→[建模]→[圆柱体]。

② 指定底面的中心点或[三点(3P)/两点(2P)/切点、切点、半径(T)/椭圆(E)]：（鼠标选取底面圆心）

③ 指定底面半径或[直径(D)]：50 Enter

④ 指定高度或[两点(2P)/轴端点(A)]：20 Enter

创建的圆柱体消隐后如图 13.32 所示。

图 13.32

注意：

沿路径拉伸二维物体创建实体可以通过使用 CIRCLE 命令创建圆，然后用 EXTRUDE 命令创建圆柱。

13.3.5　球体

> 命令行：SPHERE
> 下拉菜单：[绘图]→[建模]→[球体]
> 工具栏：◯
> 功能区：[常用]→[建模]→[球体]

SPHERE 命令根据中心点和半径或直径创建球体。球体的纬线平行于 XY 平面，中心轴与当前 UCS 的 Z 轴方向一致。

要创建上半球面或下半球面，先将球面和长方体组合起来，然后使用 SUBTRACT 命令。如果想创建球面上带附加细节的物体，先创建一个二维剖面图，然后用 REVOLVE 定义绕 Z 轴旋转的旋转角。

13.3.6　圆环体

命令行：TORUS

下拉菜单：[绘图]→[建模]→[圆环体]

工具栏：◉

功能区：[常用]→[建模]→[圆环体]

可以使用 TORUS 命令创建与轮胎内胎相似的环形体。圆环体与当前 UCS 的 XY 平面平行且被此平面平分。圆环体由两个半径定义：一个是圆管的半径；另一个是从圆环中心到圆管中心的距离。

在 AutoCAD 中，也可以创建自交圆环体。自交圆环体无中心孔，圆管半径大于圆环体半径。如果两个半径都是正值，且圆管半径大于圆环半径，效果就像一个两极凹陷的球体。如果圆环半径为负值，并且圆管半径绝对值大于圆环半径绝对值，则效果就像一个两极尖锐突出的球体。

【实例】　本例介绍如何创建圆环体。创建圆环体的步骤如下：

① 单击下拉菜单[绘图]→[建模]→[圆环体]。

② 指定底面的中心点或[三点(3P)/两点(2P)/切点、切点、半径(T)]：（鼠标选取球体中心）

③ 指定半径或[直径(D)]：20 Enter

④ 指定圆管半径或[两点(2P)/直径(D)]：5 Enter

创建的圆环体消隐后如图 13.33 所示。

圆环可能是自交的。如果管道半径比圆环半径的绝对值大，则自交的圆环没有中心孔。

要创建纺锤形实体，需设置圆环半径为负，管道半径为正，并且管道的半径要比圆环半径的绝对值大。例如，如果圆环的半径为−2.0，则管道的半径必须大于 2.0。纺锤形实体如图 13.34 所示。

图 13.33

图 13.34

13.3.7　楔体

命令行：WEDGE

下拉菜单：[绘图]→[建模]→[楔体]

工具栏：◢

功能区：[常用]→[建模]→[楔体]

可以使用 WEDGE 创建楔体。楔体的底面平行于当前 UCS 的 XY 平面，其斜面正对第一个角点。它的高可以是正数也可以是负数，并与 Z 轴平行。

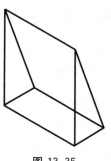

图 13.35

【实例】 本例介绍如何创建楔体。创建楔体的步骤如下：

① 单击下拉菜单[绘图]→[建模]→[楔体]。

② 指定第一个角点或[中心(C)]：（鼠标选取合适点）

③ 指定其他角点或[立方体(C)/长度(L)]：（鼠标选取底面第二个角点）

④ 指定高度或[两点(2P)]：30 Enter

创建的楔体如图 13.35 所示。

13.3.8　拉伸实体

命令行：EXTRUDE

下拉菜单：[绘图]→[建模]→[拉伸]

工具栏： 📦

功能区：[常用]→[建模]→[拉伸]

使用 EXTRUDE 命令，可以通过拉伸（增加厚度）所选物体创建实体。可拉伸闭合的物体，如多义线、多边形、矩形、圆、椭圆、闭合的样条曲线、圆环和面域。但不能拉伸三维物体、包含在块内的物体、有交叉或横断部分的多义线和非闭合的多义线。可以沿路径或指定的高度值和斜角拉伸物体。其中：

• 拉伸高度：如果输入正值，则在对象所在坐标系的 Z 轴正向拉伸物体；如果输入负值，则 AutoCAD 在 Z 轴负向拉伸物体。拉伸高度的含义如图 13.36（a）所示。

• 拉伸斜角：正角度表示从基准物体逐渐变细地拉伸，而负角度则表示从基准物体逐渐变粗地拉伸。缺省拉伸斜角 0 表示在与二维物体平面垂直的方向上拉伸。指定一个较大的斜角或较长的拉伸高度将导致拉伸物体或拉伸物体的一部分在到达拉伸高度之前就已经汇聚到一点。

当圆弧是锥状拉伸的一部分时，圆弧的张角保持不变而圆弧的半径改变了。在垂直拉伸时，每条圆弧都生成一个圆柱面。只要有可能，EXTRUDE 就使用斜角作为表面与 Z 轴的倾斜角。拉伸斜角的含义如图 13.36（b）所示。

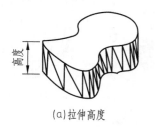
(a)拉伸高度

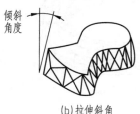
(b)拉伸斜角

图 13.36

• 拉伸路径：选择基于指定曲线的拉伸路径。所有指定物体的剖面都沿着选定路径拉伸以创建实体。直线、圆、圆弧、椭圆、椭圆弧、多段线和样条曲线可以作为路径。路径既不能与剖面在同一个平面，也不能具有高曲率的区域。

拉伸实体始于剖面所在的平面，终于在路径端点处与路径垂直的平面。路径的一个端点应该在剖面所在的平面上，否则，AutoCAD 将移动路径到剖面的中心。

如果路径是一条样条曲线，那么在路径的一个端点处该曲线应该与剖面所在的平面垂直。否则，AutoCAD 将旋转剖面以使其与样条曲线路径垂直。如果样条曲线的一个端点在剖面平面上，那么 AutoCAD 绕该点旋转剖面；否则，AutoCAD 移动样条曲线路径到剖面的中心，然后绕剖面中心旋转剖面。

如果路径包含不相切的线段，那么 AutoCAD 沿每段进行拉伸，然后在两段的分角平面处连接对象。如果路径是封闭的，剖面应该在连接平面上。这使得实体的开始部分和终结部分能够匹配。如果剖面不在连接平面上，则 AutoCAD 旋转它直到它在连接平面上。拉伸路径的含义如图 13.37 所示（右边为拉伸后的实体）。

图 13.38（a）、（b）所示分别为初始物体和拉伸后的物体。

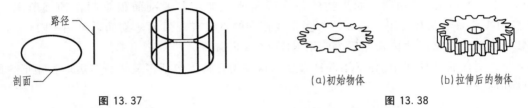

图 13.37   （a）初始物体   （b）拉伸后的物体

                                          图 13.38

使用 EXTRUDE 命令可从物体的公共剖面创建实体，如齿轮或链轮。对于包含圆角、倒角和其他不用剖面很难重新制作的细节图，EXTRUDE 尤其有用。如果用直线或圆弧创建剖面，可用 PEDIT 将它们转换为单个多义线物体，或将它们变为面域，然后再使用 EXTRUDE 命令。

【实例】 本例介绍如何沿路径拉伸生成实体。沿路径拉伸生成实体的步骤如下：

① 单击下拉菜单[绘图]→[建模]→[拉伸]。

② 选择要拉伸的对象或[模式（MO）]：（鼠标选择轮廓线 1） Enter

③ 指定拉伸的高度或[方向（D）/路径（P）/倾斜角（T）/表达式（E）]：P Enter

④ 选择拉伸路径或[倾斜角（T）]：（鼠标选择轮廓线 2）

沿路径拉伸物体的过程如图 13.39 所示。

图 13.39

注意：

拉伸以后，AutoCAD 可能会根据系统变量 DELOBJ 的设置删除或保留原物体。对于侧面成一定角度的零件（如铸造工程中制造金属产品的模具）来说，倾斜拉伸特别有用。应尽量避免使用非常大的斜角。如果角度过大，剖面可能在达到所指定高度以前就倾斜为一个点。如图 13.40 中的孔是通过表面上的圆拉伸而成（指沿一定斜角拉伸）。

13.3.9 旋转实体

命令行：REVOLVE

下拉菜单：[绘图]→[建模]→[旋转]

工具栏：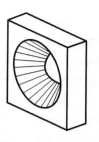

功能区：[常用]→[建模]→[旋转]

图 13.40   拉伸并
倾斜后的圆

使用 REVOLVE 命令，可以将一个闭合线段绕当前 UCS 的 X 轴或 Y 轴旋塑一定的角度生成实体。也可以绕直线、多义线或两个指定的点旋塑物体。与 EXTRUDE 相同，如果物体包含圆角或其他用普通剖面很难制作的细节图，则 REVOLVE 命令尤其有用。假如用与多义线相交的直线或圆弧创建剖面，可用 PEDIT 将它们转换为单个多义线物体，然后再使用 REVOLVE 命令。

可以对闭合物体使用 REVOLVE 命令，这些闭合物体包括多义线、多边形、矩形、圆、椭圆和面域。

注意：

不能对下列物体使用 REVOLVE 命令：三维物体、包含在块内的物体、具有交叉或横断部分的多义线和非闭合多义线。

【实例】   本例介绍通过旋转生成实体的过程。通过旋转生成实体的步骤如下：

① 单击下拉菜单[绘图]→[建模]→[旋转]。

② 选择要旋转的对象或[模式(MO)]：(鼠标选择轮廓线 1) `Enter`

③ 指定轴起点或根据以下选项之一定义轴[对象(O)/X Y Z]：P `Enter`

④ 指定轴端点：(鼠标选择轮廓线 2)

注意：

指定起点和终点的位置，使物体处于轴上指定点的一侧。正轴方向即从起点到终点的方向。

⑤ 指定旋转角度或[起点角度(ST)/反转(R)/表达式(EX)]：270 `Enter`

绘制过程及结果如图 13.41 所示。

13.3.10 复合实体

命令行：UNION(并集)；

SUBTRACT(差集)；

INTERSECT(交集)。

下拉菜单：[绘图]→[实体编辑]→[并集]/[差集]/[交集]

工具栏：

功能区：[常用]→[实体编辑]→[并集]/[差集]/[交集]

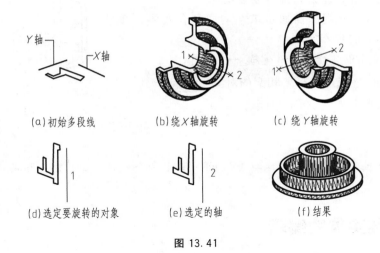

| (a)初始多段线 | (b)绕 X 轴旋转 | (c)绕 Y 轴旋转 |

| (d)选定要旋转的对象 | (e)选定的轴 | (f)结果 |

图 13.41

可以使用现有实体的并集、差集和交集创建复合实体。

UNION 命令可以合并两个或多个实体（或面域），构成一个复合实体。

【实例 1】　本例介绍如何通过求并构成复合实体。通过求并构成复合实体的步骤如下：

① 单击下拉菜单[绘图]→[建模]→[并集]。

② 选择对象：（鼠标选择要组合的对象）Enter

绘制过程及结果如图 13.42 所示。

要组合的对象　　　　结果

图 13.42

SUBTRACT 命令可删除两实体间的公共部分。例如，可用 SUBTRACT 命令在物体上减去一个圆柱，从而在机械零件上增加孔。

【实例 2】　本例介绍如何通过求差构成复合实体。通过求差构成复合实体的步骤如下：

① 单击下拉菜单 [绘图]→[建模]→[差集]。

② 选择对象：（鼠标选择被减的对象）Enter

③ 选择对象（选择要减去的实体、曲面和面域）：（鼠标选择要减去的对象）Enter

绘制过程及结果如图 13.43 所示。

选定被减的对象　　　　选定要减去的对象　　　　结果(为了清晰显示，将线进行消隐)

图 13.43

INTERSECT 命令可以用两个或多个重叠实体的公共部分创建复合实体。INTERSECT

命令删除非重叠部分，用公共部分创建实体。

【实例3】 本例介绍如何通过求交构成复合实体。通过求交构成复合实体的步骤如下：

① 单击下拉菜单［绘图］→［建模］→［交集］。

② 选择对象：（鼠标选择要相交的对象）Enter

绘制过程及结果如图 13.44 所示。

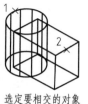

选定要相交的对象　　　结果

图 13.44

注意：

INTERFERE 命令执行的操作与 INTERSECT 命令一样，但前者保留两个原始物体。

13.4 三维实体的编辑

在 AutoCAD 中，可以对三维物体进行旋转、阵列、镜像、修剪、倒角和圆角等编辑操作。对三维物体或二维物体都可以使用 ARRAY、COPY、MIRROR、MOVE 和 ROTATE 命令。编辑三维物体时还可使用捕捉方式（"交点"或"外观交点"除外）来确保精确地绘图。

13.4.1 实体的旋转

命令行：3DROTATE
下拉菜单：［修改］→［三维操作］→［三维旋转］
工具栏：⊞
功能区：［常用］→［修改］→［三维旋转］

用 ROTATE 命令，可以绕指定点旋转二维物体。当前 UCS 决定了旋转的方向。用 ROTATE3D 则可以绕指定的轴旋转三维物体。可以根据两点指定轴方向，指定某物体为轴，指定 X 轴、Y 轴、Z 轴，也可以通过指定当前视图的 Z 方向来指定一根轴。要旋转三维物体，既可使用 ROTATE 命令，也可使用 ROTATE3D 命令。

注意：

使用 ROTATE 命令的效果是平面上的绕点旋转，而使用 3DROTATE 命令的效果是空间的绕轴旋转。

【实例】 本例介绍如何绕轴旋转三维物体。绕轴旋转三维物体的步骤如下：

① 单击下拉菜单［修改］→［三维操作］→［三维旋转］。

② 选择对象：（鼠标选择要旋转的对象 1）Enter

③ 指定基点：（鼠标选择旋转的中心点 2）

④ 拾取旋转轴：（鼠标选择直线 23 所对应的轴轨迹）

⑤ 指定角的起点或键入角度：150 Enter

绕轴旋转三维物体的过程如图 13.45 所示。

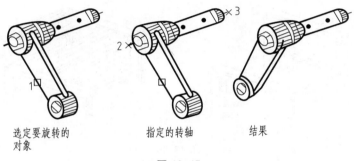

选定要旋转的　　　　　　指定的转轴　　　　　　结果
对象

图 13.45

注意：

对于旋转轴而言，从起点到终点的方向为正方向，并按右手定则旋转。

13.4.2　实体的阵列

命令行：3DARRAY

下拉菜单：[修改]→[三维操作]→[三维阵列]

工具栏：

使用 3DARRAY 命令，可以在三维空间创建物体的矩形阵列或环形阵列。除了指定列数（X 方向）和行数（Y 方向）以外，还要指定层数（Z 方向）。

【实例 1】　本例介绍如何创建物体的矩形阵列。创建物体的矩形阵列的步骤如下：

① 单击下拉菜单[修改]→[三维操作]→[三维阵列]。

② 选择对象：（鼠标选择要阵列的对象 1）Enter

③ 输入阵列类型[矩形(R)/环形(P)]：R Enter

④ 输入行数（---）：1 Enter

⑤ 输入列数（| | | |）：4 Enter

⑥ 输入层数（...）：2 Enter

⑦ 指定列间距（| | | |）：50 Enter

⑧ 指定层间距（...）：80 Enter

创建物体的矩形阵列的过程如图 13.46 所示。

【实例 2】　本例介绍如何创建物体的环形阵列。创建物体的环形阵列的步骤如下：

① 单击下拉菜单[修改]→[三维操作]→[三维阵列]。

② 选择对象：（鼠标选择要阵列的对象 1）Enter

③ 输入阵列类型[矩形(R)/环形(P)]：P Enter

④ 输入阵列中的项目数目：9

⑤ 指定要填充的角度（＋＝逆时针，－＝顺时针）＜360＞：Enter

选定要创建阵列的对象　　　　　　　　　　　　　结果

图 13.46

⑥ 旋转阵列对象？［是（Y）/否（N）］＜Y＞：$\boxed{\text{Enter}}$

⑦ 指定阵列的中心点：（鼠标选择点 2）

⑧ 指定旋转轴上的第二点：（鼠标选择点 3）

创建物体的环形阵列的过程如图 13.47 所示。

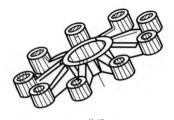

选定要创建阵列的对象　　　　　　　　　　　　　结果

图 13.47

13.4.3　实体的镜像

命令行：MIRROR3D
下拉菜单：［修改］→［三维操作］→［三维镜像］
功能区：［常用］→［修改］→［三维镜像］

用 MIRROR3D 命令可沿指定的镜像平面创建物体的镜像。镜像平面可以是下列平面：

- 平面物体所在的平面；
- 通过指定点且与当前 UCS 的 XY、YZ 或 XZ 平面平行的平面；
- 由选定三点定义的平面。

【实例】　本例介绍如何创建三维物体的镜像。创建三维物体镜像的步骤如下：

① 单击下拉菜单［修改］→［三维操作］→［三维镜像］。

② 选择对象：（鼠标选择要镜像的对象 1）$\boxed{\text{Enter}}$

③ ［对象（O）/最近的（L）/Z 轴（Z）/视图（V）/XY 平面（XY）/YZ 平面（YZ）/ZX 平面（ZX）/三点（3）］＜三点＞：$\boxed{\text{Enter}}$

④ 在镜像平面上指定第一点：（鼠标选择点 2）

⑤ 在镜像平面上指定第二点：（鼠标选择点 3）

⑥ 在镜像平面上指定第三点：（鼠标选择点 4）

⑦ 是否删除源对象？［是(Y)/否(N)］＜否＞：Enter

创建三维物体镜像的过程如图 13.48 所示。

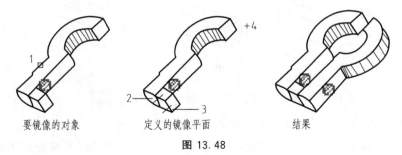

要镜像的对象　　　　　定义的镜像平面　　　　结果

图 13.48

13.4.4　实体的修剪和延伸

命令行：EXTEND(延伸),TRIM(修剪)

下拉菜单：［修改］→［延伸］,［修改］→［修剪］

功能区：［常用］→［修改］→［延伸］/［修剪］

工具栏：

在三维空间中，可以修剪物体或将物体延伸到其他物体，而不必考虑物体是否在同一个平面，或物体是否平行于剪切或边界的边。用系统变量 PROJMODE 和 EDGEMODE 可为修剪或延伸选择三种投影之一：

- 当前 UCS 的 XY 平面；
- 当前视图平面；
- 真实三维空间（不是投影）。

在真实三维空间修剪或延伸物体时，物体必须与三维空间的边界相交。在当前 UCS 的 XY 平面修剪或延伸物体时，如果两者不相交，修剪或延伸的物体可能无法精确地在三维空间的边界结束。下面的实例说明了如何使用三种投影选项进行物体的修剪和延伸。

【实例 1】　本例介绍如何在当前 UCS 的 XY 平面内延伸物体。延伸物体的步骤如下：

① 单击下拉菜单［修改］→［延伸］。

② 选择对象或＜全部选择＞：(鼠标选择延伸的边界 1) Enter

③ ［栏选(F)/窗交(C)/投影(P)/边(E)/放弃(U)］：E Enter

④ 输入隐含边延伸模式［延伸(E)/不延伸(N)］：E Enter

⑤ ［栏选(F)/窗交(C)/投影(P)/边(E)/放弃(U)］：P Enter

⑥ 输入投影选项［无(N)/UCS(U)/视图(V)］：U Enter

⑦ ［栏选(F)/窗交(C)/投影(P)/边(E)/放弃(U)］：(鼠标选择直线 2)

在当前 UCS 的 XY 平面内延伸物体的过程如图 13.49 所示。

【实例 2】　本例介绍如何在当前视图平面内修剪物体。修剪物体的步骤如下：

① 单击下拉菜单［修改］→［修剪］。

② 选择对象或＜全部选择＞：(鼠标选择剪切边 1) Enter

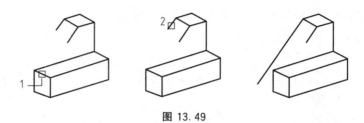

图 13.49

③［栏选(F)/窗交(C)/投影(P)/边(E)/放弃(U)］：P Enter

④ 输入投影选项［无(N)/UCS(U)/视图(V)］：V Enter

⑤［栏选(F)/窗交(C)/投影(P)/边(E)/放弃(U)］：（鼠标选择要修剪的边界 2）

在当前视图平面内修剪物体的过程如图 13.50 所示。

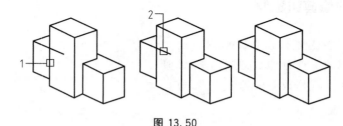

图 13.50

【实例 3】　本例介绍如何在真实三维空间修剪物体。修剪物体的步骤如下：

① 单击下拉菜单［修改］→［修剪］。

② 选择对象或＜全部选择＞：（鼠标选择剪切边 1、2）Enter

③［栏选(F)/窗交(C)/投影(P)/边(E)/放弃(U)］：P Enter

④ 输入投影选项［无(N)/UCS(U)/视图(V)］：N Enter

⑤［栏选（F）/窗交（C）/投影（P）/边(E)/放弃(U)］：（鼠标选择要修剪的边界）

在真实三维空间修剪物体的过程如图 13.51 所示。

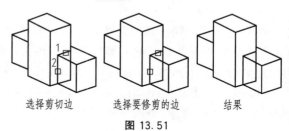

选择剪切边　　选择要修剪的边　　结果

图 13.51

13.5　三维实体的修改

在 AutoCAD 中创建实体模型后，可以：

- 进行圆角、倒角、切割、剖切和分割操作来修改模型的外观；
- 编辑实体模型的面和边；
- 轻松地删除使用 FILLET 或 CHAMFER 创建的光顺效果；
- 将实体的面或边作为体、面域、直线、圆弧、圆、椭圆或样条曲线物体来改变颜色或进行复制；
- 压印现有实体上的几何图形，以创建新的面或合并多余的面；
- 偏移实体的其他面来修改某些面的特性，如将孔的半径修改得大些或小些；

- 分割并能够分解复合实体，创建 3DSOLID 物体；
- 抽壳来创建指定厚度的薄壁。

13.5.1　实体的倒角

命令行：CHAMFER
下拉菜单：[修改]→[倒角]
工具栏：
功能区：[常用]→[修改]→[倒角]

CHAMFER 命令给实体的相邻面加倒角。如果需倒角的两个实体在同一图层，Auto-CAD 将在这个图层创建倒角；否则，AutoCAD 在当前图层创建倒角线。倒角的颜色、线型和线宽也是如此。

【实例】　本例介绍如何为实体倒角。为实体倒角的步骤如下：

① 单击下拉菜单[修改]→[倒角]。

② 选择第一条直线或[放弃(U)/多线段(P)/距离(D)/角度(A)/修剪(T)/方式(E)/多个(M)]：（鼠标选择基面上的一条边 1) Enter

此时，AutoCAD 把选定的边的两相邻曲面之一变虚（即高亮度显示）。

③ 输入曲面选择选项[下一个(N)/当前(OK)]<当前 (OK)>：Enter

要选择另一个曲面，则输入 n（下一个）；或按 Enter 键使用当前曲面。

④ 选择基面倒角距离或[表达式(E)]：5 Enter

基面倒角距离是指从所选择的边到基面上的距离。

⑤ 指定其他曲面倒角距离或[表达式(E)]：5 Enter

其他曲面倒角距离是指从所选择的边到相邻曲面上的距离。

⑥ 选择边或[环(L)]：（鼠标选择倒角边 2）Enter

选定的基曲面　　选定要倒角的边　　结果

图 13.52

"环"表示选择基面的所有边，"选择边"表示选择单独的边。

为实体倒角的过程如图 13.52 所示。

13.5.2　实体的圆角

命令行：FILLET
下拉菜单：[修改]→[圆角]
工具栏：
功能区：[常用]→[修改]→[圆角]

使用 FILLET 命令，可以为所选择的物体抛圆或圆角。缺省方法是指定圆角半径并选择要进行圆角的边。其他方法是为每个要进行圆角的边单独指定参数并为一系列相切的边圆角。

【实例】 本例介绍如何为实体圆角。为实体圆角的步骤如下：

① 单击下拉菜单[修改]→[圆角]。

② 选择第一条直线或[放弃（U）/多线段（P）/距离（D）/角度（A）/修剪（T）/方式（E）/多个（M）]：（鼠标选择基面上的一条边 1） Enter

③ 输入圆角半径或[表达式（E）]：10 Enter

④ 选择边或[链（C）/环（L）/半径（R）]： Enter

为实体圆角的过程如图 13.53 所示。

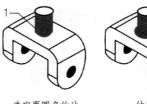

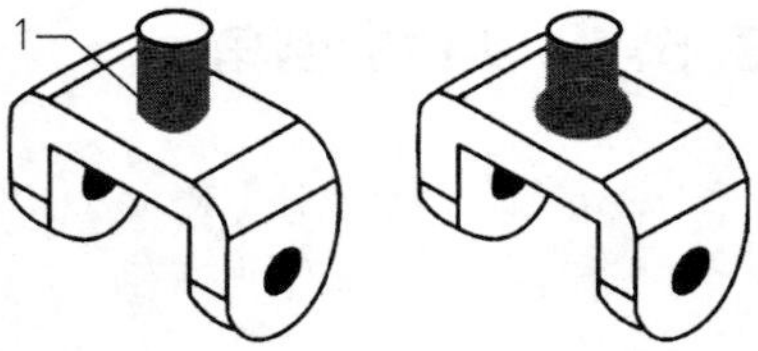

选定要圆角的边　　　结果

图 13.53

13.5.3 实体的切割

> 命令行：SECTIONPLAN
>
> 下拉菜单：[绘图]→[建模]→[截面平面]
>
> 功能区：[常用]→[截面]→[截面平面]

使用 SECTIONPLAN 命令，可创建如面域或无名块等实体的相交截面。缺省方法是指定三个点来定义一个面作为相交截面。也可以通过其他物体、当前视图、Z 轴，或 XY、YZ 和 ZX 平面来定义相交截面。AutoCAD 在当前图层上放置相交截面。

【实例】 本例介绍如何创建实体的相交截面，步骤如下：

① 单击下拉菜单[绘图]→[建模]→[截面平面]。

② 选择面或任意点以定位截面线或[绘制截面（D）/正交（O）/类型（T）]：D Enter

③ 指定起点：（鼠标选择实体上的一个点 1）

④ 指定下一点：（鼠标选择实体上的另一个点 2）

⑤ 指定下一点或按 ENTER 键完成： Enter

⑥ 按截面视图的方向指定点：（鼠标选择截面一边的点）

创建实体的相交截面的过程如图 13.54 所示。

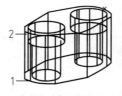

选定的对象和指定的三个点

定义的相交截面的剪切平面

为了清晰显示，将相交截面隔离并填充

图 13.54

注意：

如果要对相交截面的剪切平面进行填充，必须先将相交截面的剪切平面与 UCS 对齐。

13.5.4 实体的剖切

> 命令行：SLICE
>
> 下拉菜单：[修改]→[三维操作]→[剖切]
>
> 功能区：[常用]→[实体编辑]→[剖切]

使用 SLICE 命令可以切开现有实体，然后移除指定部分从而生成新的实体，也可以保留剖切实体的一半或全部。剖切实体保留原实体的图层和颜色特性。剖切实体的缺省方法是：先指定三点以定义剪切平面，然后指定要保留的部分。也可以通过别的物体、当前视图、Z 轴，或 XY、YZ 和 ZX 平面定义剪切平面。

【实例】 本例介绍如何剖切实体。剖切实体的步骤如下：

① 单击下拉菜单[修改]→[三维操作]→[剖切]。

② 选择要剖切的对象：（鼠标选择剖切实体）

③ 指定切面的起点或[平面对象（O）/曲面（S）/Z 轴（Z）/视图（V）/xy（XY）/yz（YZ）/zx（ZX）/三点（3）]＜三点＞：Enter

④ 指定平面上的第一点：（鼠标选择实体上的点 1）

⑤ 指定平面上的第二点：（鼠标选择实体上的点 2）

⑥ 指定平面上的第三点：（鼠标选择实体上的点 3）

⑦ 在所需的侧面上指定点或[保留两个侧面（B）]＜保留两个侧面＞：（鼠标选择截面一边的点）Enter

剖切实体的过程如图 13.55 所示。

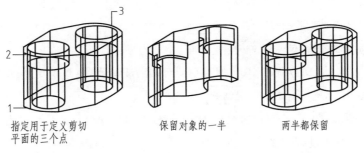

指定用于定义剪切　　　　保留对象的一半　　　　两半都保留
平面的三个点

图 13.55

13.5.5 编辑实体的面

命令行：SOLIDEDIT

通过拉伸、移动、旋转、偏移、倾斜、删除或复制实体来进行编辑，或者改变面的颜色。

可以选择三维实体上单独的面，或者使用以下 AutoCAD 中选取实体方法的一个：

① 边界集的选取方法。

② 交叉多边形的选取方法。

③ 交叉窗口的选取方法。

④ 栏选的选取方法。

边界集是由闭合边界定义的面的集合，它是由直线、圆、圆弧、椭圆弧和样条曲线组成的。当在实体上定义边界集时，首先选择实体上的一个内部点，亮显该面。如果再次选择面上的同一点，AutoCAD 将亮显相邻的面。也可以用鼠标或通过交叉窗口、不规则的多边形或栏选方式（选择它通过的面或边）选择单独的面或边。

(1) 拉伸面

下拉菜单:[修改]→[实体编辑]→[拉伸面]

工具栏:

功能区:[常用]→[实体编辑]→[拉伸面]

可以沿一条路径拉伸平面，也可指定一个高度值和倾斜角来拉伸平面。每个面都有一个正边，该边在面（正在处理的面）的法向上。输入一个正值则可沿正方向拉伸面（通常是向外），输入一个负值则可沿负方向拉伸面（通常是向内）。

将选定的面倾斜负角度则可向内倾斜面，将选定的面倾斜正角度则可向外倾斜面。缺省角度为 0，可垂直于平面拉伸面。如果指定了过大的倾斜角度或拉伸高度，则面到达指定的拉伸高度之前可能先倾斜成为一点，AutoCAD 会拒绝这种拉伸。面沿着一个基于路径曲线（直线、圆、圆弧、椭圆、椭圆弧、多段线或样条曲线）的路径拉伸。

【**实例 1**】 本例介绍如何拉伸实体上的面。拉伸实体上的面的步骤如下：

① 单击下拉菜单[修改]→[实体编辑]→[拉伸面]。

② 选择面或[放弃(U)/删除(R)]：（鼠标选择实体上的一个面 1） Enter

③ 选择面或[放弃(U)/删除(R)/全部(ALL)]： Enter

④ 指定拉伸高度或[路径(P)]：40 Enter

⑤ 指定拉伸的倾斜角度：40 Enter

⑥ [拉伸(E)/移动(M)/旋转(R)/偏移(O)/倾斜(T)/删除(D)/复制(C)/颜色(L)/材质(A)/放弃(U)/退出(X)]<退出>： Enter

⑦ 输入实体编辑选项[面(F)/边(E)/体(B)/放弃(U)/退出(X)]<退出>： Enter

拉伸实体上的面的过程如图 13.56 所示。

可以沿指定的直线或曲线拉伸实体的面。选定面上的所有剖面都沿着选定的路径拉伸。可以选择直线、圆、圆弧、椭圆、椭圆弧、多段线或样条曲线作为路径。路径不能和选定的面位于同一平面，也不能具有大曲率的区域。

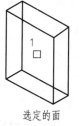

选定的面

拉伸后的面

图 13.56

【**实例 2**】 本例介绍如何沿实体上的路径拉伸面。沿实体上的路径拉伸面的步骤如下：

① 单击下拉菜单[修改]→[实体编辑]→[拉伸面]。

② 选择面或[放弃(U)/删除(R)]：（鼠标选择实体上的一个面 1）

③ 选择面或[放弃(U)/删除(R)/全部(ALL)]： Enter

④ 指定拉伸高度或[路径(P)]：P Enter

⑤ 选择拉伸路径：（鼠标选择路径直线 2）

⑥ [拉伸(E)/移动(M)/旋转(R)/偏移(O)/倾斜(T)/删除(D)/复制(C)/颜色(L)/材质(A)/放弃(U)/退出(X)]<退出>： Enter

⑦ 输入实体编辑选项[面(F)/边(E)/体(B)/放弃(U)/退出(X)]<退出>： Enter

沿实体上的路径拉伸面的过程如图 13.57 所示。

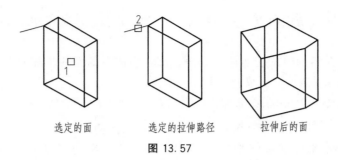

选定的面　　　　选定的拉伸路径　　　　拉伸后的面

图 13.57

(2) 移 动 面

下拉菜单:[修改]→[实体编辑]→[移动面]

工具栏:⊞

功能区:[常用]→[实体编辑]→[移动面]

可通过移动面来编辑三维实体。AutoCAD 只移动选定的面而不改变其方向。使用 AutoCAD 2024，可以非常方便地移动三维实体上的孔。可以使用"捕捉"模式、坐标和物体捕捉来精确地移动选定的面。

【实例】　本例介绍如何移动实体上的面。移动实体上的面的步骤如下:

① 单击下拉菜单[修改]→[实体编辑]→[移动面]。

② 选择面或[放弃(U)/删除(R)]:(鼠标选择实体上的一个面 1)

③ 选择面或[放弃(U)/删除(R)/全部(ALL)]: Enter

④ 指定基点或位移:(鼠标选择基点 2)

⑤ 指定位移的第二点:(鼠标选择第二点 3)

⑥ [拉伸(E)/移动(M)/旋转(R)/偏移(O)/倾斜(T)/删除(D)/复制(C)/颜色(L)/材质(A)/放弃(U)/退出(X)]<退出>: Enter

⑦ 输入实体编辑选项[面(F)/边(E)/体(B)/放弃(U)/退出(X)]<退出>: Enter

移动实体上的面的过程如图 13.58 所示。

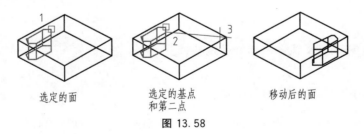

选定的面　　　　选定的基点　　　　移动后的面
　　　　　　　　和第二点

图 13.58

(3) 旋 转 面

下拉菜单:[修改]→[实体编辑]→[旋转面]

工具栏:↺

功能区:[常用]→[实体编辑]→[旋转面]

通过选择一个基点和相对(或绝对)旋转角度,可以旋转选定实体上的面或特征集合,如孔。所有三维面都可绕指定的轴旋转。当前的 UCS 和系统变量 ANGDIR 的设置决定了旋转的方向。可以通过指定两点，一个物体，X 轴、Y 轴、Z 轴或相对于当前视图视线的 Z 方向来确定旋转轴。

【实例】 本例介绍如何旋转实体上的面。旋转实体上的面的步骤如下：

① 单击下拉菜单[修改]→[实体编辑]→[旋转面]。

② 选择面或[放弃(U)/删除(R)]：（鼠标选择实体上的一个面 1）

③ 选择面或[放弃(U)/删除(R)/全部(ALL)]：Enter

④ 指定轴点或[经过对象的轴(A)/视图(V)/x 轴(X)/y 轴(Y)/z 轴(Z)]<两点>：Z Enter

⑤ 指定旋转原点<0，0，0>：（鼠标选择旋转点 2）

⑥ 指定旋转的角度或[参照(R)]：35 Enter

⑦ [拉伸(E)/移动(M)/旋转(R)/偏移(O)/倾斜(T)/删除(D)/复制(C)/颜色(L)/材质(A)/放弃(U)/退出(X)]<退出>：Enter

⑧ 输入实体编辑选项[面(F)/边(E)/体(B)/放弃(U)/退出(X)]<退出>：Enter

旋转实体上的面的过程如图 13.59 所示。

选定的面   选定的旋转角   绕 Z 轴旋转 35° 后的面

图 13.59

注意：
SOLIDEDIT 命令执行与 ROTATE3D 命令相似的操作。

（4）偏移面

下拉菜单：[修改]→[实体编辑]→[偏移面]

工具栏：▱

功能区：[常用]→[实体编辑]→[偏移面]

在一个三维实体上，可以按指定的距离均匀地偏移面。通过将现有的面从原始位置向内或向外偏移指定的距离，可以创建新的面（在面的法向偏移，或者向曲面或面的正侧偏移）。例如，可以偏移实体上较大的或较小的孔。指定正值将增大实体的尺寸或体积，指定负值将减小实体的尺寸或体积。也可以用一个通过的点来指定偏移距离。

【实例】 本例介绍如何偏移实体上的面。偏移实体上的面的步骤如下：

① 单击下拉菜单[修改]→[实体编辑]→[偏移面]。

② 选择面或[放弃(U)/删除(R)]：（鼠标选择实体上的一个面 1）

③ 选择面或[放弃(U)/删除(R)/全部(ALL)]：Enter

④ 指定偏移距离：10 `Enter`

⑤ [拉伸(E)/移动(M)/旋转(R)/偏移(O)/倾斜(T)/删除(D)/复制(C)/颜色(L)/材质(A)/放弃(U)/退出(X)]＜退出＞：`Enter`

⑥ 输入实体编辑选项[面(F)/边(E)/体(B)/放弃(U)/退出(X)]＜退出＞：`Enter`

偏移实体上的面的过程如图 13.60 所示。

选定的面　　　　　　　面的偏移量1　　　　　　面的偏移量－1

图 13.60

注意：

实体的体积较大时，实体内的孔的偏移较小。

----

(5) 倾斜面

下拉菜单：[修改]→[实体编辑]→[倾斜面]

工具栏：

功能区：[常用]→[实体编辑]→[倾斜面]

可以沿矢量方向以绘图角度倾斜面。以正角度倾斜选定的面，将向内倾斜面；以负角度倾斜选定的面，将向外倾斜面。要避免使用很大的角度。如果该角度过大，剖面在到达指定的高度前可能就已经倾斜成一点，AutoCAD 将拒绝这种倾斜。

【实例】 本例介绍如何倾斜物体上的面。倾斜物体上的面的步骤如下：

① 单击下拉菜单[修改]→[实体编辑]→[倾斜面]。

② 选择面或[放弃(U)/删除(R)]：（鼠标选择实体上的一个面 1）

③ 选择面或[放弃(U)/删除(R)/全部(ALL)]：`Enter`

④ 指定基点：（鼠标选择实体上的点 2）

⑤ 指定沿倾斜轴的另一个点：（鼠标选择实体上的点 3）

⑥ 指定倾斜角度：10 `Enter`

⑦ [拉伸(E)/移动(M)/旋转(R)/偏移(O)/倾斜(T)/删除(D)/复制(C)/颜色(L)/材质(A)/放弃(U)/退出(X)]＜退出＞：`Enter`

⑧ 输入实体编辑选项[面(F)/边(E)/体(B)/放弃(U)/退出(X)]＜退出＞：`Enter`

选定的面　　　　　选定的基点和　　　　倾斜10度后
　　　　　　　　　第二点　　　　　　　的面

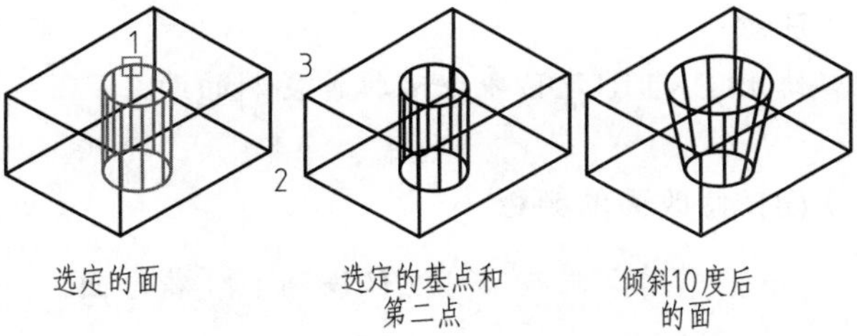

图 13.61

倾斜物体上的面的过程如图 13.61 所示。

(6) 删除面

下拉菜单:[修改]→[实体编辑]→[删除面]	
工具栏:	
功能区:[常用]→[实体编辑]→[删除面]	

可以从三维实体上删除面和圆角。例如，用 SOLIDEDIT 从三维实体上删除钻孔或圆角。

(7) 复制面

下拉菜单:[修改]→[实体编辑]→[复制面]	
工具栏:	
功能区:[常用]→[实体编辑]→[复制面]	

可以复制三维实体上的面，AutoCAD 将选定的面复制为面域或体。如果指定了两个点，AutoCAD 将第一点用作基点，并相对于基点放置一个副本。如果只指定一个点，然后按 Enter 键，AutoCAD 将使用原始选择点作为基点，下一次指定的点作为位移点。

【实例】 本例介绍如何复制实体上的面。复制实体上的面的步骤如下：

① 单击下拉菜单[修改]→[实体编辑]→[复制面]。

② 选择面或[放弃(U)/删除(R)]：（鼠标选择实体上的一个面 1）

③ 选择面或[放弃(U)/删除(R) /全部(ALL)]：Enter

④ 指定基点或位移：（鼠标选择实体上的点 2）

⑤ 指定位移的第二点：（鼠标选择实体上的点 3）

⑥ [拉伸（E）/移动（M）/旋转（R）/偏移（O）/倾斜（T）/删除（D）/复制（C）/颜色（L）/材质（A）/放弃（U）/退出（X）]<退出>：Enter

⑦ 输入实体编辑选项[面（F）/边（E）/体（B）/放弃（U）/退出（X）]<退出>：Enter

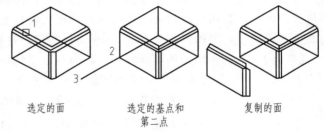

选定的面　　　选定的基点和　　　复制的面
　　　　　　　　第二点

图 13.62

复制实体上的面的过程如图 13.62 所示。

注意：

使用 EXTRUDE 命令可拉伸复制的面。

---

(8) 修改面的颜色

下拉菜单:[修改]→[实体编辑]→[着色面]	
工具栏:	
功能区:[常用]→[实体编辑]→[着色面]	

可以修改三维实体上的面的颜色，修改时可以从 7 种标准颜色中选择，也可以从"选择

颜色"对话框中选择。指定颜色时，可以输入颜色名或一个 AutoCAD 颜色索引（ACI）编号，即从 1 到 255 的整数。设置面的颜色将替代该实体所在图层的颜色设置。

【实例】　本例介绍如何修改实体面的颜色。修改实体面的颜色的步骤如下：

① 单击下拉菜单[修改]→[实体编辑]→[着色面]。

② 选择面或[放弃(U)/删除(R)]：（鼠标选择实体上的一条边）

③ 选择面或[放弃(U)/删除(R)/全部(ALL)]：Enter

④ 在"选择颜色"对话框中选择一个颜色，然后选择"OK"。

⑤ [拉伸(E)/移动(M)/旋转(R)/偏移(O)/倾斜(T)/删除(D)/复制(C)/颜色(L)/材质(A)/放弃(U)/退出(X)]<退出>：Enter

⑥ 输入实体编辑选项[面(F)/边(E)/体(B)/放弃(U)/退出(X)]<退出>：Enter

13.5.6　编辑实体的边

命令：SOLIDEDIT

在 AutoCAD 中，可以改变边的颜色或复制三维实体的各个边，可从"选择颜色"对话框中选取颜色。所有三维实体的边都可复制为直线、圆弧、圆、椭圆或样条曲线物体。

(1) 修改边的颜色

下拉菜单：[修改]→[实体编辑]→[着色边]

工具栏：

功能区：[常用]→[实体编辑]→[着色边]

可以为三维实体的独立边指定颜色，既可以从 7 种标准颜色中选择，也可以从"选择颜色"对话框中选择。指定颜色时，可以输入颜色名或一个 AutoCAD 颜色索引（ACI）编号，即从 1 到 255 的整数。设置边的颜色将替代实体所在图层的颜色设置。

【实例】　本例介绍如何修改实体边的颜色。修改实体边的颜色的步骤如下：

① 单击下拉菜单[修改]→[实体编辑]→[着色边]。

② 选择边或[放弃(U)/删除(R)]：（鼠标选择实体上的一条边）

③ 选择边或[放弃(U)/删除(R)]：Enter

④ 在"选择颜色"对话框中选择一个颜色，然后选择"OK"。

⑤ 输入边编辑选项[复制(C)/着色(L)/放弃(U)/退出(X)]<退出>：Enter

⑥ 输入实体编辑选项[面(F)/边(E)/体(B)/放弃(U)/退出(X)]<退出>：Enter

(2) 复制边

下拉菜单：[修改]→[实体编辑]→[复制边]

工具栏：

功能区：[常用]→[实体编辑]→[复制边]

可以复制三维实体的各个边。所有的边都复制为直线、圆弧、圆、椭圆或样条曲线物体。如果指定两个点，AutoCAD 使用第一个点作为基点，并相对于基点放置一个副本。如果只指定一个点，然后按 Enter 键，AutoCAD 将使用原始选择点作为基点，下一次选取的点作为位移点。

【实例】 本例介绍如何复制实体的边。复制实体边的步骤如下：

① 单击下拉菜单[修改]→[实体编辑]→[复制边]。

② 选择边或[放弃(U)/删除(R)]：（鼠标选择实体上的一条边 1）

③ 选择边或[放弃(U)/删除(R)]：Enter

④ 指定基点或位移：（鼠标选择点 2）

⑤ 指定位移的第二点：（鼠标选择点 3）

⑥ 输入边编辑选项[复制(C)/着色(L)/放弃(U)/退出(X)]<退出>：Enter

复制实体的边的过程如图 13.63 所示。

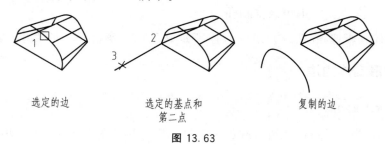

选定的边   选定的基点和   复制的边
            第二点

图 13.63

13.5.7　压印实体

下拉菜单：[修改]→[实体编辑]→[压印边]	
工具栏：`回`	
功能区：[常用]→[实体编辑]→[压印边]	

通过压印圆弧、圆、直线、二维和三维多义线、椭圆、样条曲线、面域、体和三维实体来创建新的面或三维实体。例如，如果圆与三维实体相交，则可以压印实体上的相交曲线。可以删除原始压印物体，也可保留下来以供将来编辑使用。压印物体必须与选定实体上的面相交，这样才能压印成功。

【实例】 本例介绍如何压印三维实体。压印三维实体的步骤如下：

① 单击下拉菜单[修改]→[实体编辑]→[复制边]。

② 选择三维实体或曲面：（鼠标选择实体 1）

③ 选择要压印的对象：（鼠标选择压印对象 2）

④ 是否删除源对象[是(Y)/否(N)]<N>：Y Enter

⑤ 选择要压印的对象：Enter

压印三维实体的过程如图 13.64 所示。

选定的实体   选定的对象   实体上压印出的
                           对象

图 13.64

13.5.8　分割实体

> 下拉菜单:［修改］→［实体编辑］→［分割］
>
> 工具栏:◫◨
>
> 功能区:［常用］→［实体编辑］→［分割］

可以将组合实体分割成零件。组合三维实体不能共享公共的面积或体积。在将三维实体分割后，独立的实体保留其图层和原始颜色。所有嵌套的三维实体都将分割成最简单的结构。

【实例】　本例介绍如何将复合实体分割为单独实体。将复合实体分割为单独实体的步骤如下:

① 单击下拉菜单［修改］→［实体编辑］→［分割］。

② 选择三维实体:（鼠标选择实体）

③ ［压印(I)/分割实体(P)/抽壳(S)/清除(L)/检查(C)/放弃(U)/退出(X)］<退出>:Enter

④ 输入实体编辑选项［面(F)/边(E)/体(B)/放弃(U)/退出(X)］<退出>:Enter

13.5.9　抽壳实体

> 下拉菜单:［修改］→［实体编辑］→［抽壳］
>
> 工具栏:▣
>
> 功能区:［常用］→［实体编辑］→［抽壳］

可以从三维实体中以指定的厚度创建壳体或中空的墙体。AutoCAD 通过将现有的面向原位置的内部或外部偏移来创建新的面。偏移时，AutoCAD 将连续相切的面看作单一的面。下例是在圆柱体中创建抽壳。

【实例】　本例介绍如何创建三维实体抽壳。创建三维实体抽壳的步骤如下:

① 单击下拉菜单［修改］→［实体编辑］→［抽壳］。

② 选择三维实体:（鼠标选择实体）

③ 删除面或［放弃(U)/添加(A)/全部(ALL)］:（鼠标选择不抽壳的面 1）

④ 输入抽壳偏移距离:10 Enter

⑤ ［压印(I)/分割实体(P)/抽壳(S)/清除(L)/检查(C)/放弃(U)/退出(X)］<退出>:Enter

⑥ 输入实体编辑选项［面(F)/边(E)/体(B)/放弃(U)/退出(X)］<退出>:Enter

创建三维实体抽壳的过程如图 13.65 所示。

选定的面　　抽壳的偏移量5　　抽壳的偏移量-5

图 13.65

13.5.10　清除实体

> 下拉菜单:［修改］→［实体编辑］→［清除］
>
> 工具栏:▱
>
> 功能区:［常用］→［实体编辑］→［清除］

　　如果边的两侧或顶点共享相同的曲面或顶点，那么可以删除这些边或顶点。AutoCAD 2024将检查实体的体、面或边，并且合并共享相同曲面的相邻面。三维实体所有多余的、压印的以及未使用的边都将被删除。

　　【实例】　本例介绍如何清除三维实体。清除三维实体步骤如下：

　　① 单击下拉菜单[修改]→[实体编辑]→[清除]。

　　② 选择三维实体：（鼠标选择实体1）

　　③ [压印（I）/分割实体（P）/抽壳（S）/清除（L）/检查（C）/放弃（U）/退出（X）]<退出>：Enter

　　④ 输入实体编辑选项[面（F）/边（E）/体（B）/放弃（U）/退出（X）]<退出>：Enter

　　清除三维实体的过程如图13.66所示。

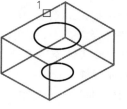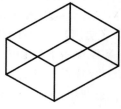

选定的实体　　　　　清洗后的实体

图 13.66

13.5.11　检查实体

| 下拉菜单：[修改]→[实体编辑]→[检查] |
| 工具栏： |
| 功能区：[常用]→[实体编辑]→[检查] |

　　可以检查实体，看它是否是有效的三维实体。对于有效的三维实体，对其进行修改不会导致ACIS失败错误信息。如果三维实体无效，则不能编辑物体。

　　【实例】　本例介绍如何检查三维实体。检查三维实体的步骤如下：

　　① 单击下拉菜单[修改]→[实体编辑]→[检查]。

　　② 选择三维实体：（鼠标选择实体）

　　③ [压印（I）/分割实体（P）/抽壳（S）/清除（L）/检查（C）/放弃（U）/退出（X）]<退出>：Enter

　　④ 输入实体编辑选项[面（F）/边（E）/体（B）/放弃（U）/退出（X）]<退出>：Enter

- -

注意：

　　当执行完校验三维实体的步骤后，AutoCAD显示一个信息说明该实体是一个有效的ACIS实体。

- -

13.6　三维实体的观察

　　在AutoCAD的模型空间里，可以用3DORBIT、DVIEW或VPOINT命令从不同的位置查看图形。既可在所选视窗中增加新图形、编辑现有图形、消去隐藏线、着色视图或渲染视图，也可以定义平行投影或透视视图。如果在图纸空间绘图，就不能用3DORBIT、DVIEW或VPOINT命令定义图纸空间视图。图纸空间中的视图永远是平面视图。模型空间和图纸空间的概念见AutoCAD 2024的多视窗相关概念，因篇幅所限，这里略去不讲。

13.6.1　动态观察器

> 命令行:3DORBIT 或 3DO
> 下拉菜单:[视图]→[动态观察]

3DORBIT 命令在当前视窗中激活一个交互的三维动态观察器。当 3DORBIT 命令运行时,可使用鼠标操纵模型的视图,既可以查看整个图形,也可以从模型四周的不同点查看模型中的任意物体。

三维动态观察器显示一个弧线球,弧线球显示为一个圆被几个小圆划分成 4 个象限。当运行 3DORBIT 命令时,查看的起点或目标点被固定。查看的起点或相机位置绕物体移动。弧线球的中心是目标点。三维动态观察器的显示画面如图 13.67 和图 13.68 所示。

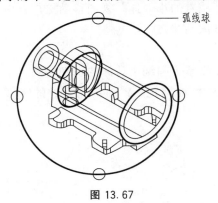

图 13.67

图 13.68

三维动态观察器命令的使用中如果没有运行 3DORBIT 命令,那么可以输入一个命令启动 3DORBIT,同时激活一个选项。例如,3DZOOM 启动三维动态观察器视图并激活。

注意:

运行 3DORBIT 命令时也可以为图形中的物体着色。

【实例】　本例介绍如何运行 3DORBIT 命令。运行 3DORBIT 命令的步骤如下:
① 选择要用 3DORBIT 查看的物体。

注意:

选择任何物体都可查看整个模型。但是,只查看选定的物体可以提高性能。OLE 物体和光栅物体不出现在三维动态观察器视图中。

----

② 单击下拉菜单[视图]→[动态观察]。

注意:

这时活动视窗中出现一个转盘。如果打开 UCS 图标,它将着色显示。UCS 图标如图 13.68 所示。如果打开栅格,三维的线栅格将替换二维的点栅格。

----

③ 单击并拖动光标以旋转视图。

当将光标移动到转盘上的不同部分时，光标图标将改变。单击并拖动光标，光标有下面四种形状。

a. 两条直线环绕的球状，如图 13.69 所示。

光标移进弧线球时，光标图标显示为两条线环绕着的小球体。当光标显示为球体时，单击并拖动光标可以轻松地操纵视图，就好像抓着物体周围的一个球体，并绕着目标点拖动球体一样。可以在水平、竖直和对角线方向上拖动光标。

b. 圆形箭头，如图 13.70 所示。

光标移出弧线球时光标图标显示为围绕小球体的环形箭头。在弧线球外单击并绕着弧线球拖动光标，视图将绕着与屏幕正交的轴（延长线将穿过弧线球球心）移动，称为"滚动"。

如果将光标拖入弧线球中，光标将变为两条线环绕着的小球体，视图移动更加自由，如上文所述。如果将光标移回到弧线球外，再次恢复到滚动状态。

c. 水平椭圆，如图 13.71 所示。

光标置于弧线球左侧或右侧的小圆时，光标图标显示为围绕小球体的水平椭圆。单击这些点并拖动将使视图绕着通过弧线球中心的竖直轴或 Y 轴旋转。Y 轴用光标处的竖直直线表示。

d. 竖直椭圆，如图 13.72 所示。

图 13.69　　　　　图 13.70　　　　　图 13.71　　　　　图 13.72

光标置于弧线球顶部或底部的小圆时，光标图标显示为围绕小球体的竖直椭圆。单击这些点并拖动，将使视图绕着通过弧线球中心的水平轴或 X 轴旋转。X 轴用光标处的水平直线表示。

注意：

可以在运行 3DORBIT 命令时编辑物体。要退出 3DORBIT，可按 Enter 键或 Esc 键，或者从快捷菜单中选择"退出"。CAMERA 在启动 3DORBIT 命令之前改变相机和目标位置。

13.6.2　空间的观察

(1) 视点预设

命令行：DDVPOINT
下拉菜单：［视图］→［三维视图］→［视点预设］

处理模型或者要从某个特定视点检查一个完成的模型时，要先设置查看方向。可以用 DDVPOINT 命令旋转视图。下面介绍通过不同角度来定义查看方向的三种情况，其中：

① 通过两个夹角定义查看方向，如图 13.73 所示。

② 相对于 X 轴的视角，如图 13.74 所示。

③ 相对于 XY 平面的视角，如图 13.75 所示。

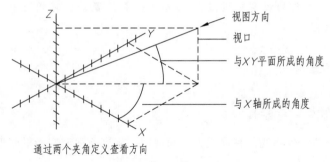

通过两个夹角定义查看方向

图 13.73

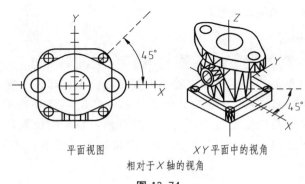

平面视图　　　　　　　XY 平面中的视角

相对于 X 轴的视角

图 13.74

【实例】　本例介绍如何设置查看方向。设置查看方向的步骤如下：

① 单击下拉菜单[视图]→[三维视图]→[视点预设]。

② 如图 13.76 所示，在"视点预设"对话框中，单击图像控件，选择相对于 X 轴和 XY 平面的视角，或者直接输入相对于 X 轴和 XY 平面的视角值。

要选择图形相对于当前 UCS 的平面视图，请选择"设置为平面视图"。

③ 点击"确定"。

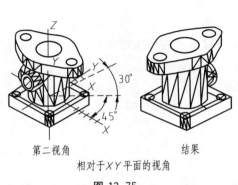

第二视角　　　　　结果

相对于 XY 平面的视角

图 13.75

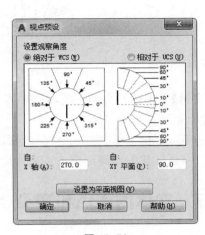

图 13.76

注意：
VPOINT命令在当前的视窗中设置三维可视查看位置。也可用坐标球和三轴架或直接输入坐标值来模拟视图。

（2）平面视图的显示

命令行：PLAN	
下拉菜单：[视图]→[三维视图]→[平面视图]	

【实例】 本例介绍如何将当前视窗变为平面视图。将当前视窗变为平面视图的步骤如下：
① 单击下拉菜单[视图]→[三维视图]→[平面视图]。
② 任选"当前UCS""世界UCS"或"命名UCS"。

（3）使用坐标球和三轴架设置视图

命令行：VPOINT	
下拉菜单：[视图]→[三维视图]→[视点]	

可以使用显示在屏幕上的坐标球和三轴架设置视点。坐标球表示展平了的地球。坐标球的中心点表示北极（0，0，1），内环表示赤道（n，n，0），外环表示南极（0，0，－1）。单击坐标球上的某个位置将决定相对于XY平面的视角，点击的位置与中心点的关系决定Z视角。在地球上移动视点时，三轴架将显示X、Y和Z轴的旋转。不同视点的坐标球和三轴架如图13.77所示。

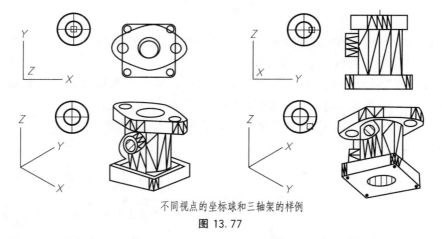

不同视点的坐标球和三轴架的样例

图13.77

【实例】 本例介绍如何使用坐标球和三轴架设置视图。使用坐标球和三轴架设置视图的步骤如下：
① 单击下拉菜单[视图]→[三维视图]→[视点]。
② 在坐标球的内部选择一点来指定视点。

13.7　实体的着色和渲染

三维造型的绝大部分时间通常都花在模型的线框表示上。然而，有时也可能需要包含色彩和透视的更具有真实感的图像,三维图形经着色后会大大增强感染力。在 AutoCAD 中对三维实体进行着色处理,就是将真实环境中光的反射现象和明暗色彩做一些模拟。在验证设计或提交最终图形的时候,最有可能用到实体的着色和渲染。由于机械设计大部分不涉及实体图形的着色和渲染,而且受本书的篇幅所限,关于实体的着色和渲染略去不讲。

13.8 小结与练习

【小结】

本章介绍了 AutoCAD 2024 三维实体建模的全过程,包括基础知识、三维线框与网格的绘制、三维实体绘制与编辑、三维实体的观察及实体着色和渲染。通过本章的学习,应了解并掌握以下内容:

① 了解世界坐标系与用户坐标系的定义与应用,掌握坐标系的设置与切换。

② 了解三维线框与网格的建模过程及操作命令。

③ 灵活使用各类工具完成三维实体建模,包括使用长方体、圆锥体、圆柱体等基础几何体,通过拉伸、回转、放样等操作建立复杂几何体。

④ 掌握三维模型的基础操作功能和实体面、边的修改编辑功能。通过三维实体编辑完成复杂零件的三维建模。

⑤ 了解三维观察功能,包括视点、动态观察器等,并对渲染着色有一定的认识。

【练习】

① 综合相关知识,根据图 13.78 所示的相关尺寸绘制零件图。

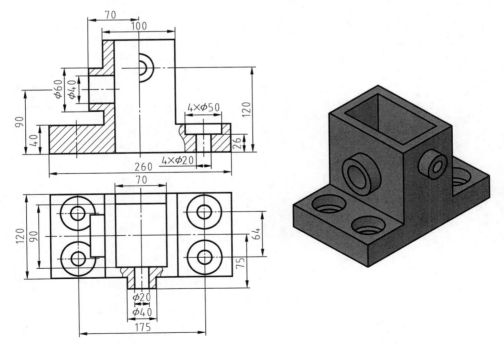

图 13.78

② 综合相关知识,根据图 13.79 所示的相关尺寸绘制零件图。

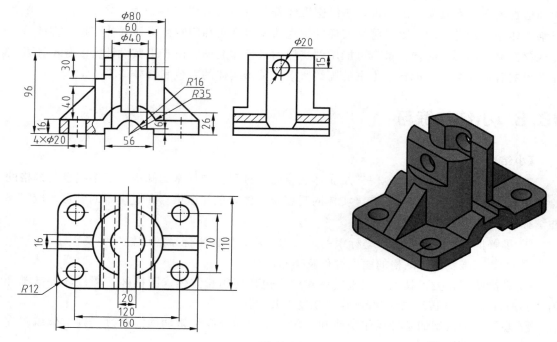

图 13.79

[1] 李平，季雅娟，张景田，等. 画法几何与机械制图 [M]. 第 2 版. 哈尔滨：哈尔滨工业大学出版社，2012.

[2] 周惠群，刘姝彤，李甜甜. AutoCAD 2018 基础教程（机械实例版）[M]. 北京：化学工业出版社，2018.

[3] 周惠群，徐培伦，闫晓彤. AutoCAD 2020 从入门到精通（实战案例视频版）[M]. 北京：化学工业出版社，2021.